これができれば劇的に仕事が増える

HTMLサイトを WordPress にする本

久保田涼子／西原礼奈／阿諏訪聡美　著

ソシム

免責事項

・本書に掲載されている画面および操作説明は、著者の環境における例であり、すべての環境で再現されることを保証するものではありません。なお、OSはWindows10・11、Mac Ventura(13.4)、WordPressのバージョンは6.2.2、Localは7.0.2で動作環境を行っています。
・本書に記載されている社名、商品名、製品名などは、一般的に商標または登録商標です。
・本文中には®、©、TMは記載していません。

はじめに

「HTMLで作ったオリジナルデザインのWebサイトをWordPress化したい」
「管理画面を使って更新・運用ができるWebサイトを作りたい」

この本は、上記のような目的を持った方々を対象に、HTMLで作られたWebサイトをWordPress化し、本番環境で公開するまでのフローを学べる本です。

Webデザインスクールで教えている3人の講師が、WordPress化に挑戦する人の悩みや、つまずいているポイントをヒアリングして執筆しました。

本書ではリクエストの多かった「企業サイト」の作り方を紙面で解説しています。

また、「WordPressで使用するコード一覧」や「応用編の動画教材」など、
読者の方にとって役立つ情報を特設Webサイトにまとめています。
ぜひ、ご活用いただけたら幸いです。

日本国内では、更新頻度の高いウェブサイトの8割以上で
WordPressが使われているというデータがあります。
オリジナルテーマを作成できると、制作者としてのスキルアップにつながり、
仕事の幅を広げることができます。

「難しい」と思って遠ざけていた人も、
本書をきっかけにWordPressのオリジナルテーマ作りに挑戦してみてください。

2023年8月
久保田涼子、西原礼奈、阿諏訪聡美

本書の使い方

本書の読者対象と学習内容

本書では、HTMLで作られたサイトをWordPressに作り変える手順を解説しています。そのため、以下の2点は本書を利用するための最低限のスキルとなります。あらかじめご了承ください。

- HTMLとCSSを使いWebサイトを作ることができる
- コードエディター（Visual Studio Code など）を使うことができる

また、以下を目的とする方は本書の対象外となりますので、ご留意いただけますようお願いいたします。

- ノーコードでサイトを作りたい方
- ブロックエディターのみを使ってサイトを作りたい方
- 既存テーマを使ってサイトを作りたい方

本書を一通りマスターすれば、WordPress実装前の設計や、ワークフローについて理解し、WordPressを使ったオリジナルサイトをつくることができるでしょう。

本書の執筆環境と学習環境

本書はOSがWindows10・11、Mac Ventura(13.4)、WordPressのバージョンは6.2.2、Localは7.0.2で動作確認し執筆を行っています。
ご紹介しているWordPressの管理画面の構成やプラグインは、2023年7月現在のものであり、バージョンアップで改変する可能性がありますのでご了承ください。

WordPressの動作環境

WordPressが稼働する環境は下記の通りとなります。

- PHP バージョン 7.4 以上。
- MySQL バージョン 5.7 以上、または MariaDB バージョン 10.3 以上。

詳しい仕様については下記のURLを参照してください。
https://ja.wordpress.org/about/requirements/

Localの動作環境

Localが稼働する環境は下記の通りとなります。

- 4GBのRAM
- 1.5GBのディスク容量

対応OS
- macOS Catalina (10.15) 以降
- Windows 10以降

詳しい仕様については下記のURLを参照してください。

https://localwp.com/help-docs/getting-started/installing-local/

CONTENTS

はじめに 003
本書の使い方 004
特設サイトとダウンロードデータについて 012

Chapter1 WordPressの基礎知識 013

1-1 WordPressの特徴 014
1-2 HTMLサイトとWordPress サイトの違い 015
1-3 WordPressで使われるプログラミング言語「PHP」 016
1-4 プラグインとテーマ 017
1-5 既存テーマとオリジナルテーマ 018
1-6 セキュリティ対策 019

Chapter2 事前準備と確認事項 021

2-1 WordPressサイト制作のワークフロー 022
2-2 オリジナルテーマの基本構成 025
2-3 オリジナルテーマにするための最低限のルール 026
2-4 WordPressに変換しやすいファイル構成 027
2-5 WordPressに変換しやすいHTMLファイル 028
2-6 WordPressに変換しやすいCSSファイル 030
2-7 WordPressに変換しやすいJavaScriptファイル 032
2-8 ローカル環境でテストサイトを立ち上げる 034
2-9 Localをインストールする 035
2-10 Localの設定と操作方法 041
2-11 WordPressの管理画面の構成 043
2-12 テンプレートファイルの種類と役割 045
2-13 テンプレートパーツについて 051
2-14 HTML → WordPress のテーマ構成を考える 052

Chapter3　WordPressの設計と管理画面の設定　055

3-1　HTMLサイトの全体像を確認する　056
3-2　ヒアリングと更新場所の設計　058
3-3　テーマ構成を考える　062
3-4　導入するプラグインを考える　064
3-5　WordPressの管理画面を設定する　068
3-6　プラグインを設定する　071

Chapter4　プライバシーポリシーページを作成する　077

4-1　テーマファイルを作成する　078
4-2　管理画面とテンプレートの紐づけを確認する　082
4-3　header.phpを作成する　083
4-4　footer.phpを作成する　086
4-5　index.phpにヘッダーとフッターを読み込む　088
4-6　管理画面から固定ページを作成する　089
4-7　タイトルと本文のコードを書き換える　091
4-8　パンくずリストのコードを書き換える　092
4-9　ページの表示を確認する　093
4-10　「プライバシー設定」との紐付けを確認する　094

Chapter5　404ページとお問い合わせページを作成する　95

5-1　404ページを作成する　096
5-2　お問い合わせページを作成する　101
5-3　お問い合わせページの作成① ナビゲーションの現在地表示設定を行う　103
5-4　お問い合わせページの作成② index.phpに条件分岐コードを書く　104
5-5　お問い合わせページの作成③ プラグインを有効化してフォームのコードを編集する　106
5-6　お問い合わせページの作成④ お問い合わせの送信メールを設定する　113
5-7　お問い合わせページの作成⑤ 固定ページにお問い合わせフォームを埋め込む　115
5-8　お問い合わせページの作成⑥ ページの表示を確認する　117

Chapter6　お知らせの個別ページを作成する　121

6-1　お知らせの個別ページを作成する　122
6-2　お知らせの個別ページで使うCSSを条件分岐で読み込む　124
6-3　ナビゲーションの現在地表示設定を行う　125
6-4　お知らせの個別ページで使うJavaScriptを条件分岐で読み込む　126
6-5　サイドバーを作成する　128
6-6　single.phpにヘッダー、フッター、サイドバーを読み込む　132
6-7　functions.phpを作成する　136
6-8　カテゴリーを登録する　138
6-9　投稿のサムネイルのサイズを設定する　140
6-10　記事を投稿する　141
6-11　ページの表示を確認する　143
6-12　記事を複製して前後記事リンクを表示する　144

Chapter7　お知らせのアーカイブページを作成する　149

7-1　お知らせのアーカイブページを作成する　150
7-2　ナビゲーションの現在地表示設定を行う　152
7-3　フッターにお問い合わせエリアを表示する　153
7-4　記事一覧のコードをparts-archiveposts.phpにまとめる　155
7-5　archive.phpにヘッダー、フッター、サイドバー、
テンプレートパーツを読み込む　158
7-6　表示件数を変更する　162
7-7　ページの表示を確認する　163

Chapter8　お知らせのトップページを作成する　167

8-1　お知らせのトップページを作成する　168
8-2　ナビゲーションの現在地表示設定を行う　170
8-3　home.phpにヘッダー、フッター、サイドバー、テンプレートパーツを読み込む　171
8-4　固定ページに「お知らせ」ページを作成してhome.phpと紐づける　176
8-5　ページの表示を確認する　178

Chapter9　会社概要ページを作成する　183

9-1　会社概要ページを作成する　184
9-2　固定ページに「会社概要」ページを作成する　186
9-3　カスタムフィールドのプラグインを有効化して項目を設定する　187
9-4　固定ページに会社概要の掲載内容を入力する　191
9-5　会社概要のページで使うCSSを条件分岐で読み込む　194
9-6　ナビゲーションの現在地表示設定を行う　195
9-7　会社概要のページで使うJavaScriptを条件分岐で読み込む　196
9-8　会社概要のコードをparts-companyinfo.phpにまとめる　197
9-9　page-company.phpにヘッダー、フッター、テンプレートパーツを読み込む　199
9-10　ページの表示を確認する　204

Chapter10　トップページを作成する　205

10-1　トップページを作成する　206
10-2　固定ページに「トップページ」を作成する　208
10-3　カスタムフィールドを作成して項目を設定する　209
10-4　固定ページに「トップページ」の掲載内容を入力する　213
10-5　トップページで使うCSSを条件分岐で読み込む　216
10-6　header.phpにサイト名をトップページだけ <h1>タグにする条件分岐コードを書く　218
10-7　トップページで使うJavaScriptを条件分岐で読み込む　219
10-8　footer.phpの一部をカスタムフィールドで出力するコードに書き換える　222
10-9　front-page.phpにヘッダー、フッター、テンプレートパーツを読み込む　224
10-10　ページの表示を確認する　232
Advice　メニュー項目を追加・編集・削除できるカスタムメニューの作り方　233
Advice　サイドバーなどに項目を追加・編集・削除ができる「ウィジェット機能」の作り方　236

Chapter11　本番環境を準備する　239

11-1　WordPressのデータをエクスポートする　240
11-2　WordPressをインポートするサーバーとドメインを契約する　243
11-3　「さくらのレンタルサーバ」とドメインの契約　245
11-4　「さくらのレンタルサーバ」と独自ドメインを紐づける　246
11-5　「さくらのレンタルサーバ」の管理画面からSSLの設定を行う　249
11-6　「さくらのレンタルサーバ」でWordPressをインストールする　252
11-7　アクセス制限（BASIC認証）をかける　257
Advice　BASIC認証の間違いポイント・失敗例　262

Chapter12　本番サイトの設定をする　265

12-1　本番用WordPress をSSL化する　266
12-2　WordPress内の不要なデータを削除する　267
12-3　本番用WordPressにデータ引っ越しプラグインをインストールする　269
12-4　インポートの最大アップロードファイルサイズを変更する　270
12-5　ローカル環境のデータを本番用WordPressにインポートする　273
12-6　本番用WordPressにインポートしたデータをチェックする　274
12-7　本番用WordPressの設定をチェックする　276
12-8　サイトを常時SSL化する　280
12-9　メールフォーム送信テストとスパム対策を行う　282
12-10　SEO 対策・アクセス解析ツールの設定　287
12-11　新しいユーザーを登録する　291

Chapter13　本番サイトを公開する　295

13-1　本番用WordPressのサイトアドレスと管理者メールアドレスを変更する　296
13-2　アクセス制限（BASIC認証）を解除する　298
13-3　サブディレクトリーにあるWordPressをルートディレクトリーのURLで表示する　299
13-4　本番サイトの表示を確認する　303
13-5　セキュリティを設定する　305
13-6　アクセス解析ツールの連携を確認する　309
13-7　自動バックアップ機能を導入する　311
13-8　クライアント向けの更新マニュアルを作成する　316
応用編　動画教材　ポートフォリオサイトをWordPress化しよう　317

付　録　319

付録1　WordPressのテンプレートファイルの種類と役割一覧　320
付録2　最低限覚えておきたいWordPressで使用するコード一覧　322
付録3　WordPressのトラブルシューティング集　341
付録4　目的別プラグイン逆引き辞典　350

特設サイトとダウンロードデータについて

本書の特設サイト

WordPressの制作に役立つコード集やトラブルシューティングなど、さまざまな情報を特設サイトで公開しています。ぜひご活用ください。
https://wb.coco-factory.jp/

ダウンロードデータ

本書の作例で使用する素材データは、下記のURLよりダウンロードすることができます。ダウンロードにあたっては、下記のURLの記述に従ってください。
https://www.socym.co.jp/book/1421

本書の特典

ダウンロードデータには以下の6つの特典が含まれています。学習のサポートになるものから、実践のWebデザインで役立つものまで、便利で嬉しい特典となっていますので、ぜひご活用ください。

①デザインのFigmaデータ
②WordPressサイトの完成データ
③目的別プラグイン逆引き辞典
④WordPress更新マニュアル例
⑤ブロックエディターの使い方
⑥応用編の動画教材

CHAPTER

WordPressの
基礎知識

1

1-1 WordPressの特徴

この章では、WordPressについての基礎知識を解説します。
すでにご存じの方は読み飛ばして、Chapter2へ進んでください。

WordPressとは

WordPressは、Webサイトやブログを構築するために使用されるオープンソースのコンテンツ管理システム（CMS）です。

WordPressを使用するには、レンタルしたサーバーの中にWordPressをインストールしてサイトを制作する方法と、「WordPress.com」というサービスを利用してサイトを制作する方法があります。本書では、カスタマイズの自由性と広告が入らない点から、レンタルサーバーを使用する方法を採用しています。

WordPressで作られたサイトは、管理画面からアクセスして、修正・変更作業を行うことができます。そのため、サイト公開後であっても、クライアント自身でサイトの更新・運用をすることができます。

WordPressは、PHPというプログラミング言語をベースに作られているので、基本的にはサーバーにアップロードしないと、制作したサイトを確認できません。

また、「プラグイン」という機能を使用すれば、「SEOの最適化ツール」や「お問い合わせフォーム」などをかんたんに追加することができます。

1-2 HTMLサイトとWordPressサイトの違い

HTMLで制作されたサイトとWordPressで制作されたサイトの違いを
見比べてみましょう。

HTMLサイトとWordPressサイトの特徴

	HTMLサイト	WordPressサイト
使用される言語	・HTML（マークアップ言語） ・CSS（大きさ・色・装飾など） ・JavaScript（アニメーションなど）	・PHP（プログラミング言語） ・HTML（マークアップ言語） ・CSS（大きさ・色・装飾など） ・JavaScript（アニメーションなど） ・SQL（データベース言語） ※ SQL は WordPress の記事本文などのデータを操作する言語。MySQL などのデータベースで使用
更新方法	エディターソフトを使い編集・更新	WordPress の管理画面から編集・更新 ※本書では、テンプレートの編集はエディターソフトを利用
データのプレビュー	ローカル環境でもプレビューして Web サイトを確認することができる	基本的には、サーバーにアップロードしないと Web サイトの確認はできない ※ Local：https://localwp.com/ などのソフトを使うとローカル環境でも確認ができるようになる

WordPressで作られている代表的なサイト

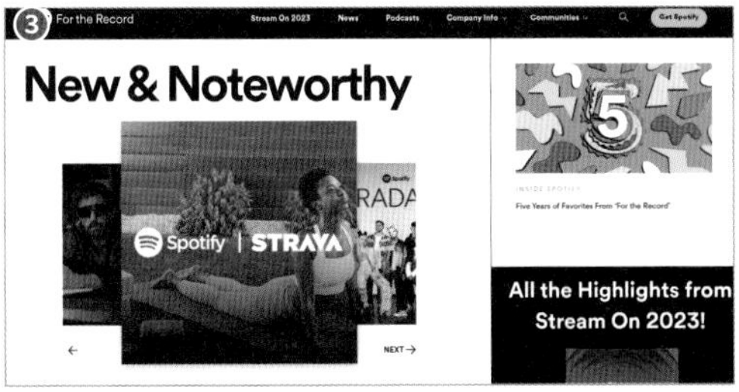

❶クックパッド株式会社
（https://info.cookpad.com/）
❷TIME（https://time.com）
❸Spotify - For the Record
（https://newsroom.spotify.com）

1-3 WordPressで使われるプログラミング言語「PHP」

WordPressでは「PHP」というプログラミング言語が使用されます。
PHPの特徴と、WordPressでどのように使われるかを確認しておきましょう。

PHPとは

WordPressのテンプレートファイルで使用するPHPは、WebサイトやWebアプリケーションを作るためのプログラミング言語です。お問い合わせフォームやショッピングカートなど、サーバーを経由してデータをやり取りする際によく使われています。HTMLはWebページの構造を記述するマークアップ言語であるのに対し、PHPはWebサーバー上で動作するサーバーサイドのスクリプト言語と覚えておきましょう。

PHPの特徴

● Webサーバー上で実行される

HTMLはWebブラウザ上で実行されますが、PHPはオンラインのWebサーバー上で実行されます。

● 拡張子は「.php」

HTMLの拡張子は「.html」「.htm」ですが、PHPは「.php」となります。

● 条件分岐を設定できる

「もしトップページだったらこのソースコードを表示」というような条件分岐を設定できます。

● 共通パーツを1つのPHPで管理できる

複数ページで使用する共通パーツ（ヘッダーなど）を1つのPHPにまとめて管理することもできます。

● 1ファイルから複数ページを生成できる

例えば、お知らせを更新した場合、HTMLでは月別のファイルを作らなければいけませんが、PHPでは1つのファイルで各月のページに対応することができます（下図参照）。

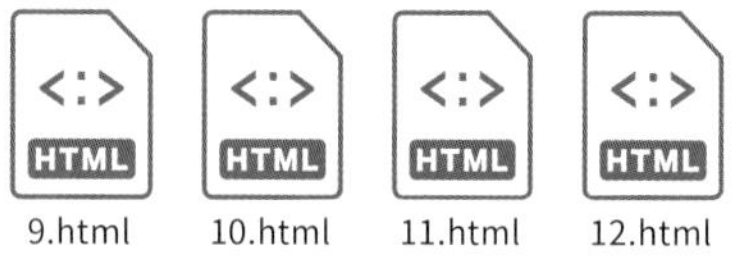
HTML
9.html
10.html
11.html
12.html

HTML は月別のファイルを作らなければならない

PHP
archive.php

PHP は 1 つのファイルで各月のページに対応

1-4 プラグインとテーマ

WordPressでWebサイトを構築する際に欠かせない
「プラグイン」と「テーマ」について解説します。

プラグインとテーマとは

「プラグイン」や「テーマ」は、WordPressでWebサイトを構築するための重要な要素です。自分で開発することもできますが、世界中の人々が開発して公開しているものを利用することもできます（無料・有料あり）。

●プラグイン

「プラグイン」は、WordPressに追加できる機能です。例えば、SEOプラグインを使えば、検索エンジン最適化のための設定を簡単に行うことができます。

●テーマ

「テーマ」は、Webサイトのデザインや管理画面の構成を設定するためのファイルの集まりです。サイトの外観を変更したいときはテーマを編集します。

1-5 既存テーマとオリジナルテーマ

WordPressを使ったサイト制作には、既存テーマを使って制作をする初心者向けの方法から、本書のようにHTMLサイトからオリジナルテーマをつくる中・上級者向けの方法があります。

オリジナルデザインで更新性のあるサイトを作る

既存テーマ（無料・有料）を使って制作する方法❶は、「建売住宅」のようなイメージです。あらかじめ用意されている枠組みの中で、掲載内容を差し替えることでサイトが完成します。初心者の方は、この方法を取る人も多いでしょう。一方、管理画面の機能が多すぎて使いづらかったり、無駄なソースコードが出力されたり、英語圏で作られたテーマを使用すると管理画面が英語で表示されるなどのデメリットがあります。本書では、❷の「オリジナルテーマ」をつくる方法を取ります。これは、「オーダーメイド住宅」のようなイメージです。クライアントの要望に合わせて、オリジナルデザインをベースに、必要な機能に絞った管理画面をカスタマイズしていきます。

❶ 既存テーマを使って制作する方法

- WordPressの既存テーマを使って制作
- 管理画面から文章や画像などを入力
- 管理画面から外観のデザインを変更
- プラグインを使用して機能を追加

既存テーマ例

- Lightning（無料・有料）
- Cocoon（無料）
- SWELL（有料）
- SANGO（有料）

❷ HTMLサイトから
オリジナルテーマをつくる方法

- HTMLサイトをWordPressのオリジナルテーマに変換
- 管理画面やFTPクライアントを使い、文章や画像などを入力
- 管理画面をフルカスタマイズ
- プラグインを使用して機能を追加

1-6 セキュリティ対策

静的なサイトと比較してハッキングのリスクが高い
WordPressのセキュリティ対策について解説します。

WordPressのセキュリティ対策

WordPressは世界中で多くのユーザーが利用するオープンソースのコンテンツ管理システム（CMS）です。そのため、セキュリティ上の弱点を突かれやすいという性質があります。WordPressを使用する場合は、厳密なセキュリティ対策を行うことが大切です。

●最新版のWordPressやプラグインを使用する

WordPress本体やプラグインを定期的に最新版に更新し、セキュリティの脆弱性を修正しましょう。また、アップグレード作業の前には、必ずバックアップを取るようにしましょう。

●強力なパスワードを設定

大文字、小文字、数字、記号などを8文字以上組み合わせて予測されにくい複雑なパスワードを設定し、ハッキングのリスクを減らしましょう。

●セキュリティプラグインを導入する

「SiteGuard WP Plugin」のようなハッキング防止のセキュリティプラグインを導入しましょう。

●サイトのバックアップを定期的に取る

「BackWPUp」や「UpDraftPlus」といったバックアッププラグインや、サーバーが提供するバックアップ機能を利用して、データを常に復元可能な状態にしておきましょう。

●PHPのバージョンアップを定期的に行う

PHPのバージョンが古いとハッキングのリスクが高まります。定期的にレンタルサーバーのPHPバージョンを確認し、サーバーの管理画面からバージョンアップを行いましょう。

ここもCHECK

日本製の既存テーマ

本書では、オリジナルテーマを使ったサイト制作を行いますが、実際の制作現場では、既存テーマを使ったサイト制作の依頼も多くあります。ここでは、日本製で使いやすく、制作知識があまりなくても扱いやすいWordPressテーマをいくつかご紹介します。

Webサイト型のおすすめテーマ

SWELL（有料）
シンプルで高機能。直感的にサイトをつくりやすい機能性抜群のテーマ。
https://swell-theme.com

Lightning（無料・有料）
さまざまなビジネスサイトに対応したテーマ。
https://lightning.vektor-inc.co.jp/renew/

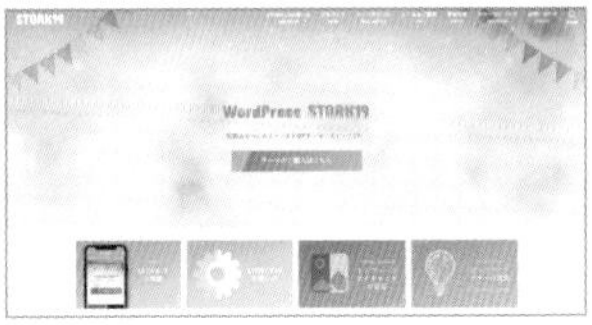

STORK19（有料）
誰が使っても美しいデザインを追求した、究極のモバイルファーストテーマ。
https://www.stork19.com

ワードプレステーマTCD（有料）
業種別に選べるテンプレート、豊富な独自機能を盛り込んだサイト構築。
https://tcd-theme.com/wp-tcd

JIN:R（有料）
デモページを豊富に取り揃え、デザインがそのまま使える直感的なテーマ。
https://jinr.jp

ブログ型のおすすめテーマ

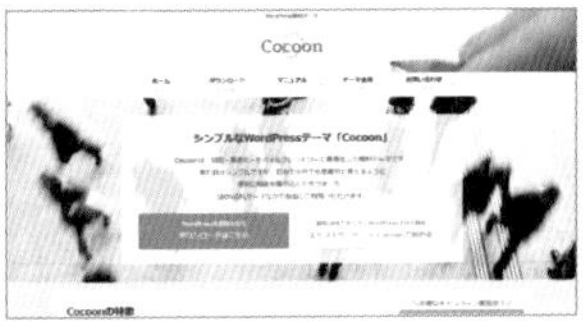

Cocoon（無料）
SEO・高速化・モバイルフレンドリーに最適化した無料テーマ。
https://wp-cocoon.com

SANGO（有料）
Webメディア「サルワカ」から生まれたWordPressテーマ。
https://saruwakakun.design

AFFINGER6（有料）
「稼ぐ」に特化したテーマ。
https://affinger.com

海外のテーマサイトだと
「ThemeForest(https://themeforest.net/)」などが有名です。
英語をベースにしているため、管理画面や運用マニュアルも
英語であることが多いです。注意して選んでくださいね！

CHAPTER

事前準備と確認事項

2

2-1 WordPressサイト制作のワークフロー

オリジナルテーマを使用した場合の
一般的なWordPressの制作手順をご紹介します。

ローカル環境のWordPressで
サイト制作をした後に、
本番環境に引っ越しをする手順を
解説しています。

WordPressサイト制作のワークフローを確認する

HTMLサイトはファイルをサーバーにアップロードすれば公開することができます。しかし、WordPressで作成する場合は、HTMLをテーマファイルに変換し、更新管理システムに組み込む必要があるため、制作フローの工程が少し複雑です。
オリジナルテーマを使用した場合の一般的なWordPressの制作手順を確認しておきましょう。

事前準備

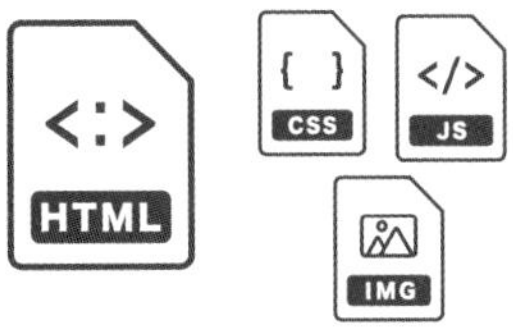

ベースとなるサイトのHTML、CSS、JavaScript、画像ファイルを用意します。

※WordPress制作に慣れてくると「事前準備」のHTMLファイルを作らず、WordPressのテンプレートファイル（PHPファイル）から直接作る方法を取ると、効率よく制作できます。

WordPressの設計

クライアントがサイト公開後も修正・更新する予定の箇所をヒアリングし、WordPressの管理画面、プラグイン、テーマなどをどのように作るかを検討、設計します。

ローカル環境でテストサイトを構築

「Local（ローカル環境でWordPressを動かすツール）」をPCにインストールします。

ローカル環境で、テスト用のWordPressを立ち上げ、WordPressの管理画面やプラグインの設定を行います。

HTMLファイルをWordPressのテンプレートファイルに変換し、更新管理システムに必要なコードなどを組み込みます。

テストサイトを本番サーバーへ移行

本番用のサーバーとドメインを契約します。

※契約は、事前準備の段階から行っても可。
本番サーバーへ移行する前に済ませておきましょう。

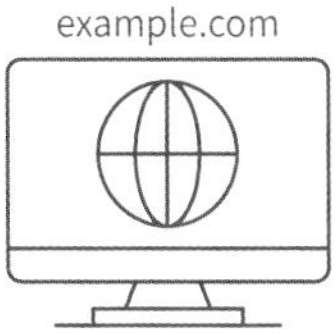

サーバーにドメインを紐づけします。

サーバーのSSL化（サイトの通信の暗号化）を行います。

本番サーバーにWordPressのインストールを行います。

テストサイトを本番サーバーへ移行（つづき）

アクセス制限（特定のIDとパスワードを入力するとページが閲覧できる機能）をかけます。

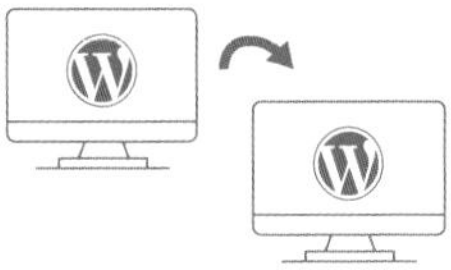

WordPressのプラグイン（All-in-One WP Migrationなど）を使って、ローカル環境で構築したWordPressサイトをエクスポートし、本番サーバーのWordPressにインポートします。

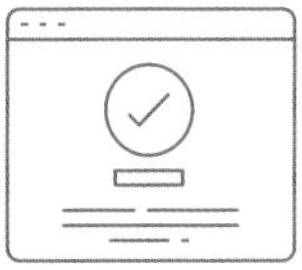

お問い合わせフォームなどのプラグインの機能をテストしたり、セキュリティプラグインやSEOプラグインなどの設定を行います。

サイトを公開

アクセス制限を解除してサイトを公開します。

※必要に応じて、サブディレクトリーのURLから本番のURLにアドレスを変更するといった作業が発生します。

ここもCHECK

□ 本書ではローカル環境でWordPressを構築していきますが、ほかにも以下の方法があります。

・テストサーバーの中で構築する

・はじめから本番サーバーで構築する

これらの方法は、公開されているサーバー上にサイトを作ることになりますので、テストサイト制作の際は、アクセス制限をかけて閲覧を制限しておくようにしましょう。

2-2 オリジナルテーマの基本構成

WordPressのオリジナルテーマを作成するためには、
WordPress特有のファイル構成を理解する必要があります。
HTMLサイトをWordPressのテーマに変換するときに押さえておきたいことをまとめます。

テーマの基本構成

WordPressのテーマに必須のファイルは、**index.php**と**style.css**です。これらが含まれていないと、WordPressのテーマとして認識されませんのでご注意ください。以下にWordPressのテーマの基本構成と、各ファイルの役割と特徴をまとめていますので、確認してください。

```
flowershop ........................ テーマフォルダー（半角英数字で）
├── index.php ..................... メインのページレイアウトを設定するファイル
├── style.css ..................... CSSを設定するファイル
├── header.php .................... ヘッダーエリアを設定するファイル
├── footer.php .................... フッターエリアを設定するファイル
├── functions.php ................. WordPressの機能を制御するファイル
└── screenshot.png ................ テーマのサムネイル画像
                                    （推奨サイズは1200×900px以下（比率は4:3））
```

functions.phpファイルは、
ファイルの中の記述を間違えると
WordPress本体が
動かなくなることがあるので
取扱いに注意！

2-3 オリジナルテーマにするための最低限のルール

HTMLサイトをオリジナルテーマにする際に覚えておきたいルールを紹介します。

header.phpファイルの中身

WordPressのhead要素を出力するためのテンプレートタグ **<?php wp_head(); ?>を</head>の前に挿入**します。この記述がないと、導入したプラグインが読み込まれず、動かなくなることがあります。

```
<?php wp_head(); ?>
</head>
```

footer.phpファイルの中身

WordPressのfooter要素を出力するためのテンプレートタグ **<?php wp_footer(); ?>を</body>の前に挿入**します。この記述がないと、導入したプラグインやjQueryが読み込まれず、動かなくなることがあります。

```
<?php wp_footer(); ?>
</body>
</html>
```

style.cssファイルの中身

@charset "UTF-8"; の直下にテーマファイルヘッダー（テーマの詳細）を記述します。正確に記述しないと、子テーマを作るときなどに認識されないことがあります。

```
@charset "UTF-8";
/*
Theme Name: GOOD OCEAN 株式会社
*/
```

ここもCHECK

□ テーマファイルヘッダーは、テーマに関する情報を記述するために使われます。テーマの名称である「Theme Name:」は必ず設定し、その他は用途に合わせて編集してください。

```
/*
Theme Name: Example 株式会社
Theme URI: https://example.com/wp-content/themes/example/
Description: Example 株式会社のテーマ
Author: R.Kubota
Author URI: https://kubotaryoko.com
Version: 1.0
*/
```

- Theme Name → テーマ名称
- Theme URI → テーマのURL
- Description → テーマの説明
- Author → テーマ作者名
- Author URI → テーマ作者のURL
- Version → テーマのバージョン

「URL」を記述する際は
「URI(アイ)」なので注意！

2-4 WordPressに変換しやすいファイル構成

WordPressに変換しやすいファイル構成について解説します。
特に重要な5つのポイントを紹介しますので、
下図と合わせて確認しておきましょう。

ファイル構成のポイント

❶WordPressテーマ用のフォルダーを作成し、その中にHTML、CSS、JavaScript、画像など、すべてのファイルを格納する。
❷WordPressテーマ用のフォルダー名には、半角英数字でサイト名を付ける。
❸トップページと下層ページのHTMLは、ルート直下に並列に配置する。
❹style.cssという名前のCSSを、ルート直下に配置する。
❺テーマのサムネイル画像としてscreenshot.pngという名前を付けたPNG画像をルート直下に配置する。
※推奨サイズは1200×900px以下（比率は4:3）。トップページのスクリーンショット画像を入れるとわかりやすい。

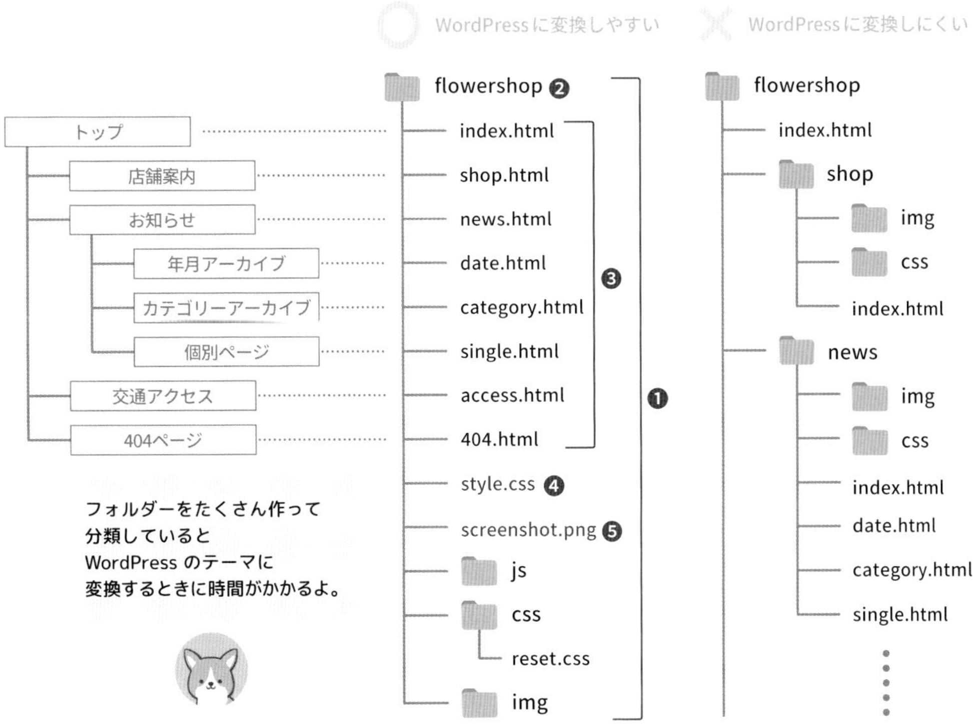

2-5 WordPressに変換しやすいHTMLファイル

WordPressに変換しやすいHTMLファイルの
制作時のポイントについて解説します。

HTMLファイル制作時のポイント

- HTMLのファイル名は、最終的なURLに近い名前にする（トップページ（index.html）は除く）。
  例：最終的なURL「 https://sample.com/company/」の場合は「company.html」。

- WordPressの機能を使う場所をあらかじめ想定し、プラグインと同じHTMLやCSSを反映する、または空白のままにしてWordPress実装の際に調整する。
  例：カレンダープラグインの場合
  　　プラグインのデモサイトで自動生成されるHTMLのクラス名やCSSを確認してHTMLファイルにも同じように反映。

- サイト公開後、クライアントが更新するエリアは、
  個別のクラス名を付けずプレーンな状態にし、CSSの親子関係でスタイルを制御して崩れを防ぐ。

```
<p  class="about-txt"> サイトの説明 </p>
<ul  class="about-list">
  <li> リストの内容 </li>
  <li> リストの内容 </li>
</ul>
```

```
<div class="about-txt">
  <p> サイトの説明 </p>
  <ul>
    <li> リストの内容 </li>
    <li> リストの内容 </li>
  </ul>
</div>
```

CSS

```
.about-txt  p{
  ここにスタイル指定
}
.about-txt  ul{
  ここにスタイル指定
}
```

●同じデザインのパターンが続く場合は、複数のクラス名をつけず、
CSSのnth-of-childなどを使って調整する。

```
<div class="desc-area-right">
  <figure clsss="desc-img">
    <img src="./img/pict.jpg" alt="画像">
  </figure>
  <div class="desc-block">
    <p>内容が入ります。</p>
  </div>
</div>

<div class="desc-area-left">
  <figure clsss="desc-img">
    <img src="./img/pict.jpg" alt="画像">
  </figure>
  <div class="desc-block">
    <p>内容が入ります。</p>
  </div>
</div>
```

```
<div class="desc-area">
  <figure clsss="desc-img">
    <img src="./img/pict.jpg" alt="画像">
  </figure>
  <div class="desc-block">
    <p>内容が入ります。</p>
  </div>
</div>

<div class="desc-area">
  <figure clsss="desc-img">
    <img src="./img/pict.jpg" alt="画像">
  </figure>
  <div class="desc-block">
    <p>内容が入ります。</p>
  </div>
</div>
```

CSS

```
.desc-area:nth-of-child(2n){
    flex-direction:row-reverse;
}
```

「偶数番のときは　nth-of-child(2n)」という条件を使うことで、-right、-leftとクラス名を分けていたのを1つのクラスに統一している例。

●リンクの相対パスは、「./（ドットスラッシュ：現在の階層を示す）」を使用し、
WordPressのコードに置き換えやすい形式で準備する。

```
<img src="img/sample.jpg" alt="">
```

```
<img src="./img/sample.jpg" alt="">
```

```
<img src="<?php echo get_stylesheet_directory_uri(); ?>/img/sample.jpg" alt="">
```

2

事前準備と確認事項

2-6 WordPressに変換しやすいCSSファイル

WordPressに変換しやすいCSSファイルの
制作時のポイントについて解説します。

CSSファイル制作時のポイント

- ルート直下のstyle.cssに、サイト全体のレイアウトを制御するCSSをまとめて書くか、CSSフォルダー内にページごとのCSSを分けて各CSSを読み込むかを決める。前者の場合は、style.cssファイルにCSSをまとめて書く。

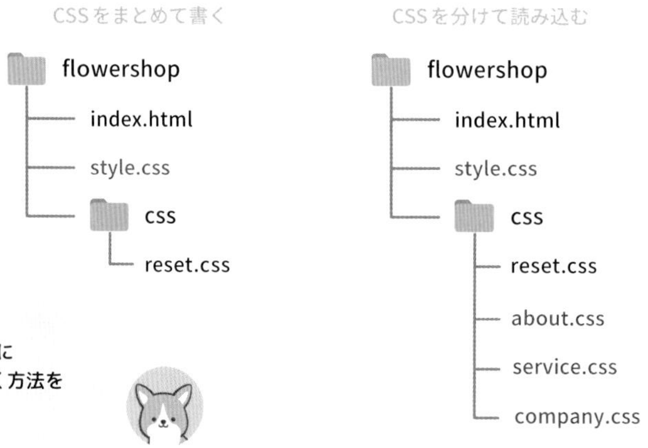

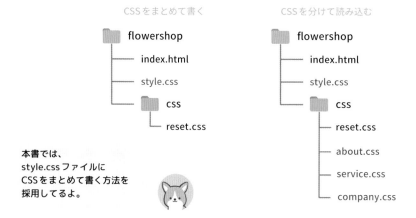

CSSをまとめて書く
flowershop
index.html
style.css
css
reset.css
CSSを分けて読み込む
flowershop
index.html
style.css
css
reset.css
about.css
service.css
company.css

本書では、
style.cssファイルに
CSSをまとめて書く方法を
採用してるよ。

- **CSSファイルの中の**画像リンクは、相対パスで書く（相対パスで書いていると、テストサーバーから本番サーバーに移行するときにスムーズ）。

```
.bg{
  background-image:url(../img/bg.jpg);
}
```

● body にクラス名を付けて CSS を制御する場合は、
WordPress で使用するコード <?php body_class(); ?> で自動的に出力されるクラス名と競合しないクラス名を付ける。

bodyにクラス名を付けるときは注意が必要です。
自分で書いていた<div class="archive"></div>が、
WordPressが出力する<body class="archive">というクラス名と
競合して、CSSが適用されてしまい、
レイアウトがおかしくなったという事例もあります。

■ <?php body_class(); ?> で自動的に出力される主なclass名

メインブログページ	home　blog
フロントページ	home　page　page-id-ページID
固定ページ	page　page-id-ページID　page-template　page-template-テンプレート名 page-parent（親ページ）　page-child（子ページ） parent-pageid-親ページID（子ページ）
個別記事ページ	single　single-投稿タイプ　postid-ページID
カテゴリー・ アーカイブページ	archive　category　category-カテゴリーのスラッグ名
タグ・ アーカイブページ	archive　tag　tag-タグのスラッグ名
年月・ アーカイブページ	archive　date
ユーザー・ アーカイブページ	archive　author　author-ユーザースラッグ名
検索結果ページ	search　search-results　search-no-results

2-7 WordPressに変換しやすいJavaScriptファイル

WordPressに変換しやすいJavaScriptファイルの
制作時のポイントについて解説します。

JavaScriptファイル制作時のポイント

- WordPress のプラグインを使って動かす場所と、自作の JavaScript で動かす場所をあらかじめ定め、同じ用途の JavaScript を同時に読み込まないようにする。
  例：スライダー機能の JavaScript とプラグインを同時に入れてしまった、など

- 使用している変数や関数名がWordPressで出力されるものと競合しないようにする。

- WordPressのjQueryを利用する場合、$（ドルマーク）の代わりにjQueryを記述する。

```
$(function(){
  $('#gnav').toggleClass('is-open');
});
```

▼

```
jQuery(function(){
  jQuery('#gnav').toggleClass('is-open');
});
```

COLUMN

絶対パスと相対パスの違い

通常、WordPress のテンプレートファイルの中では絶対パスが使用され、テーマ内のCSS や JavaScript ファイルの中では、相対パスが使用されます。絶対パスと相対パスの違いを理解しましょう。

絶対パス

最上階層（ルートディレクトリー）から、対象ファイルがある場所までの道筋を示す書き方。「/」や、「https://」から始まる書き方が一般的。

絶対パスを使用すると、サイト全体から見たときのファイルの位置関係が明確になり、リンク切れを起こしにくいというメリットがあります。一方で、テーマを構成するCSS や JavaScript ファイルに絶対パスを使用すると、サーバーを変更した際にリンク切れを起こすデメリットがあります。

相対パス

現在の位置から対象のファイルがある場所までの道筋を示す書き方。
同じ階層だと「./（省略可)」。1 つ上の階層になると「../」。2 つ上の階層になると「../../」という書き方が一般的。

相対パスは記述が簡潔で、ローカル環境でもリンクの動作確認ができます。一方で、現在のファイルと目的のファイルの位置関係が変わるとリンク切れを起こすデメリットがあります。

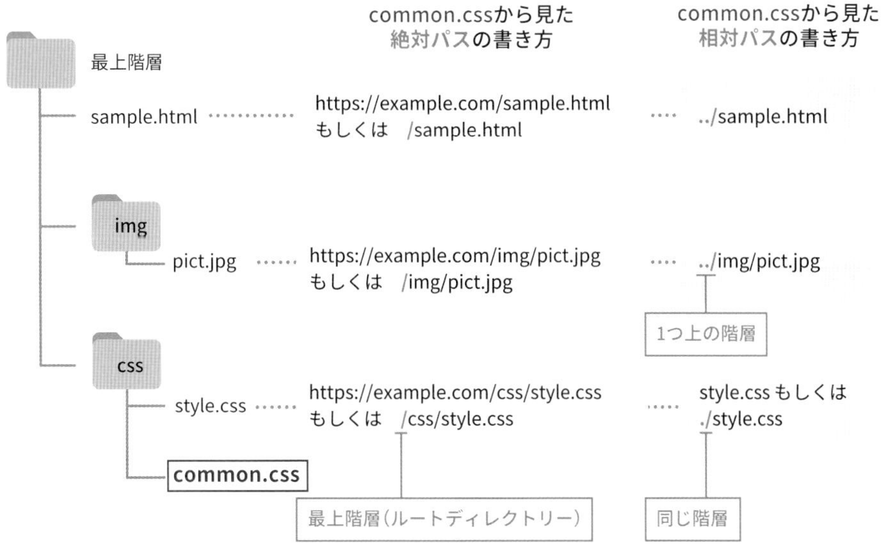

2-8 ローカル環境でテストサイトを立ち上げる

本書ではローカル環境でテストサイトを構築してから
本番サイトを公開するという手順で作業を進めます。

ここからはいよいよ手を動かして作業を行います。
まずは、ローカル環境について確認しておきましょう。

ローカル環境とは

ローカル環境とは、自分のパソコン内に仮想環境を構築することです。ローカル環境を構築すると、Webサーバーと同じ機能を持った環境を作ることができます。
代表的なWordPressのローカル環境構築ツールには、Local（ローカル）、XAMPP（ザンプ）、MAMP（マンプ）などがあります。

ローカル環境を使うメリット

ローカル環境でテストサイトを作るメリットには以下が挙げられます。

- サーバーをレンタルしなくても、自分のパソコンの中でWordPressを動かせる。
- インターネット上にサイトが公開されないので、トライ＆エラーが自由に行える。
- WordPressのテンプレートファイルを修正するときに、毎回サーバーにアップロードして確認する手間を省くことができる。

以上の理由から、本書ではローカル環境でサイトを作った後に本番サーバーに移行するという流れで作業を進めます。

2-9 Localをインストールする

ローカル環境でWordPressを動かすために、
今回は、導入が比較的簡単な
「Local」というソフトをダウンロードして設定を行います。

Localをダウンロードする

1 Localの公式サイトにアクセスし、❶［OR DOWNLOAD FOR FREE］をクリックします。

Local公式サイト　https://localwp.com

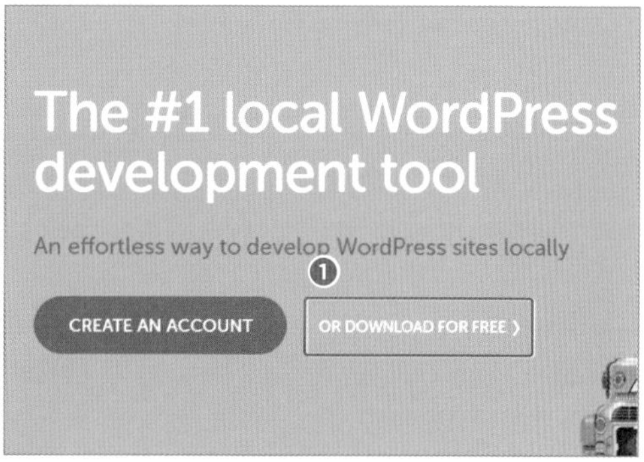

2 Localを動かす環境❷（Mac／Windows／Linux）を選択します。

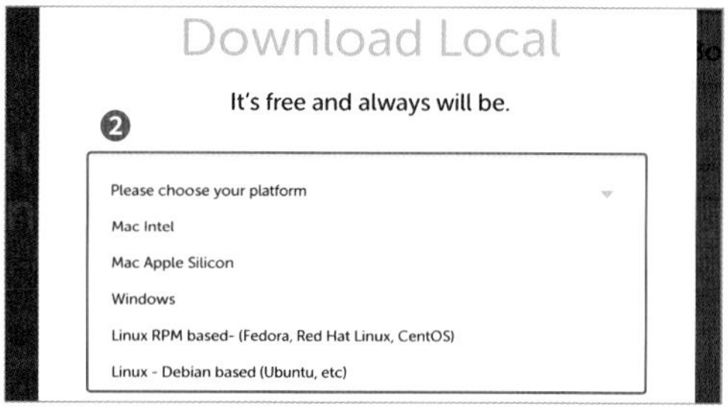

3 氏名・メールアドレス・電話番号などを入力後（必須項目はメールアドレスのみ）、❸［GET IT NOW］をクリックするとダウンロードが開始されます。

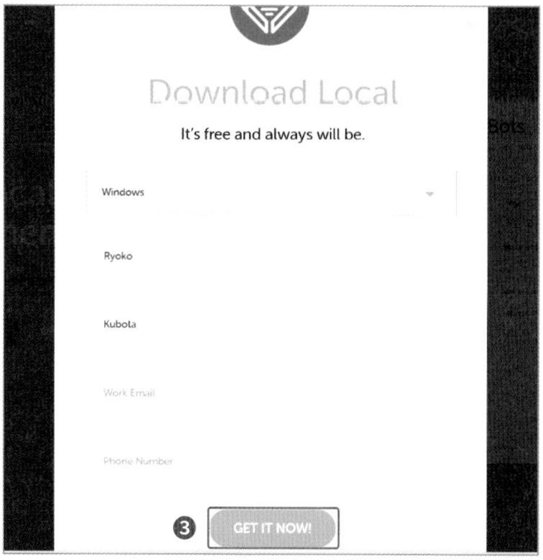

Windowsの場合

1 ダウンロードが完了したら、❶インストーラーをダブルクリックして起動します。

2 ［インストールオプションの選択］画面で❷［現在のユーザーのみにインストールする］を選択し［次へ］をクリックします。

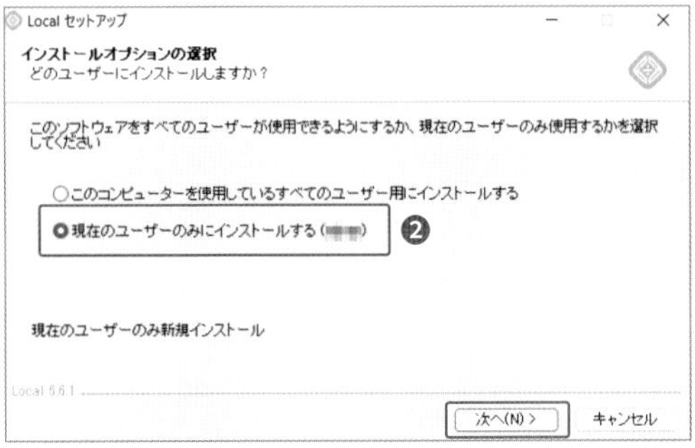

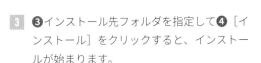

3 ❸インストール先フォルダを指定して❹［インストール］をクリックすると、インストールが始まります。

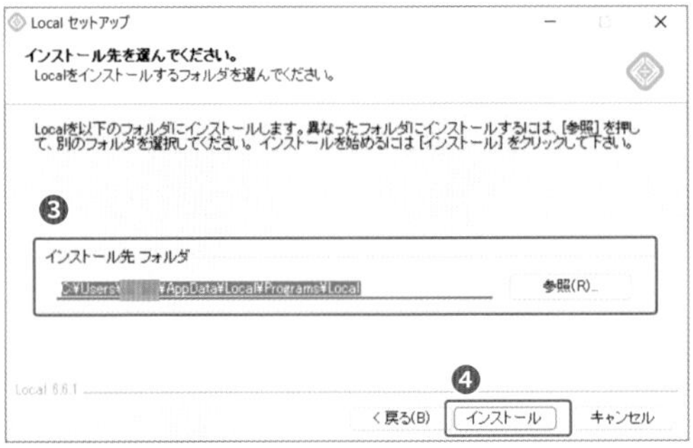

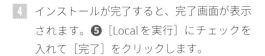

4 インストールが完了すると、完了画面が表示されます。❺［Localを実行］にチェックを入れて［完了］をクリックします。

5 利用規約の画面が表示されます。一読後、❻［I agree（同意）］をクリックします。

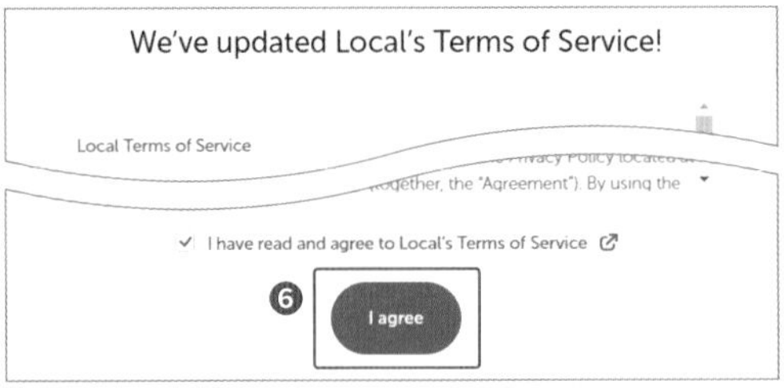

Macの場合

1 ダウンロードが完了したら、❶ファイルをダブルクリックします（警告が表示された場合は［開く］をクリックしてください）。

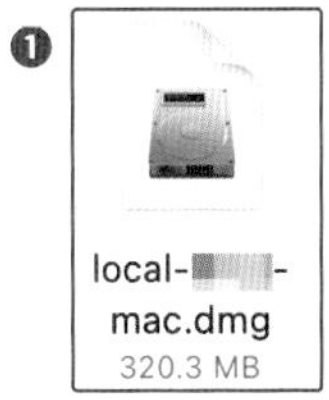

2 ❷「Local.app」アイコンをアプリケーションフォルダーへドラッグ＆ドロップで移動させるとインストール完了です。

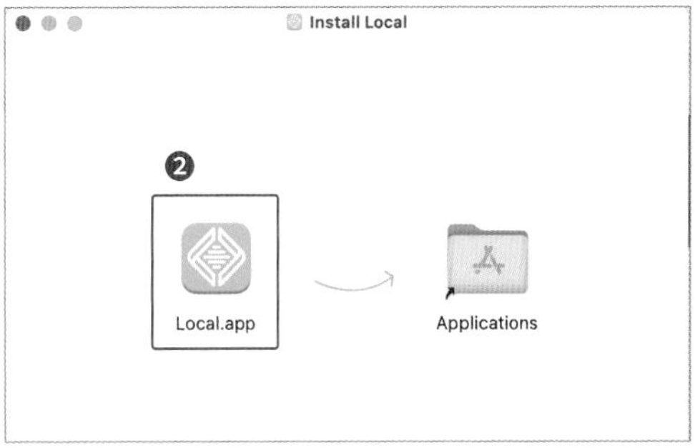

3 アプリケーションフォルダーを開いて、❸「Local.app」をダブルクリックして起動します（警告が表示された場合は❹［開く］をクリックしてください）。

4 利用規約の画面が表示されます。一読後、❺［I agree（同意）］をクリックします。

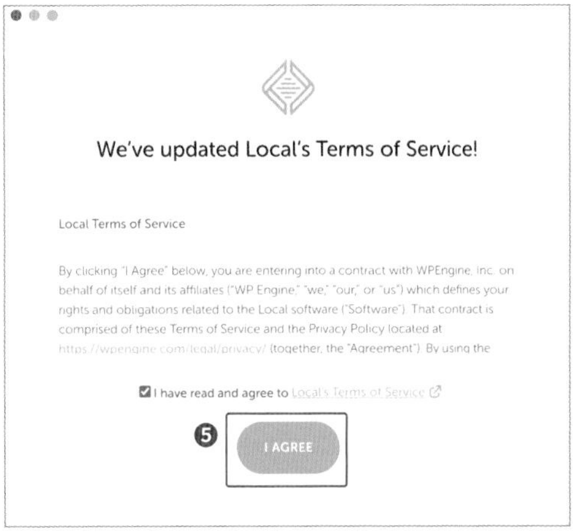

5 （Windows/Mac共通）エラーレポートや、使用状況レポートの画面が出た場合は❼［No,thanks］をクリックします。

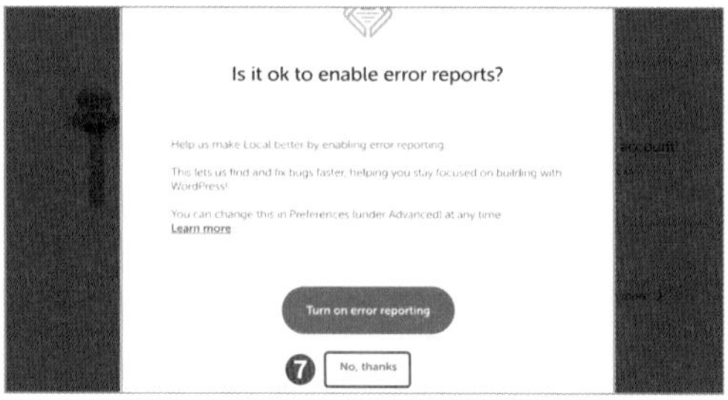
Is it ok to enable error reports?
Help us make Local better by enabling error reporting.
This lets us find and fix bugs faster, helping you stay focused on building with WordPress!
You can change this in Preferences (under Advanced) at any time.
Learn more
Turn on error reporting
❼
No, thanks

アカウントを作成する

1 初期画面にある❶［Create a free account］をクリックします。

BACK UP SITE
Unlock more tools with a free Local account!
Check out Cloud Backups, Live Links, and more by creating a Local account in just seconds.
Live Link
COPY LINK
Learn more ›
❶
Create a free account

2 ❷必要な項目を入力し、Localのアカウントを作成します（Googleなど各種アカウントとの連携もできます）。

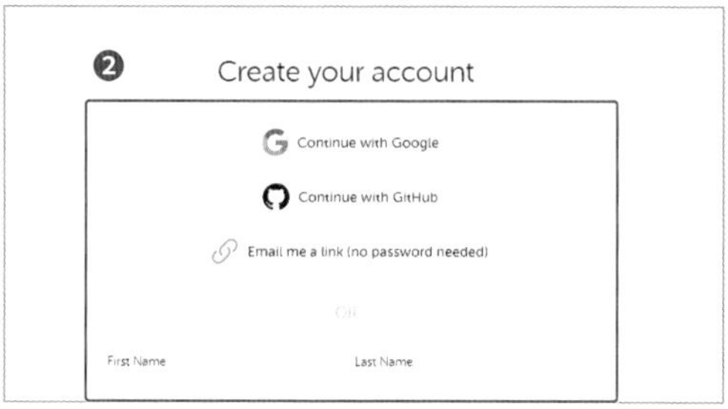
❷
Create your account
Continue with Google
Continue with GitHub
Email me a link (no password needed)
First Name
Last Name

サイトを新規作成する

1 アカウント作成後、アプリケーション画面に戻り、サイトの新規作成を促す❶［Create a new site］をクリックします。

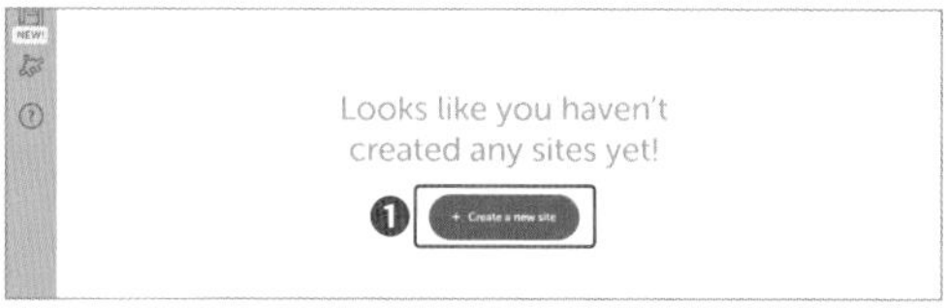
NEW!
Looks like you haven't created any sites yet!
❶
+ Create a new site

2 ❷[Create a new site]が選択されていることを確認し、❸[Continue]をクリックします。

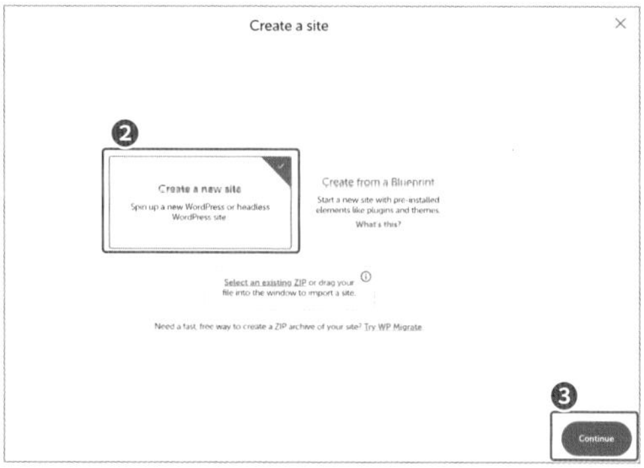
Create a site
❷
Create a new site
Spin up a new WordPress or headless WordPress site
Create from a Blueprint
Start a new site with pre-installed elements like plugins and themes.
What's this?
Select an existing ZIP or drag your file into the window to import a site.
Need a fast, free way to create a ZIP archive of your site? Try WP Migrate
❸
Continue

3 ［What' s your site' s name?］画面で、❹任意のサイト名を入力後（ここでは「GOOD OCEAN株式会社」と入力）、［Continue］をクリックします。
※「GOOD」と「OCEAN」の間には半角スペースを入れてください。

サイト名に半角英字が入っていないとエラーになります。なお、サイト名は後からWordPressの管理画面で編集できます。
❺［Advanced options］をクリックすると、「Local site domain（仮想ホスト名）」と「Local site path（ファイル保存場所）」を設定することができます。

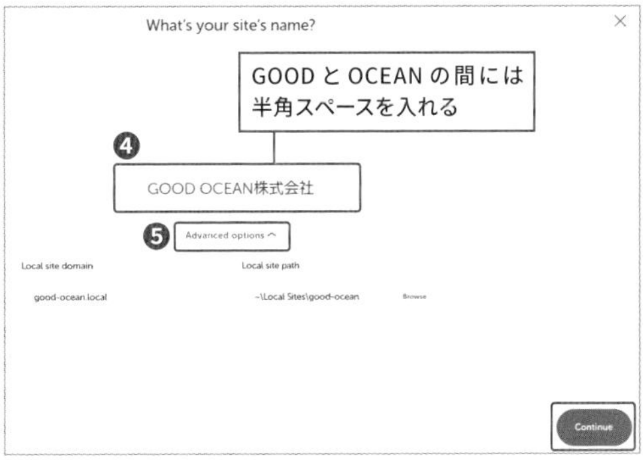

4 ［Choose your environment］画面で、［Preferred（推奨）］か［Custom（カスタム）］を選択します。特に理由がなければ❻［Preferred］を選択したまま、［Continue］をクリックします。

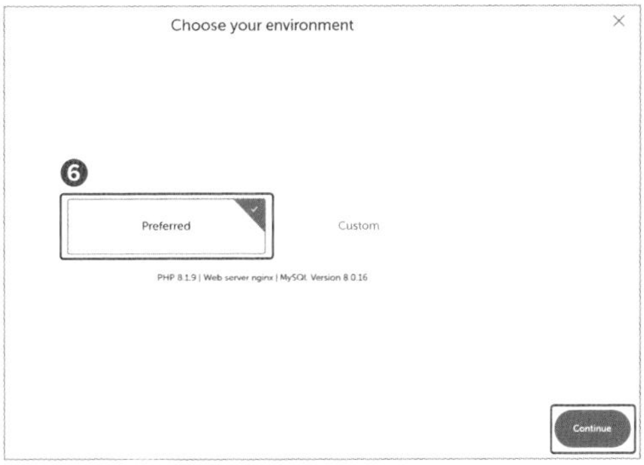

5 ローカル環境にインストールしたWordPressにログインするときの❼ユーザー名とパスワードを設定します。設定完了したら［Add Site］をクリックします。
［WordPress username］任意のユーザーネーム
［WordPress password］任意のパスワード
［WordPress e-mail］そのままでOK

ローカル環境では、ログインパスワードを忘れた際のパスワード再発行メールが自分のメールアドレスに届きませんので、**パスワードは確実に手元にメモしておいてください。**

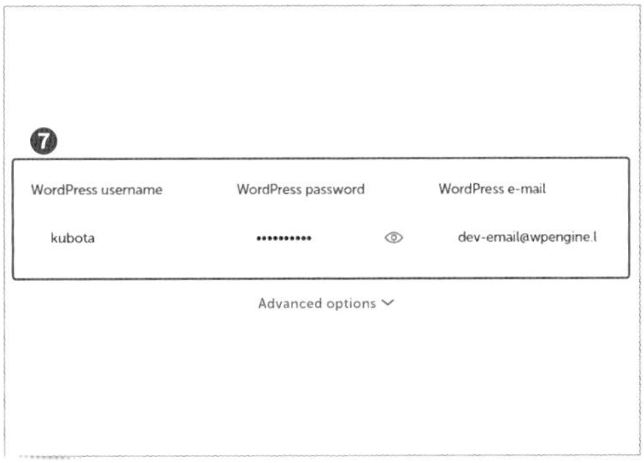

6 警告が出た場合は、Windowsでは❽［アクセスを許可する］をクリックします。Macでは、MacPCのパスワードを入力します。
これでローカル環境の構築とWordPressのインストールが完了です。

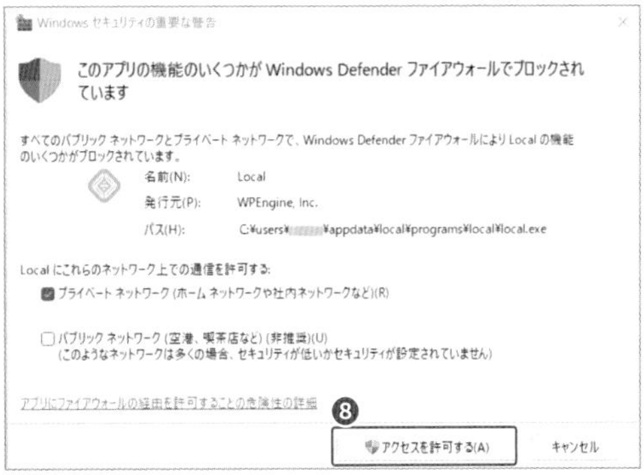

言語を日本語に設定する

1 ❶[WP Admin]をクリックして、ローカル環境のWordPressログイン画面に移動します。

PHPのバージョンは、なるべく本番サーバーのバージョンと揃えておきましょう。

2 前ページで設定した❷ユーザー名とパスワードを入力後、[Log In] をクリックします。

❸ [Remember Me] にチェックを入れると、ユーザー名とパスワードの情報が14日間記憶されます。

3 初期状態では言語が英語になっているので日本語に切り替えます。
❹ [Settings] > [General] 画面を開きます。[Site Language] で❺ [日本語] を選択します。[Timezone] で❻ [UTC+9] を選択、[Date Format] で ❼ [Custom] を 選 択 し [Y.m.d] と入力します。
❽ [Save Changes] をクリックして完了します。

[Date Format]（日付表示）は、デザインに合わせて適宜変更してください。

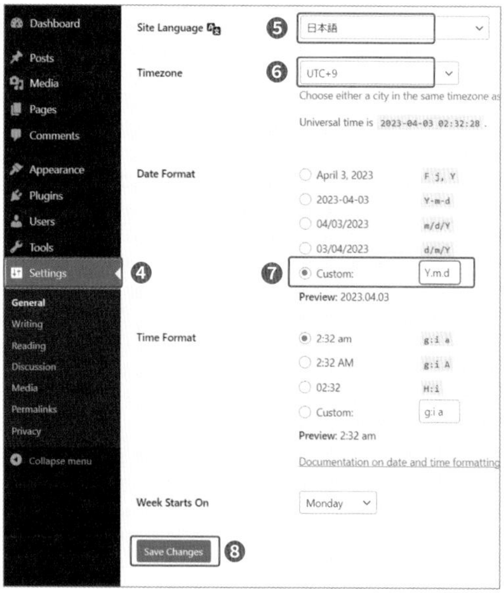

CHAPTER-2

2-10 Localの設定と操作方法

「Local」の基本操作と設定方法を解説します。

「Local」を起動・停止する

1 ❶Localのアイコンをクリックして起動します。

2 左側の❷サイト名をクリックします。右上の❸［Start site］をクリックするとWordPressがローカル環境で稼働している状態になります。再度クリックすると停止します。

❶

Localを常に稼働していると、パソコンに負荷がかかることがあります。そのため、使用していないときはサイトを停止しておきましょう。❸の表示が［Start site］なら停止中、［Stop site］なら稼働中です。

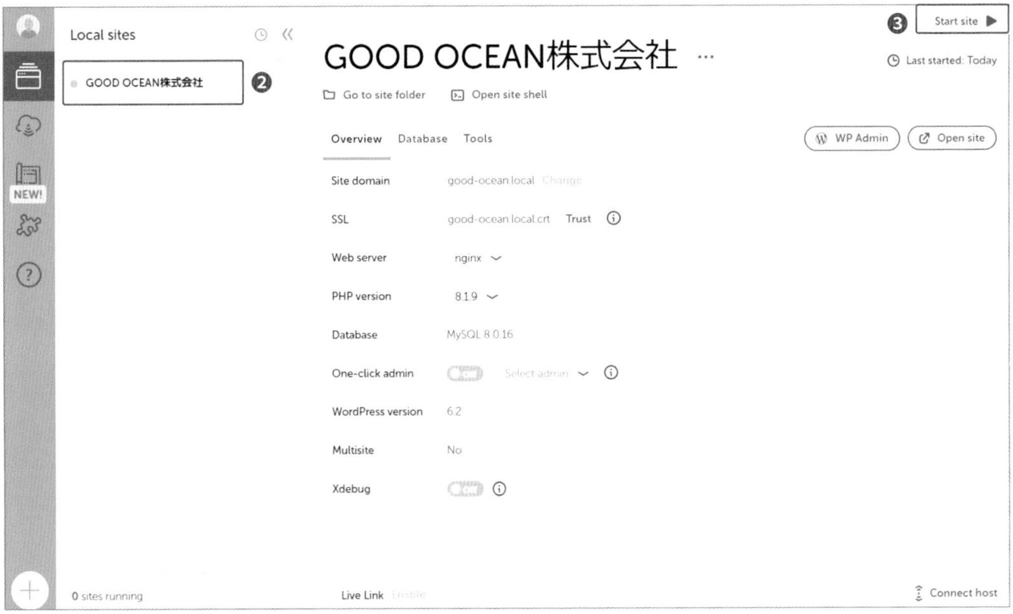

サイトを追加・削除する

1 Localにサイトを追加したいときは、左下にある❶［+］をクリックすると、サイトを登録できます。

2 サイトを削除したい場合は、サイト一覧で❷サイト名を右クリックし、❸［Delete］をクリックします。

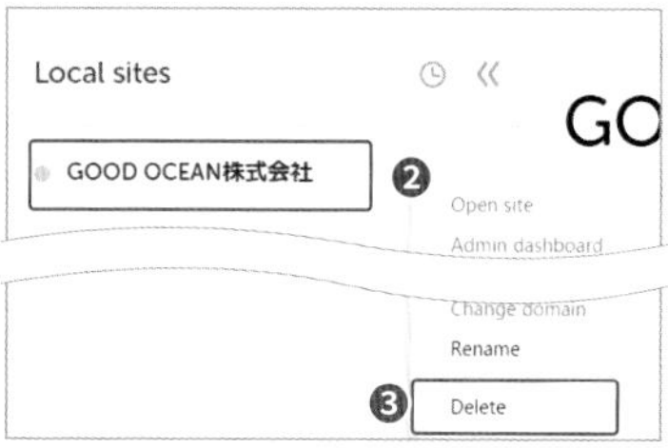

Localのサイトを外部と共有する

1 Localで構築したサイトは、外部と共有することができます。
画面の下部の［Live Link］右の❶［Enable］をクリックして共有URLと閲覧するためのユーザー名とパスワードを生成します。

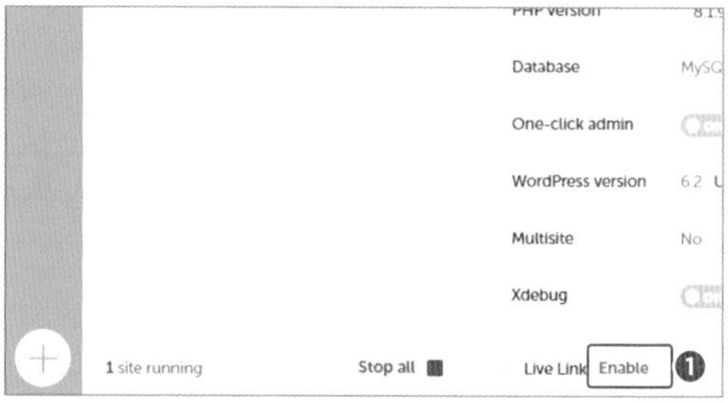

外部と共有する際は、Localアカウントにログインする必要があります。

テーマフォルダーの場所

1 Localで作成したWordPressサイトのテーマフォルダーは、［Go to site folder］をクリックした後、［サイト名］→［app］→［public］→［wp-content］→［themes］にあります。テーマの編集はこの中で行います。

ここもCHECK

□ ローカル環境では、SSLの設定やSiteGuard WP Pluginといったセキュリティプラグインの設定を行うと、サイトが動かなくなる可能性があります。これらの設定は、ローカル環境では行わず、本番サーバーへ移行してから行いましょう。

2-11 WordPressの管理画面の構成

WordPressの管理画面のエリアの呼び名や役割について
最低限覚えておきたい情報をまとめています。

WordPressの管理画面

❶ツールバー
上部に表示される。サイト名をクリックしたら出る［サイトを表示］リンクは使用頻度が高い

❷メインナビゲーション
記事の投稿や WordPress の設定などを行うメニューがあるエリア。項目や並び順をカスタマイズをすることもできる

ここもCHECK

☐ ツールバーを非表示にする方法

管理画面にログインをした状態でサイトを表示すると、ツールバーが上部に固定された状態で表示されます。サイトから管理画面への移動がしやすいメリットがある反面、デザインがツールバーで隠れてしまうなどのデメリットもあります。
ツールバーを非表示にするには、［ユーザー］→［ユーザー一覧］からユーザー名をクリックし、［ツールバー］＞❶［サイトを見るときにツールバーを表示する］のチェックを外して［プロフィールを更新］ボタンをクリックします。

●メインナビゲーションの項目

❶投稿	記事の作成・編集・削除をする
❷メディア	使用するメディアファイル（画像・動画・PDF など）のアップロード・編集・削除をする
❸固定ページ	1ページ完結型ページの作成・編集・削除をする
❹コメント	記事に投稿されたコメントの確認・承認・削除をする
❺外観	テーマを登録・編集・削除する
❻プラグイン	プラグインの追加・削除をする
❼ユーザー	管理画面にログインして操作できる人を登録・編集・削除をする
❽ツール	WordPress のデータのインポート、エクスポートやヘルスチェックをする
❾設定	WordPress 全体の設定や、プラグインの設定をする

メインナビゲーションは、
自分でメニュー項目を増やすことができるよ
（カスタム投稿など）。

2-12 テンプレートファイルの種類と役割

テンプレートファイルとは、ページを作成する際の雛形となるファイルのことです。
ここではテンプレートファイルの種類と役割について解説します。

テンプレートファイルとは

WordPressのテンプレートファイルは、ウェブサイトの外観と機能を制御するためのファイルです。WordPressテーマとしてまとめ、特定のページやコンテンツの表示方法を定義します。HTMLを作成するときと異なり、1つのファイルを元に複数のページを作ることができます。
テンプレートの多くは、役割が紐づいた固有の名前がついています。HTMLファイルからPHPファイルに変換する際、テンプレート選びに迷わないように種類や役割、表示される優先順位を確認しておきましょう。また、サイト公開後に修正や変更が発生したときのことを考えて、メンテナンスがしやすいコードの書き方やテンプレートのまとめ方を考えていきましょう。

● トップページに紐づくテンプレート

front-page.php	★フロントページ（サイトのトップページ）
home.php	ホームページ（ブログのトップページ）
index.php	テンプレートの指定がないときに表示

**上に記載している
テンプレートから順番に、
表示の優先順位が高くなるよ。**

**★マークがついているテンプレートは、
よく使われるテンプレートだよ！**

● 投稿に紐づくテンプレート

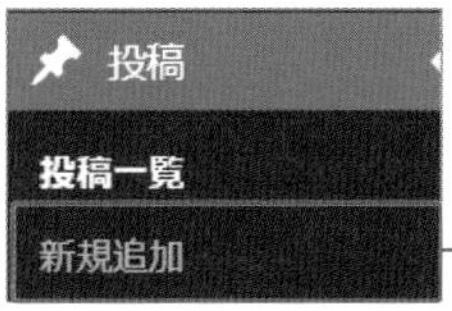

single.php	★投稿（個別記事ページ）テンプレートで表示
singular.php	single.php がないときに表示
index.php	テンプレートの指定がないときに表示

● 投稿のアーカイブに紐づくテンプレート

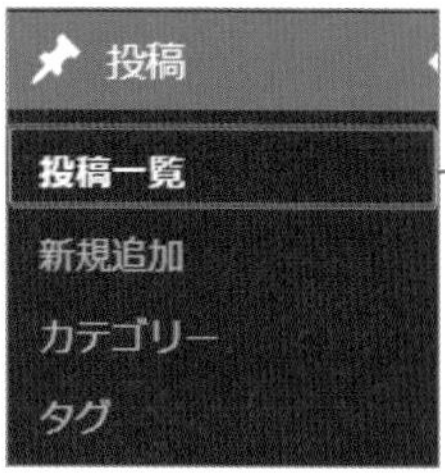

- date.php — 日付アーカイブテンプレートで表示
- archive.php — ★ date.php がないときに表示
- index.php — テンプレートの指定がないときに表示

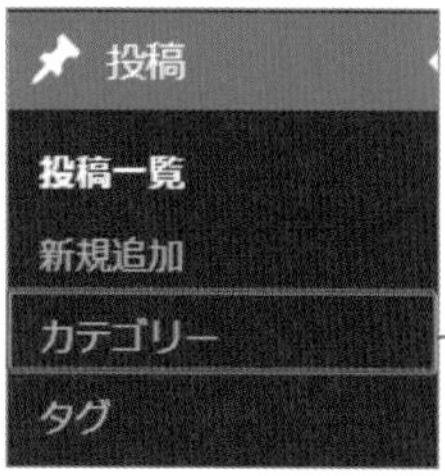

- category-【スラッグ名】.php or category-【カテゴリー ID】.php — 指定したカテゴリーで表示させる場合
- category.php — ★カテゴリーテンプレートで表示
- archive.php — ★上の 2 つがないときに表示
- index.php — テンプレートの指定がないときに表示

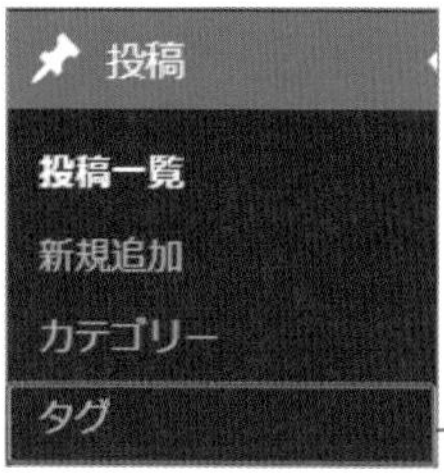

- tag-【タグスラッグ名】.php or tag-【タグ ID】.php — 指定したタグで表示させる場合
- tag.php — タグテンプレートで表示
- archive.php — ★上の 2 つがないときに表示
- index.php — テンプレートの指定がないときに表示

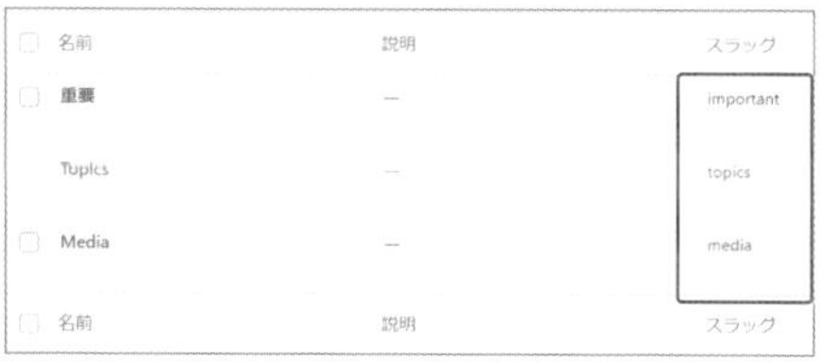

「**スラッグ名**」とは、カテゴリーやタグでつけた「スラッグ」の名前（半角英数字）のこと。

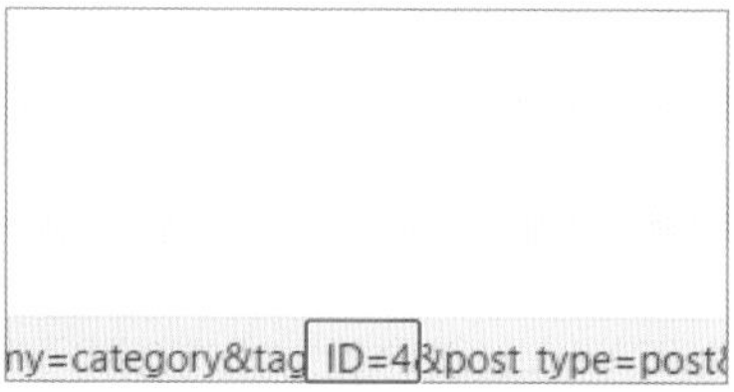

「**ID**」とは、カテゴリーやタグ名にカーソルをあわせると下に表示される数字のこと。

● 固定ページに紐づくテンプレート

テンプレート	説明
【任意の半角英数字】.php	★指定した固定ページで表示させる場合（カスタムテンプレート）
page-【スラッグ名】.php or page-【ページ ID】.php	★指定した固定ページで表示させる場合
page.php	★固定ページ
singular.php	上の 3 つがないときに表示
index.php	テンプレートの指定がないときに表示

「**ページ ID**」とは、管理画面からページを開くと URL のバーに表示される数字のこと。

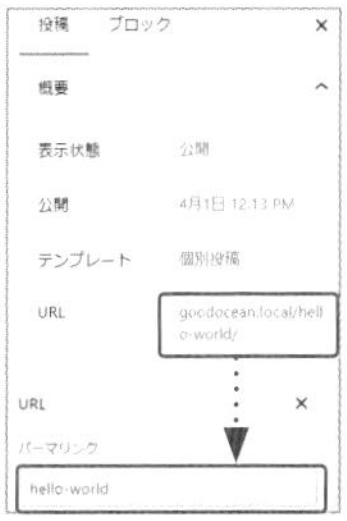

「**ページのスラッグ名**」とは、URL をクリックした後に出てくるパーマリンクのこと。

ここも CHECK

□ カスタムページテンプレートを使って管理画面から任意のテンプレートを選択する方法

カスタムページテンプレートを作成すると、管理画面から固定ページのテンプレートをプルダウンで選択できるようになります。カスタムページテンプレートにするには、php ファイルの一番上に、コメントでテンプレート名を追加します。

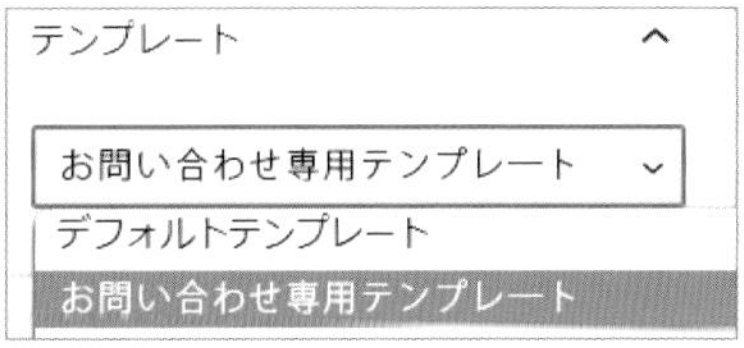


```
<?php
/*
Template Name: お問い合わせ専用テンプレート
*/
?>
<h1> お問い合わせ専用のテンプレートです。</h1>
<?php if(have_posts()): while(have_posts()): the_post();?>
<h2><?php the_title(); ?></h2>
<?php the_content(); ?>
<?php endwhile; endif; ?>
```

2
事前準備と確認事項

● カスタム投稿に紐づくテンプレート

※メニュー項目（下の例では［Works]）を増やしたときに使います。

- single-【投稿タイプ名】.php — カスタム投稿のテンプレートで表示
- single.php — single-【投稿タイプ名】.php がないときに表示
- singular.php — 上の 2 つががないときに表示
- index.php — テンプレートの指定がないときに表示

● カスタム投稿アーカイブに紐づくテンプレート

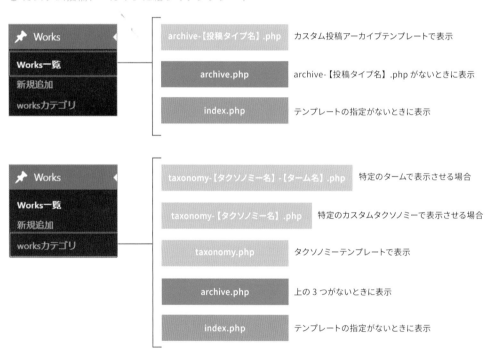

- archive-【投稿タイプ名】.php — カスタム投稿アーカイブテンプレートで表示
- archive.php — archive-【投稿タイプ名】.php がないときに表示
- index.php — テンプレートの指定がないときに表示

- taxonomy-【タクソノミー名】-【ターム名】.php — 特定のタームで表示させる場合
- taxonomy-【タクソノミー名】.php — 特定のカスタムタクソノミーで表示させる場合
- taxonomy.php — タクソノミーテンプレートで表示
- archive.php — 上の 3 つがないときに表示
- index.php — テンプレートの指定がないときに表示

```
/edit-tags.php?taxonomy=workscat&post_type....
```

「**タクソノミー名**」とは、メインナビゲーションのカスタムタクソノミーをクリックした後の URL に出てくる文字列。

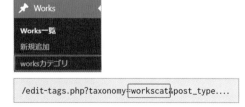

「**ターム名**」とは、カスタムタクソノミーのタームにつけた「スラッグ」の名前（半角英数字）。

ここもCHECK

「カテゴリー」「タクソノミー」「タグ」「ターム」の違い

投稿では「カテゴリー」と呼ばれていたものが、カスタム投稿になると「タクソノミー」に変わり、混乱する人もいると思います。少しややこしいのですが、「カテゴリー」も「タグ」も「タクソノミー」の一種です。各用語には以下の違いがあります。

・WordPress の機能にもともと入っているタクソノミーが「カテゴリー」と「タグ」。
・「カテゴリー」と「タグ」の違いは、階層があるか、ないか。
・「自分で作るタクソノミー」が「カスタムタクソノミー」。
・「カスタムタクソノミー」には、階層のあり・なしを設定できる。
・「カテゴリー」「タグ」「カスタムタクソノミー」に登録される「項目」が「ターム」。

もし、４種類以上分類を作らなければいけない場合は、カテゴリーやタグは使用せずに、カスタムタクソノミーだけで構成すると、テンプレートが統一されて管理しやすいです。

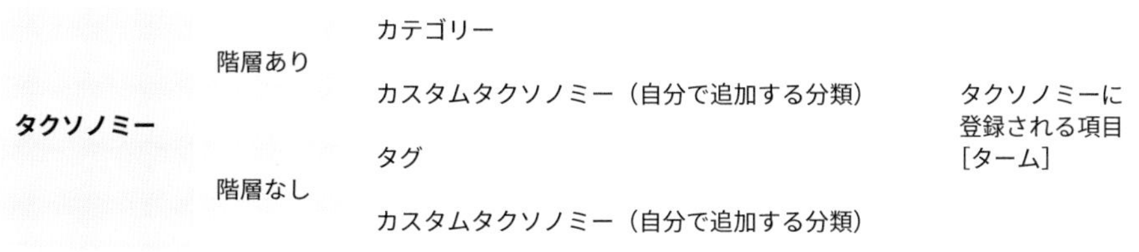
タクソノミー
階層あり
カテゴリー
カスタムタクソノミー（自分で追加する分類）
階層なし
タグ
カスタムタクソノミー（自分で追加する分類）
タクソノミーに
登録される項目
[ターム]

例

タクソノミー

カテゴリー	タグ	カスタムタクソノミー（階層あり）	カスタムタクソノミー（階層なし）
ターム	ターム	ターム	ターム
-正社員	-試用期間あり	-東京	-食べる
-新卒採用	-未経験OK	-渋谷	-見る
-中途採用	-駅徒歩5分以内	-新宿	-聞く
-アルバイト	-交通費支給あり	-大阪	-参加する
		-福岡	-買う

● 記事の投稿者に紐づくテンプレート

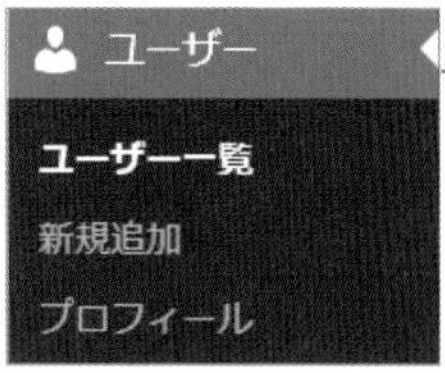

author-【作成者のユーザースラッグ名】.php or author-【作成者 ID】.php	特定の投稿者に表示させる場合
author.php	記事の投稿者のテンプレート
archive.php	上の 2 つがないときに表示
index.php	テンプレートの指定がないときに表示

● その他の代表的なテンプレート

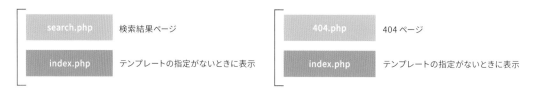

search.php	検索結果ページ
index.php	テンプレートの指定がないときに表示

404.php	404 ページ
index.php	テンプレートの指定がないときに表示

ここで紹介した以外にも
「添付ファイル投稿ページ(attachment.php)」や
「コメントページ(comments.php)」
「プライバシーポリシーページ(privacy-policy.php)」
などがあります。

2-13 テンプレートパーツについて

WordPressのテンプレートの種類を理解したら、
テンプレートパーツについて学んでいきましょう。

テンプレートパーツとは

テンプレートパーツとは、ヘッダー・フッター・サイドバーなど、サイト内で共通して利用されるテンプレートファイルを指します。これらのテンプレートパーツは、種類の違うテンプレートファイルに読み込むことができます。

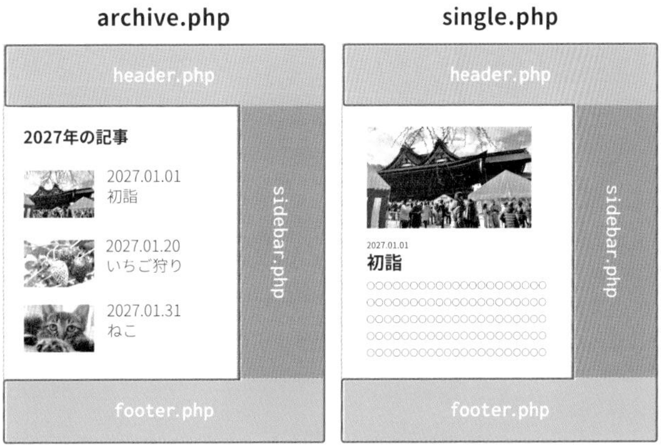

パーツ	テンプレートファイル名	読み込むためのタグ
ヘッダー	header.php header- 任意の半角英数字 .php	<?php get_header(); ?> <?php get_header(' 任意の半角英数字 '); ?>
フッター	footer.php footer- 任意の半角英数字 .php	<?php get_footer(); ?> <?php get_footer(' 任意の半角英数字 '); ?>
サイドバー	sidebar.php sidebar- 任意の半角英数字 .php	<?php get_sidebar(); ?> <?php get_sidebar(' 任意の半角英数字 '); ?>
検索フォーム	searchform.php	<?php get_search_form(); ?>
コメント	comments.php	<?php comments_template(); ?>
カスタム	任意の半角英数字 .php 任意の半角英数字 1- 任意の半角英数字 2.php	<?php get_template_part(' 任意の半角英数字 '); ?> <?php get_template_part(' 任意の半角英数字 1', ' 任意の半角英数字 2'); ?>

※任意の半角英数字は、必ず英字からスタートする名前にしてください。
※カスタムの「任意の半角英数字 1- 任意の半角英数字 2.php」は、「parts-banner.php」「parts-sns.php」のように同じ種類をまとめて、コード管理をしたいときに使うと便利です。<?php get_template_part('parts', 'banner'); ?>
※独自にカスタマイズしたテンプレートパーツは、フォルダーにまとめることができます。
module フォルダーに格納した場合のコードは、<?php get_template_part('module/ パーツの名前 '); ?> と書きます。
パーツの名前は .php という拡張子を省略できます。

2-14 HTML→WordPressのテーマ構成を考える

HTMLファイルをWordPressのテンプレートファイルに変換するときは、
メンテナンスのしやすさを考えてテンプレートファイルを当てはめ、
テーマを構成していきます。

ファイル構成例

●HTMLファイル

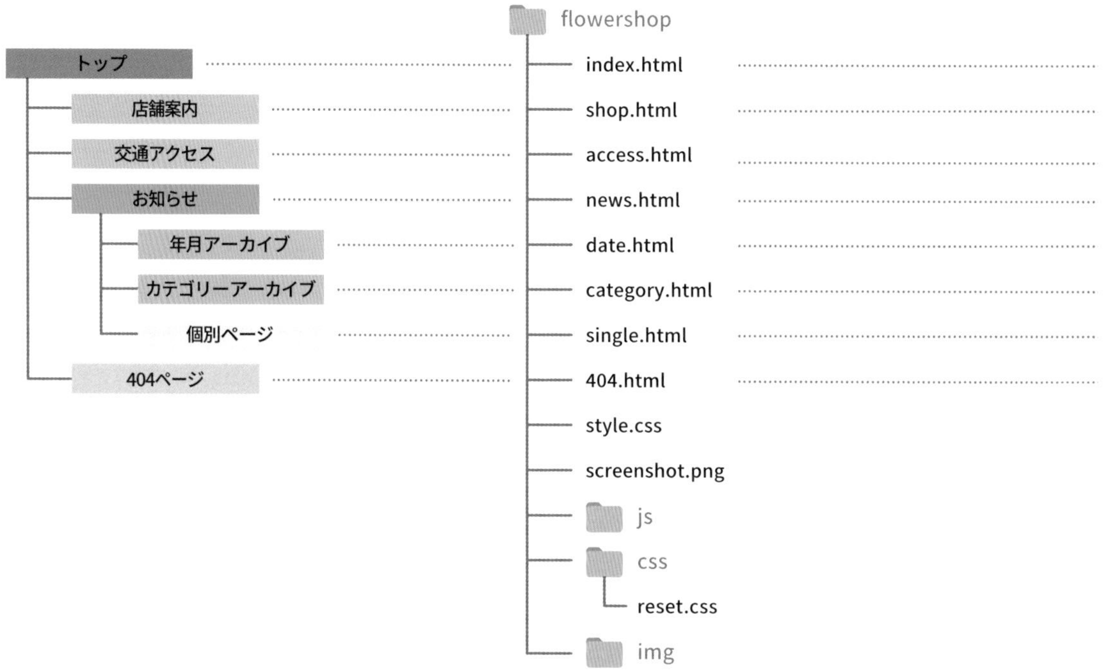

トップ
店舗案内
交通アクセス
お知らせ
年月アーカイブ
カテゴリーアーカイブ
個別ページ
404ページ
flowershop
index.html
shop.html
access.html
news.html
date.html
category.html
single.html
404.html
style.css
screenshot.png
js
css
reset.css
img

ソースコードの条件分岐がうまくできるようになると、
少ないファイル数で、テンプレートファイルを管理
することができるよ。

テーマ構成3つのパターン

●パターン1

お知らせ個別ページをindex.phpにして他のページはそれぞれ異なるテンプレートを振り分けパターン

●パターン2

お知らせ一覧を固定ページpage-news.phpにして、アーカイブをarchive.phpにまとめるパターン

●パターン3

固定ページの表示をpage.php内で条件分岐し、お知らせ一覧をhome.phpでまとめ、アーカイブをarchive.phpにまとめるパターン

flowershop
front-page.php
page-shop.php
page-access.php
home.php
date.php
category.php
index.php
404.php
style.css
screenshot.png
js
css
reset.css
img
header.php
sidebar.php
footer.php
functions.php
ページ内の共通要素を
パーツ化してまとめたPHP
WordPressの機能を制御するPHP
flowershop
front-page.php
page-shop.php
page-access.php
page-news.php
archive.php
single.php
index.php
style.css
screenshot.png
js
css
reset.css
img
header.php
sidebar.php
footer.php
functions.php
flowershop
front-page.php
page.php
home.php
archive.php
single.php
index.php
style.css
screenshot.png
js
css
reset.css
img
header.php
sidebar.php
footer.php
functions.php

ここもCHECK

他にもある！　WordPressローカル環境構築ツール

本書では、WordPressをローカル環境で動かすツールの中でも手軽に導入できる「Local」のインストール方法や使い方を解説しました。その他の代表的なツールとしては「XAMPP」や「MAMP」があります。
どちらもデータベースを自分で作成するなど、導入するハードルは少し上がりますが、それぞれのツールの仕様を確認し、自分にあった開発環境を選びましょう。

XAMPP（無料）
対応OS：Windows/macOS/Linux
Webサーバー：Apache
データベース：MariaDB
操作画面：GUI
https://www.apachefriends.org/jp/

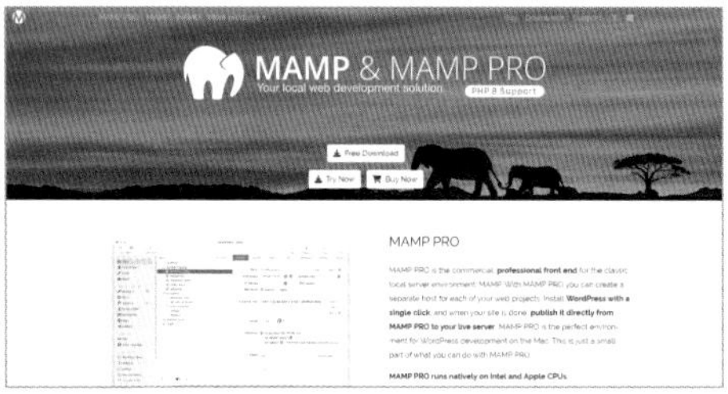

MAMP（無料・有料）
対応OS：Windows/macOS
Webサーバー：Apache/nginx
データベース：MySQL/SQLite
操作画面：GUI
https://www.mamp.info/en/mamp

CHAPTER

WordPressの設計と管理画面の設定

3

3-1 HTMLサイトの全体像を確認する

この章ではHTMLサイトの全体像を確認して、
WordPressの設計を考えていきます。

お知らせやお問い合わせページがある
企業サイトをベースに
WordPressの設計を考えていくよ。

SAMPLE DATA

html01

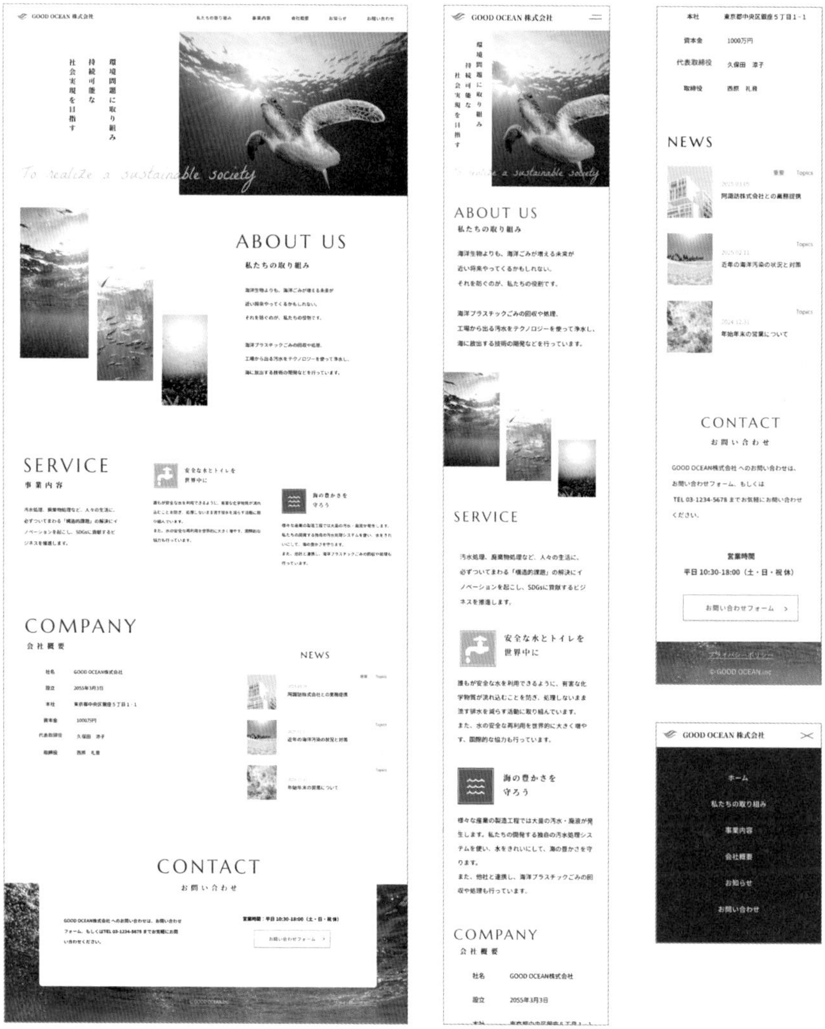

WordPress化するページ一覧

❶トップページ

❷会社概要

❸お知らせ(一覧)

❹お知らせ
(年月アーカイブ)

❺お知らせ(カテゴリー)

❻お知らせ(個別記事)

❼お問い合わせ

❽プライバシーポリシー

❾ページが見つかりません

上の9つのページを
WordPress化していきます。
サイトの全体像は
特典のFigmaデータでも確認できるよ。

3-2 ヒアリングと更新場所の設計

事前にクライアントからサイト公開後の運用方法をヒアリングして、
WordPressの構成を設計しましょう。

クライアントにヒアリングして要望を洗い出します。
要望を踏まえたうえで、
WordPressの設計を考えていきます。

クライアントへのヒアリング

制作者

サイトを公開した後の、更新担当者はいますか？
担当者のWebサイト運用の経験や知識の程度、

などの簡単なHTMLが打てるかどうかも教えてください。

クライアント

30代の社員に更新を任せる予定です。
普段ブログやSNSなどもしているので、
ある程度Webサイト運用の知識はあると思います。
HTMLのタグは打てません。

サイト公開後に、御社側で更新を予定しているページを教えてください。

更新頻度が高いページは「お知らせ」です。
「会社概要」の画像やテキストも変更の可能性があります。
「お問い合わせ」や「プライバシーポリシー」の更新頻度は低いですが、
念のため、すべてのページの本文のテキスト情報は、
私たちの方で修正ができるようにしてほしいです。

サイトリリース後のデザインの変更や
メニュー項目の追加などは想定していますか？

いいえ。デザイン性を保持したいので、
弊社側でデザイン変更の操作や、メニューの追加は想定していません。
制作していただいた範囲内で運用し、
外観の変更が発生する場合はご連絡します。

ヒアリングから考えたWordPressの設計

☐ Webサイト運用の担当者とそのスキル

・ブログやSNSを使っている30代社員
・HTMLのタグは打てない

▶▶サイト運用時に、HTMLタグを使わず更新できるように管理画面を設計し、
更新マニュアルも作成する

☐ Webサイト運用時に、WordPressを使って更新していきたい場所は？

・更新頻度が高いのは「お知らせ」
・会社概要の画像やテキスト変更の可能性あり
・念のため、全ページの本文テキストは自分たちで編集できるようにしてほしい

▶▶コンテンツの本文は、
WordPressの管理画面上からすべて変更ができるように設計する
画像の一部もカスタムフィールドを使って更新ができるようにする

☐ デザインやメニュー項目にも更新性を持たせる？

・デザインは制作してもらった範囲内で運用
・外観を変更したい場合は制作者に連絡する

▶▶グローバルナビゲーションなどのメニューは変動がないので、
メニューのソースコードはPHPファイルの中に直書きする
WordPressの「カスタムメニュー」や
「カスタムメニュー」(P.233参照)や「ウィジェット」機能(P.236参照)は使わない

WordPressの更新場所の設計は
「運用する人が誰なのか」が
ポイントです。
クライアントのスキルにあわせて
管理画面をカスタマイズしていき
ましょう！

要望から考えるWordPressの設計

……投稿画面の「タイトル」「本文」を使用して更新
……プラグインを使用して出力
……「カスタムフィールド」を使用して更新
……テーマのPHPに直書き

❶トップページ

❷会社概要

❸お知らせ（一覧）

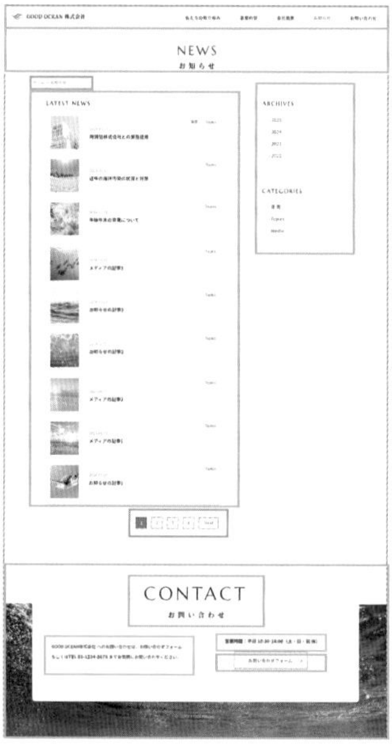

クライアントへのヒアリングで
「外観のデザイン変更はしない」
とあったので、
トップページのスライドショーや
キャッチフレーズなどは
更新性を持たせず、
テーマのPHPに直書きします。

❹お知らせ（年月アーカイブ）

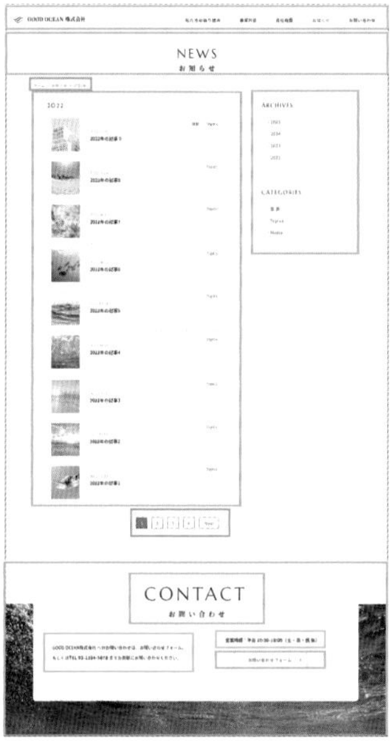

❺お知らせ（カテゴリー）

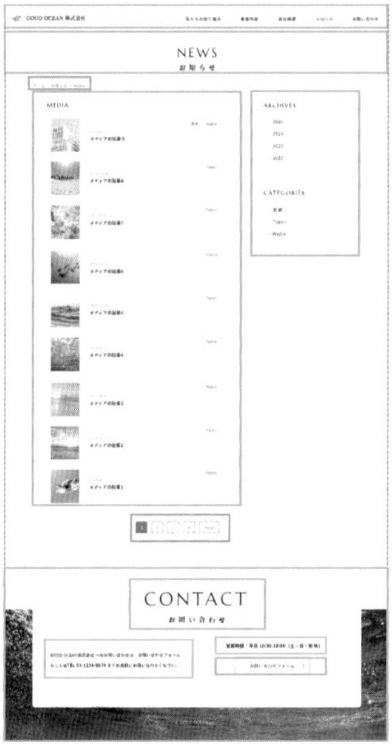

❻お知らせ（個別記事）

❼お問い合わせ

❽プライバシーポリシー

❾ページが見つかりません

3-3 テーマ構成を考える

HTMLをWordPressにするための
テーマ構成を考えていきます。

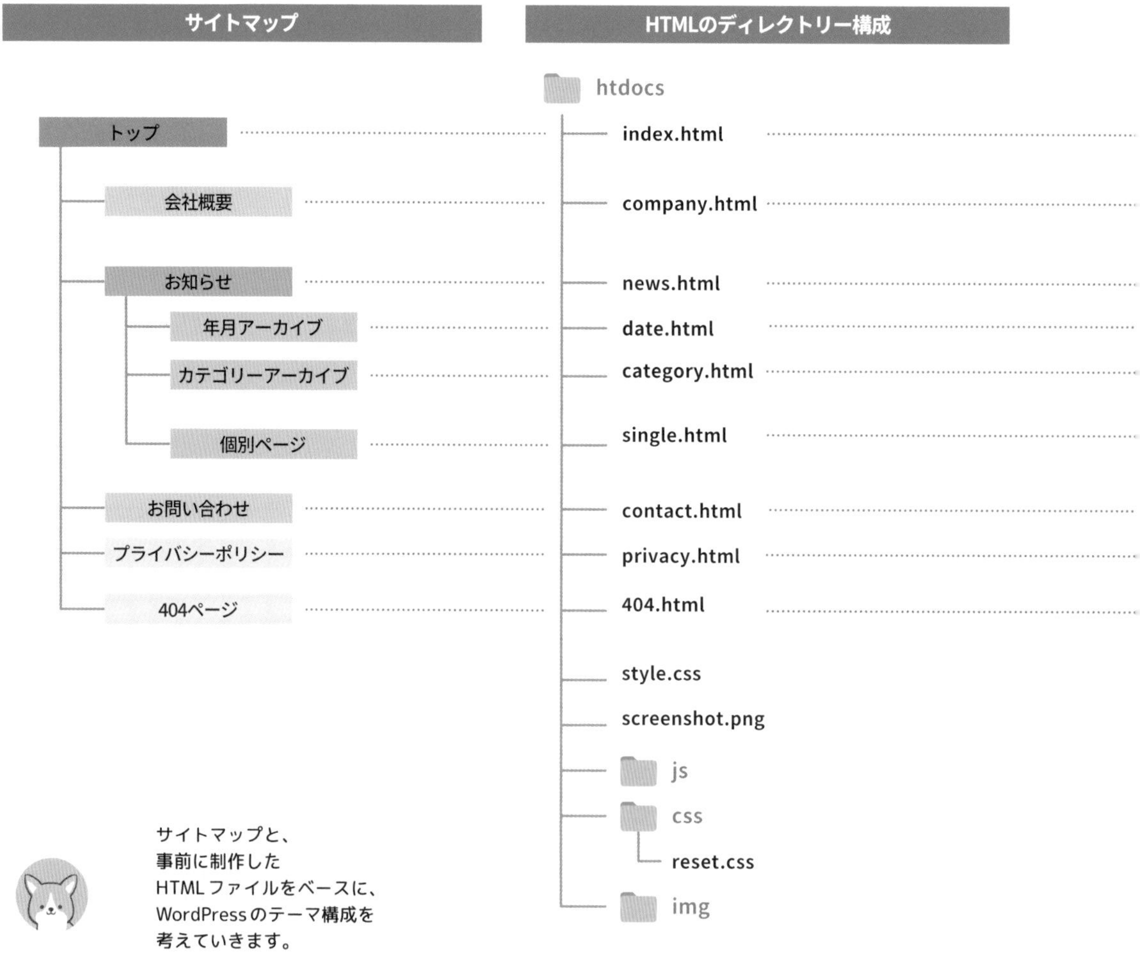
サイトマップ
HTMLのディレクトリー構成
htdocs
トップ
index.html
会社概要
company.html
お知らせ
news.html
年月アーカイブ
date.html
カテゴリーアーカイブ
category.html
個別ページ
single.html
お問い合わせ
contact.html
プライバシーポリシー
privacy.html
404ページ
404.html
style.css
screenshot.png
js
css
reset.css
img

サイトマップと、
事前に制作した
HTMLファイルをベースに、
WordPressのテーマ構成を
考えていきます。

PHPの特徴

- □ 1つのファイルで、複数のページを生成できる
- □ PHPファイルの中で、ソースコードの分岐ができる
- □ 複数ページにまたがる共通パーツを1つのPHPでまとめて管理できる

PHPにはこのような特徴があるからHTMLのようにたくさんファイルをつくらなくてもいいんだよ。

最終的なWordPressのテーマ構成　　**ページを編集する管理画面の場所**

- goodocean
  - front-page.php　フロントページ（サイトのトップページ）　→ 固定ページ
  - page-company.php　指定した固定ページで表示させたい場合のテンプレート　→ 固定ページ
  - home.php　投稿一覧ページ　→ 投稿
  - archive.php　アーカイブのテンプレート（日付・カテゴリーすべてに適用）　→ 投稿
  - single.php　投稿（個別記事ページ）のテンプレート　→ 投稿
  - index.php　基本テンプレート（テンプレート未指定のときに表示）　→ 固定ページ
  - 404.php　404 ページのテンプレート（ページが見つからないときに表示）
  - style.css
  - screenshot.png
  - js
  - css
    - reset.css
  - img
  - header.php ❶
  - sidebar.php ❷
  - footer.php ❸
  - parts-archiveposts.php ❹
  - parts-companyinfo.php ❺
  - functions.php
    WordPress の機能を制御する PHP

❶〜❺：共通要素をパーツ化してまとめた PHP

3-4 導入するプラグインを考える

本書の作例では、15個のプラグインを導入し、機能を追加します。
ベーシックに導入するプラグインと、サイト構成から考えて導入するプラグインの
２つの軸でプラグインの種類を見ていきましょう。

ベーシックに導入するプラグインは、
「セキュリティ対策」や「SEO対策」、
「バックアップ・引っ越し」に関する
プラグインを紹介しているよ！

ベーシックに導入するプラグイン

セキュリティ対策

❶ **All-In-One Security (AIOS) – Security and Firewall** （作者：All In One WP Security & Firewall Team）
ログイン画面やデータベースを守り、悪意のあるアクセスを防ぐ

❷ **SiteGuard WP Plugin** （作者：JP-Secure）
管理ページとログインページを保護する

❸ **Really Simple SSL** （作者：Really Simple Plugins）
サイトを常時SSL化（https:// で表示）する

SEO対策

❹ **SEO SIMPLE PACK** （作者：LOOS,Inc.）
OGP画像やアクセス解析タグ、ページ別のdescriptionを設定する

❺ **XML Sitemap Generator for Google** （作者：Auctollo）
XML サイトマップを自動生成し、検索エンジンにインデックスされやすくする

バックアップ・引越し

❻ **All-in-One WP Migration** （作者：ServMask）
WordPress内のデータの引っ越しを行う

❼ **UpdraftPlus WordPress Backup Plugin** （作者：UpdraftPlus.Com, DavidAnderson）
WordPressのデータを自動でバックアップする

WordPress本体の機能拡張

❽ **WP Multibyte Patch** （作者：Seisuke Kuraishi）
WordPressで日本語を使用する際の不具合を解消する

サイト構成から考えて導入するプラグイン

サイト全体で導入するプラグイン

❾ Breadcrumb NavXT　（作者：John Havlik）

パンくずリストを自動的に生成する

❿ Smart Custom Fields　（作者：inc2734）

WordPressの管理画面から文章や画像を変更できる項目を追加する

「お問い合わせ」で導入するプラグイン

⓫ Contact Form 7　（作者：Takayuki Miyoshi）

お問い合わせフォームを導入する

⓬ Contact Form 7 Database Addon – CFDB7

（作者：Arshid）

お問い合わせフォームから送られた内容をデータベースに保存する

「お知らせ」で導入するプラグイン

⓭ WP-PageNavi　（作者：Lester 'GaMerZ' Chan）

投稿一覧でページネーション（ページ送り）を表示する

⓮ Category Order and Taxonomy Terms Order

（作者：Nsp-Code）

カテゴリーやタクソノミーの並び順を変更する

⓯ Yoast Duplicate Post

（作者：Enrico Battocchi & Team Yoast）

記事を複製する機能を追加する

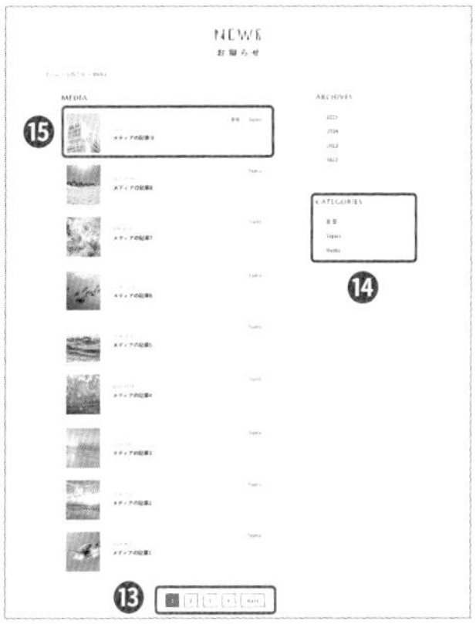

プラグインをあえて使用しない場所

プラグインは手軽に導入が出来て便利ですが、多用するとプラグイン同士が競合して動かなくなったり、無駄なコードの増加につながります。今回のサイトでは、スライドショー、クリックした後の画像拡大表示、スクロールで要素をふわっと表示させる3つの動きは、プラグインを使用せず、自分で導入したコードを生かします。

JS スライドショー

slick（https://kenwheeler.github.io/slick/）

JS クリックした後の画像の拡大表示

Lightbox2（https://lokeshdhakar.com/projects/lightbox2/）

JS × CSS スクロールで要素をふわっと表示

自作の JavaScript × Animate.css（https://animate.style/）

CHAPTER-3

プラグインを導入する際の注意点

プラグインを導入するときには、以下のことを考慮しましょう。

● 同じ役割を持つプラグインの複数導入は控える

セキュリティプラグインなど役割が同じ複数のプラグインを導入すると、干渉しあって動かなくなる可能性があります。

● WordPress本体の更新前にプラグインの互換性を確認する

WordPressの更新に合わせて、プラグインも更新していないと動かなくなる可能性があります。プラグイン開発者のサイトやWordPressのプラグインサイトに表示された検証済み最新バージョンを確認し、更新したいWordPressのバージョンにプラグインが対応しているかどうかを確認してから、WordPress本体の更新を行いましょう。

WordPressのプラグインサイト　https://ja.wordpress.org/plugins/

● プラグインは定期的に更新する

プラグインの更新を定期的に行い、脆弱性を修正して新機能を追加しましょう。

● 正規のプラグインをダウンロードする

同じ名前のプラグインが複数存在する場合は、作者名や評価を確認して正規のプラグインを探しましょう。

● 不要なプラグインを削除する

不要なプラグインはセキュリティの微弱性につながるなどのリスクを生むので、WordPress上から削除しましょう。

COLUMN

□ プラグインの自動更新を有効化するべき？

プラグインの自動更新は便利な機能ですが、自動更新中にサイトにアクセスした場合や更新後のバージョンにバグがあった場合など、管理者が知らない間にサイトが表示されなくなる可能性があります。自動更新を有効化せず1つずつ手動での更新をおすすめします。

□ プラグイン更新前のチェックポイント

プラグインを更新する前には必ずサイトのバックアップをとりましょう。また、プラグインは1つずつ更新するようにしましょう。1つ更新したら、サイトが正常に動作しているかを確認し、次のプラグインを更新するようにします。こうすると、サイトが正常に表示されなくなったときに、どのプラグインが原因なのかを特定しやすくなります。

本書では、自動更新の設定は行っていませんが、必要に応じて有効化してくださいね。

3-5 WordPressの管理画面を設定する

Chapter2でインストールした「Local」を起動して、
WordPressの管理画面の設定をしていきます。

「企業サイトテキストコピー用ファイル」を使って、
管理画面の設定をしていこう！

SAMPLE DATA

html01

Localを起動する

1 「Local」のアイコンをクリックして起動します。

2 登録した❶「GOOD OCEAN株式会社」のサイト名をクリックして❷［WP Admin］をクリックします。

3 ❸Chapter2で設定したユーザー名とパスワードを入力してログインをします。

不要なページを削除する

1 ［投稿］>［投稿一覧］にある❶［Hello world!］というタイトルにカーソルをあわせると出現するナビゲーションから、❷［ゴミ箱へ移動］をクリックします。

2 上部の❸［ゴミ箱］をクリックします。先ほどゴミ箱へ移動した❹［Hello world!］にカーソルをあわせ、❺［完全に削除する］をクリックします。

3 同様の操作で、［固定ページ］＞［固定ページ一覧］にある❻「Sample Page」も完全に削除します。❼「Privacy Policy」は後で使うので残しておきます。

サイトのタイトルとキャッチフレーズを変更する

1 管理画面の［設定］＞［一般］から［サイトのタイトル］と［キャッチフレーズ］を以下に変更し、［変更を保存］をクリックします。

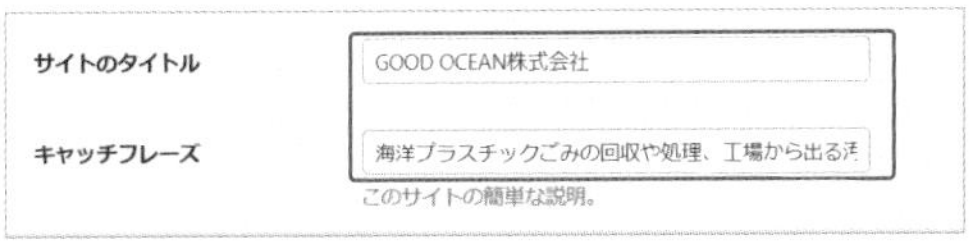

GOOD OCEAN 株式会社

海洋プラスチックごみの回収や処理、工場から出る汚水をテクノロジーを使って浄水し、海に放出する技術の開発などを行っています。

日付形式と時刻形式を変更する

1 管理画面の［設定］＞［一般］＞［日付形式］からカスタムを選択します。「2027.02.09」といった形式で日付表示させるため「Y.m.d」と入力します。［時刻形式］は「H:i」を選択し、［変更を保存］をクリックします。

Chapter2で設定済みの人はこの工程をスキップしてください。

コピーサイト作成防止の設定をする

1 管理画面の［設定］＞［表示設定］から［フィードの各投稿に含める内容］を［抜粋］に変更して［変更を保存］をクリックします。

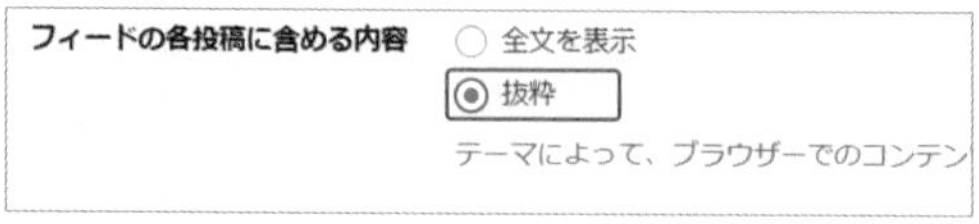

スパムコメントやピンバック、トラックバック防止の設定をする

1 管理画面の［設定］＞［ディスカッション］から［デフォルトの投稿設定］のチェックをすべて外し、［変更を保存］をクリックします。

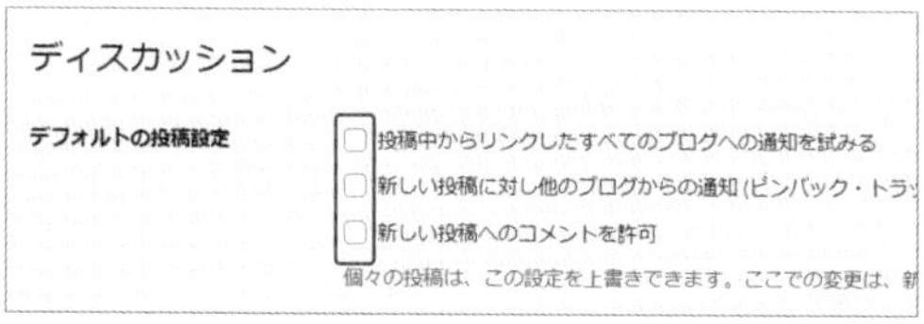

パーマリンク構造を変更する

1 管理画面の［設定］＞［パーマリンク］から［パーマリンク構造］を変更します。❶［カスタム構造］を選択し、❷デフォルトで入力されている［/%postname%/］を削除します。［利用可能なタグ］から❸［%post_id%］をクリックし、［変更を保存］をクリックします。

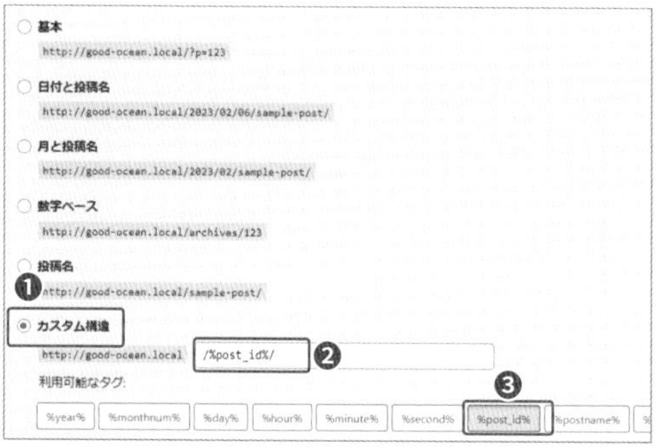

ユーザーの設定をする

1 管理画面の［ユーザー］＞［ユーザー一覧］からユーザー名にカーソルをあわせると表示される❶［編集］をクリックします。

2 ❷［ツールバー］＞［サイトを見るときにツールバーを表示する］のチェックを外します。不正ログイン防止のため❸［ニックネーム（必須）］に、ユーザー名とは違う名前を入力します（例：サイト管理者）。❹［ブログ上の表示名］は❸［ニックネーム（必須）］で入力した名前を選択します。最後に［プロフィールを更新］をクリックします。

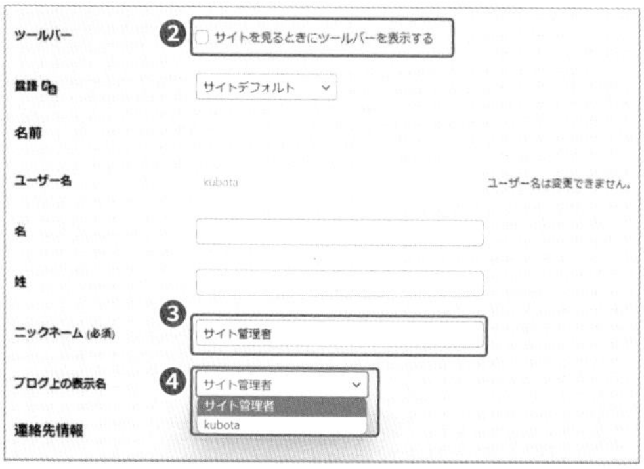

3-6 プラグインを設定する

今回のサイト制作に必要な15個のプラグインをインストールしていきます。

ここからはサンプルデータ「html01」を使って、
企業サイトのデザインにあわせた
プラグインの設定をしていくよ！

SAMPLE DATA

html01

プラグインをインストールする

1 本書の作例では以下の15個のプラグインを使用します。一部はインストール後すぐに有効化、一部はインストールのみ行って詳細設定時に有効化します。

インストールして有効化

- WP Multibyte Patch
- SEO SIMPLE PACK
- XML Sitemap Generator for Google
- Breadcrumb NavXT
- WP-PageNavi

インストールのみ

- All-in-One WP Migration
- UpdraftPlus WordPress Backup Plugin
- SiteGuard WP Plugin
- Really Simple SSL
- Smart Custom Fields
- Contact Form 7
- Contact Form 7 Database Addon – CFDB7
- Category Order and Taxonomy Terms Order
- Yoast Duplicate Post
- All-In-One Security (AIOS) - Security and Firewall

「インストールのみ」のプラグインはまだ有効化しないでね。

2 管理画面の❶［プラグイン］>❷［新規追加］>❸［プラグインの検索］からプラグイン名を入れて検索します。目的のプラグインが表示されたら❹［今すぐインストール］をクリックします。

プラグインを有効化・設定する

［プラグイン］>［インストール済みプラグイン］から、インストールしたプラグインを有効化していきましょう。

● WP Multibyte Patch

WordPressで日本語サイトを制作する場合は、**ファイルの文字化けなどを防ぐために、このプラグインをはじめに［有効化］しておきましょう。**［有効化］した後の設定は必要ありません。

● SEO SIMPLE PACK

OGP画像やアクセス解析タグ、ページ別のdescriptionを設定するプラグインです。

1 有効化後、管理画面の❶［SEO PACK］>［OGP設定］の❷［画像を選択］をクリックします。

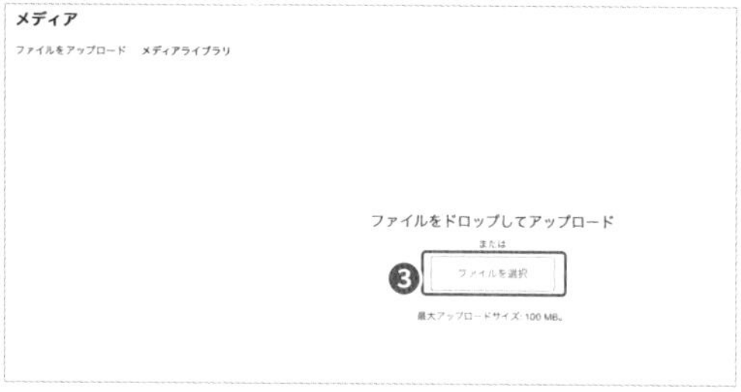

2 ［ファイルをアップロード］から❸［ファイルを選択］をクリックしてサンプルデータの「imgフォルダー」内にある❹「og-image.jpg」を選び❺［選択］をクリックします。

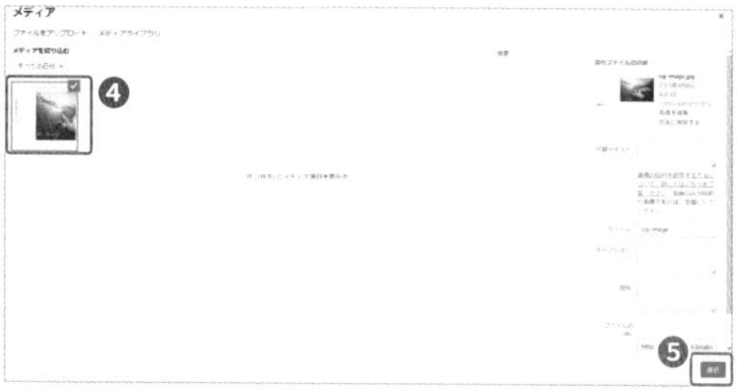

3 ❻［設定を保存する］をクリックして登録完了です。

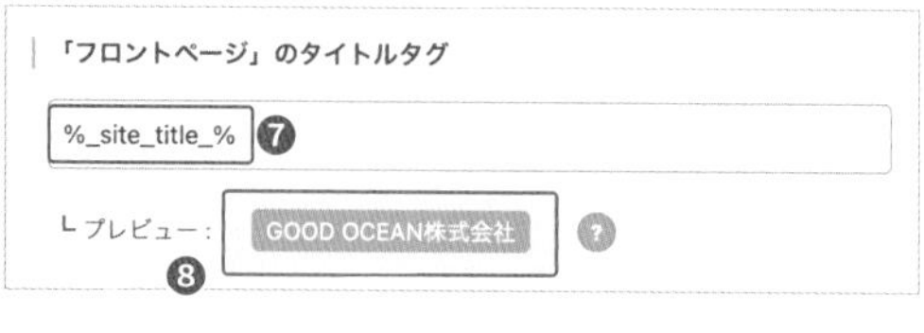

4 ［SEO PACK］>［一般設定］>［基本設定］画面で、［「フロントページ」のタイトルタグ］を❼［%_site_title_%］のみにし、［設定を保存する］をクリックします。保存後に❽プレビューに表示される内容がサイトタイトルだけになっていることを確認してください。

OGP画像にはSNSシェアの際に表示する1200×630pxの画像を使用しましょう。ファイル名は必ず半角英数字にしてね。

● XML Sitemap Generator for Google

XMLサイトマップを自動生成し、検索エンジンにインデックスされやすくするプラグインです。

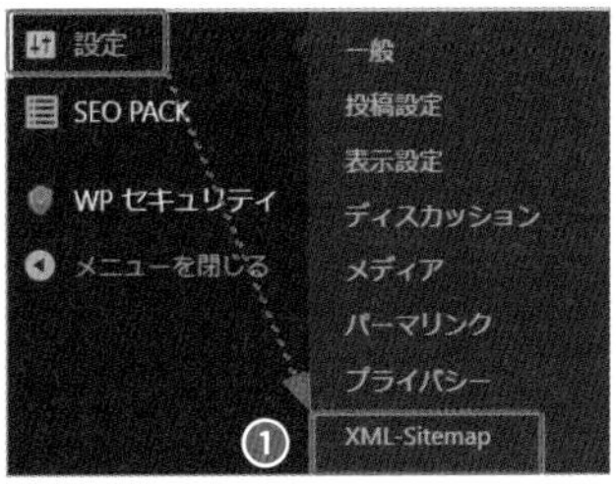

1 有効化後、管理画面の［設定］＞❶［XML-Sitemap］を開きます。［基本的な設定］の❷［HTML形式でのサイトマップを含める］のチェックを外します（チェックすると作成される sitemap.html に "noindex"（Googleのインデックスを拒否）が記載されているため）。

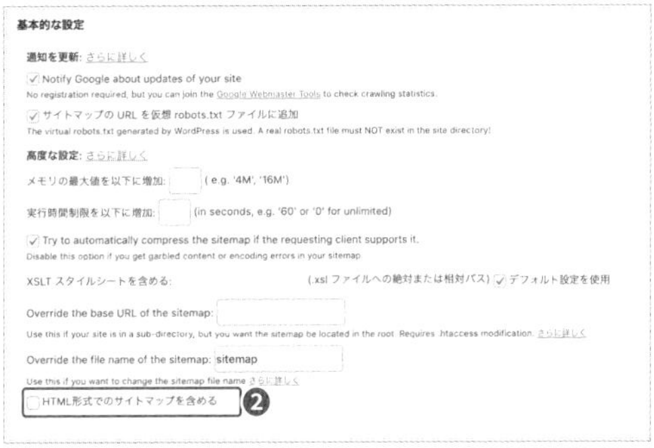

2 ［投稿の優先順位］で❸［Do not use automatic priority calculation（優先順位を自動的に計算しない）］を選択します。

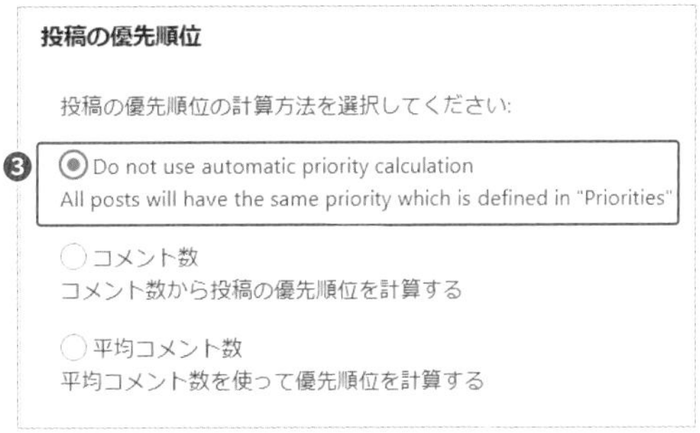

3 ［Change Frequencies］で❹［投稿(個別記事)］を［毎日］に変更します（この設定は、運用時の投稿更新頻度によって変更してください）。

4 ［優先順位の設定 (priority)］で［ホームページ］と［投稿（個別記事）］を❺［0.8］にします。［設定を更新］をクリックして完了します。

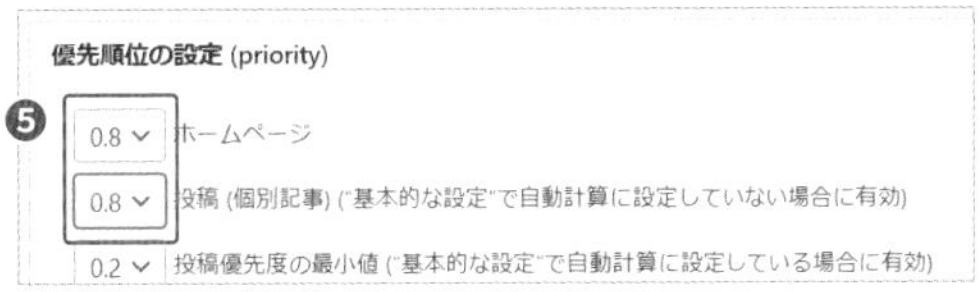

投稿機能で新しい記事が投稿されるとサイトマップが最新になるよ。なお、非公開のサイトでは「検索エンジンはまだ通知されていません」が表示されていても正常です。

● Breadcrumb NavXT

パンくずリストを自動的に生成するプラグインです。

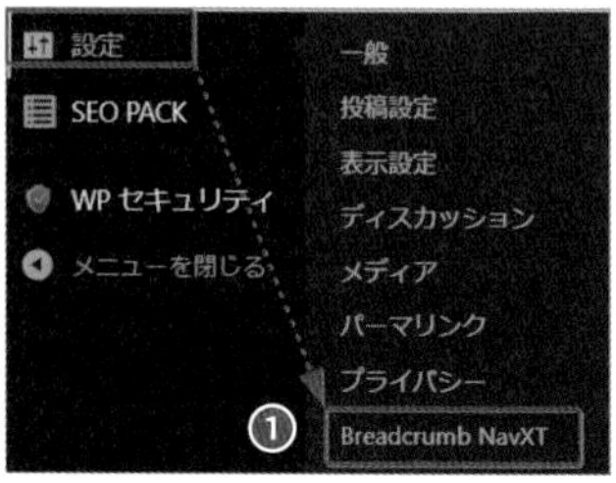
設定
SEO PACK
WP セキュリティ
メニューを閉じる
一般
投稿設定
表示設定
ディスカッション
メディア
パーマリンク
プライバシー
Breadcrumb NavXT
①

1 有効化後、管理画面の［設定］＞ ❶［Breadcrumb NavXT］を開きます。

有効化しても[設定]に表示されない場合は、ページを再読み込みしてください。

Breadcrumb NavXT 設定
❷
一般
投稿タイプ
タクソノミー
その他

2 ❷［一般］～［その他］タブの中にあるソースコードを編集します。ここでは、デザインに合わせて以下の3か所を修正します。

❸［一般］タブ>［ホームページテンプレート］の［%htitle%］を［ホーム］に変更。
❹［一般］タブ>［ホームページテンプレート（リンクなし）］の［%htitle%］を［ホーム］に変更。
❺［その他］タブ>［404タイトル］の「404」を「ページが見つかりません」に変更。

設定後、❻［変更を保存］をクリックして完了します。

ホームページテンプレート
<span property="itemListElement" typeof="ListItem"><a property="item" typeof="WebPage" title="Go to %title%." href="%link%" class="%type%" bcn-aria-current><span property="name">ホーム</span></a><meta property="position" content="%position%"></span>
❸
ホームを示すパンくず用テンプレート。
ホームページテンプレート (リンクなし)
<span property="itemListElement" typeof="ListItem"><span property="name" class="%type%">ホーム</span><meta property="url" content="%link%"><meta property="position" content="%position%"></span>
❹
ホームを示すパンくず用テンプレートです。パンくずがリンクになっていないときだけ使われます。

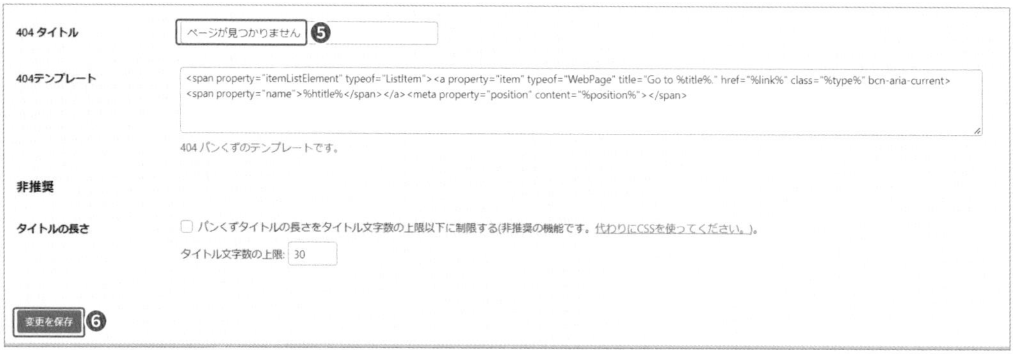
404 タイトル
ページが見つかりません
❺
404テンプレート
<span property="itemListElement" typeof="ListItem"><a property="item" typeof="WebPage" title="Go to %title%." href="%link%" class="%type%" bcn-aria-current><span property="name">%htitle%</span></a><meta property="position" content="%position%"></span>
404 パンくずのテンプレートです。
非推奨
タイトルの長さ
パンくずタイトルの長さをタイトル文字数の上限以下に制限する(非推奨の機能です。代わりにCSSを使ってください。)。
タイトル文字数の上限: 30
変更を保存
❻

● WP-PageNavi

投稿一覧でページネーションを表示するプラグインです。

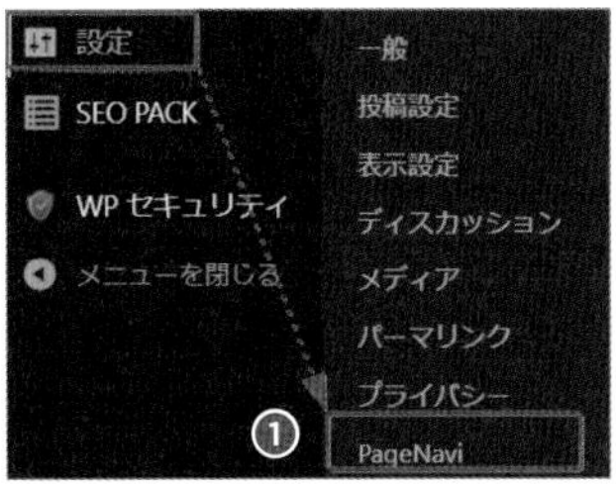

設定
SEO PACK
WP セキュリティ
メニューを閉じる
一般
投稿設定
表示設定
ディスカッション
メディア
パーマリンク
プライバシー
PageNavi
①

1 有効化後、管理画面の［設定］>❶［PageNavi］を開きます。

2 デザインに合わせるため以下のとおり設定し、❷［変更を保存］をクリックします。

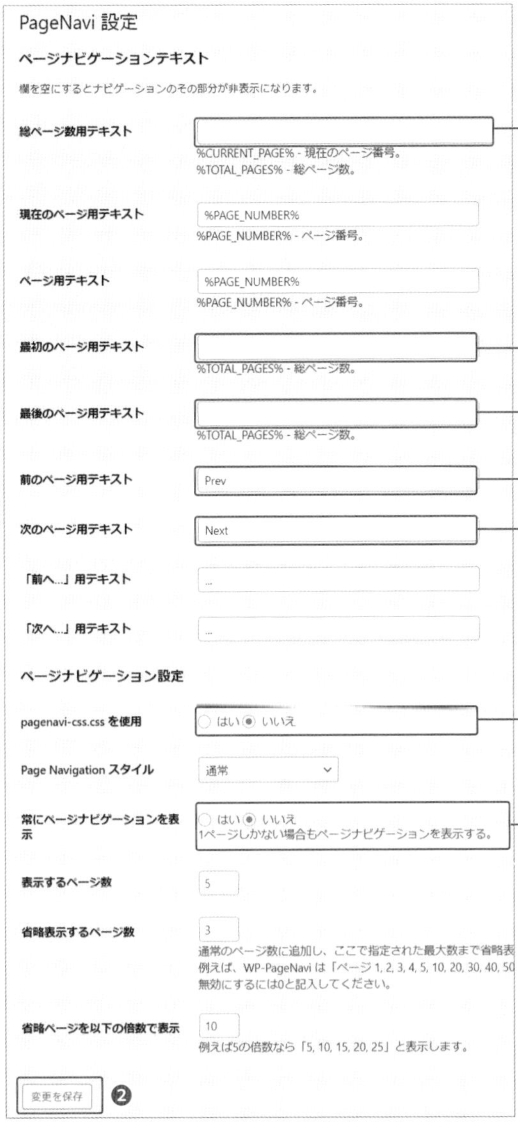

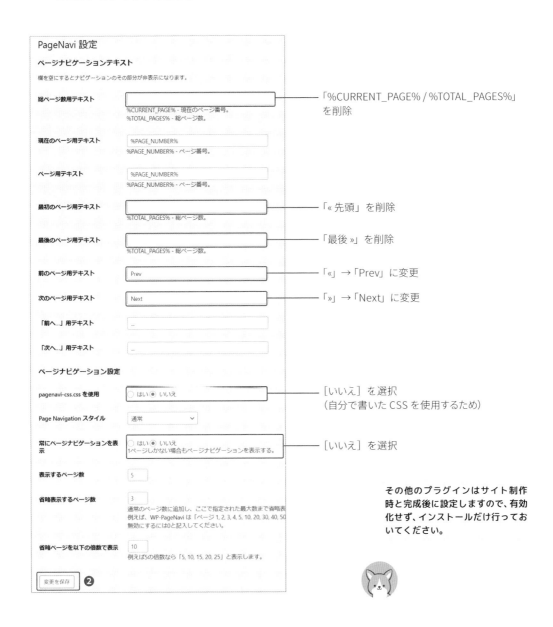

PageNavi 設定
ページナビゲーションテキスト
欄を空にするとナビゲーションのその部分が非表示になります。
総ページ数用テキスト
%CURRENT_PAGE% - 現在のページ番号。
%TOTAL_PAGES% - 総ページ数。
現在のページ用テキスト
%PAGE_NUMBER%
%PAGE_NUMBER% - ページ番号。
ページ用テキスト
%PAGE_NUMBER%
%PAGE_NUMBER% - ページ番号。
最初のページ用テキスト
%TOTAL_PAGES% - 総ページ数。
最後のページ用テキスト
%TOTAL_PAGES% - 総ページ数。
前のページ用テキスト
Prev
次のページ用テキスト
Next
「前へ...」用テキスト
...
「次へ...」用テキスト
...
ページナビゲーション設定
pagenavi-css.css を使用
はい いいえ
Page Navigation スタイル
通常
常にページナビゲーションを表示
はい いいえ
1ページしかない場合もページナビゲーションを表示する。
表示するページ数
5
省略表示するページ数
3
通常のページ数に追加し、ここで指定された最大数まで省略表
例えば、WP-PageNavi は「ページ 1, 2, 3, 4, 5, 10, 20, 30, 40, 50
無効にするには0と記入してください。
省略ページを以下の倍数で表示
10
例えば5の倍数なら「5, 10, 15, 20, 25」と表示します。
変更を保存
❷

「%CURRENT_PAGE% / %TOTAL_PAGES%」を削除

「« 先頭」を削除

「最後 »」を削除

「«」→「Prev」に変更

「»」→「Next」に変更

［いいえ］を選択
（自分で書いたCSSを使用するため）

［いいえ］を選択

その他のプラグインはサイト制作時と完成後に設定しますので、有効化せず、インストールだけ行っておいてください。

ここもCHECK

□ 確認画面がある「お問い合わせフォーム」プラグイン

予約サイトや販売サイトなどの制作時には「お問い合わせフォームに確認画面を追加してほしい」というご要望がよく寄せられます。以下は、確認画面がある代表的なお問い合わせフォームプラグインです。

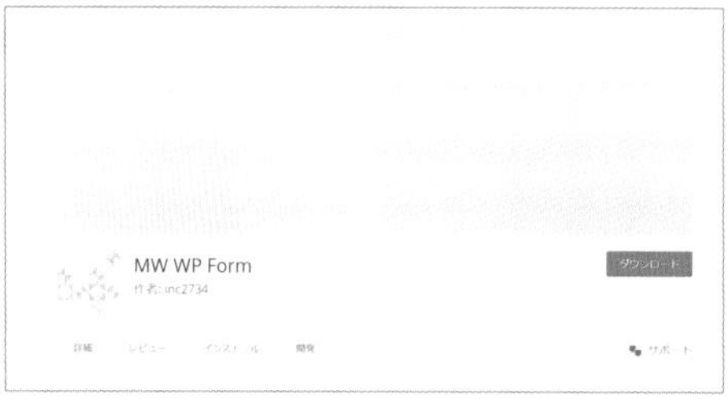

MW WP Form
ショートコードを使って確認画面付きのメールフォームを作成することができるプラグイン。
https://ja.wordpress.org/plugins/mw-wp-form/

Snow Monkey Forms
ブロックエディタでコードを書かずにフォームを設置できるプラグイン。
https://ja.wordpress.org/plugins/snow-monkey-forms/

※本書で紹介している「Contact Form 7」には、デフォルトの機能として確認画面は含まれていません。「Contact Form 7 Multi-Step Forms (https://ja.wordpress.org/plugins/contact-form-7-multi-step-module/)」というプラグインと組み合わせると実現が可能です。
※各プラグインの設置方法や詳細については、それぞれのプラグインの公式サイトからご確認ください。

CHAPTER

プライバシーポリシーページを作成する

4

4-1 テーマファイルを作成する

HTMLファイルをWordPressのテンプレートファイルに変換して、
WordPressのオリジナルテーマを作っていきましょう

まずはLocalの中にテーマフォルダーを作り、
必要なファイルをコピーしていきます。

SAMPLE DATA

html01

ファイル移動の全体像

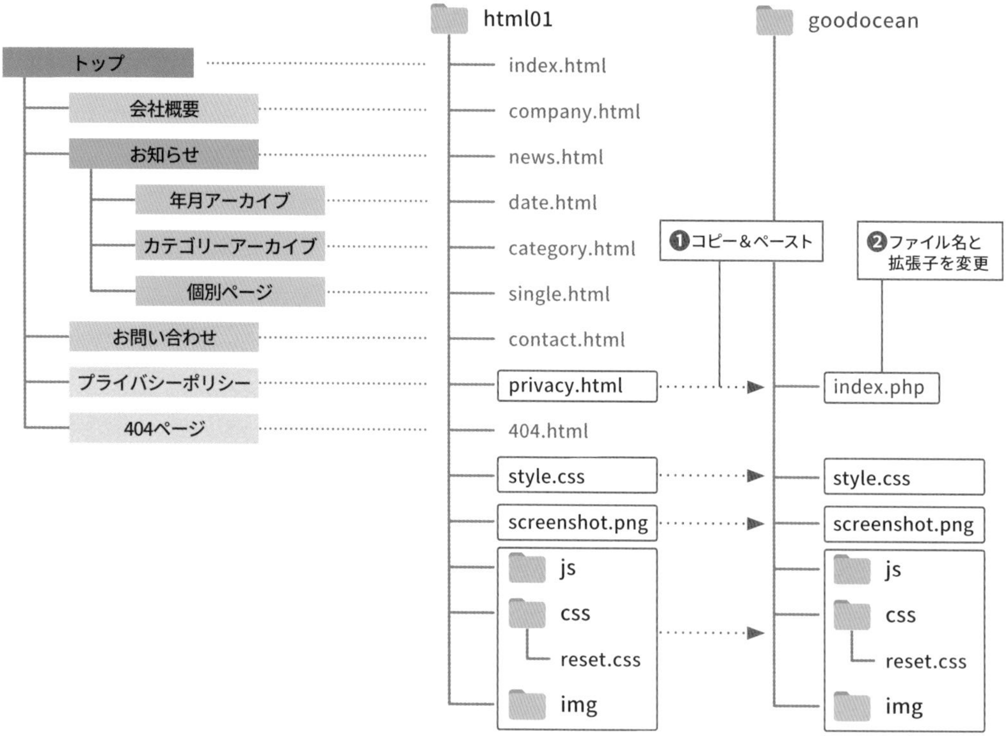

新しいフォルダーを作成する

1 Localの❶［Go to site folder］をクリックして、テーマフォルダーの場所を表示します。

2 ❷［app］＞［public］＞［wp-content］＞［themes］フォルダーの中に、新しくフォルダーを作成します。ここでは、❸［goodocean］フォルダーを作成しました。

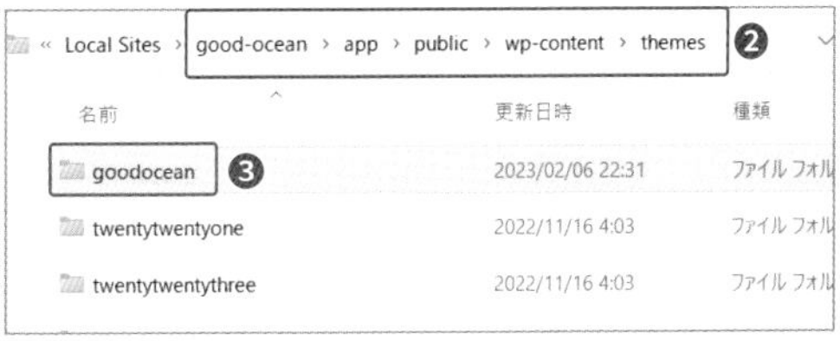

ファイルをコピーする

1 ［html01］フォルダーの中から、以下の6つを［goodocean］フォルダーへコピーします。

- cssフォルダー
- imgフォルダー
- jsフォルダー
- privacy.html
- screenshot.png
- style.css

ファイル名と拡張子を変更する

1 ［goodocean］フォルダー内の［privacy.html］の名前と拡張子を❶［index.php］に変更します。

「ファイルが使えなくなる可能性があります。」「変更してしまうと、書類が別のアプリケーションで開かれてしまうことがあります。」などの警告が表示される場合は、［はい］ボタン（Macでは［".phpを使用"］）をクリックして進めてください。

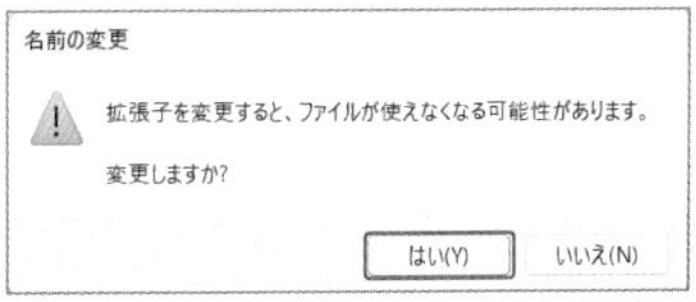

テーマファイルヘッダーを入力する

1 ［style.css］をVisual Studio Codeなどのエディターで開きます。

2 「@charset "UTF-8";」の直下に、テーマファイルヘッダーを右図のように入力して保存します。

```
@charset "UTF-8";
/*
Theme Name: GOOD OCEAN 株式会社
Description: GOOD OCEAN 株式会社様用のテンプレートです
Version: 1.0
Author: S.Asuwa
*/
```

「Author」（作者名）は、ここでは「S.Asuwa」としていますが、ご自身のお名前にしてください。

「企業サイトテキストコピー用ファイル」からコピーしよう！

管理画面にテーマを適用する

1 管理画面から［外観］>❶［テーマ］をクリックします。

2 自作したテーマ「GOOD OCEAN 株式会社」の上にカーソルをのせて、❷［有効化］をクリックすると、管理画面にテーマが適用されます。

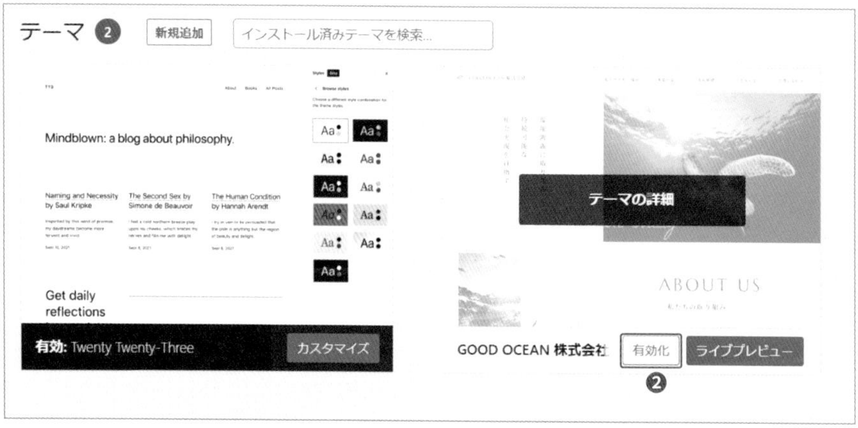

テーマを適用したあとは、事前にインストールされている他のテーマは削除してもかまわないよ。
テーマを削除するには、テーマのサムネイルをクリックしてテーマの詳細を表示し、［削除］をクリックしよう。

favicon を設定する

1 管理画面から［外観］＞［カスタマイズ］＞［サイト基本情報］＞［サイトアイコン］＞❶［サイトアイコンを選択］をクリックします。

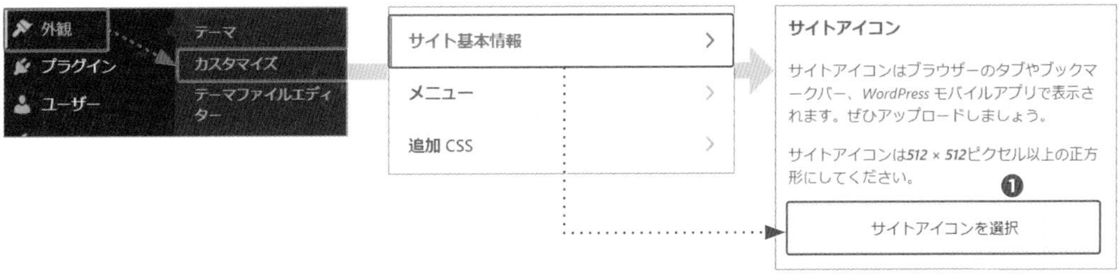

2 「画像を選択」画面が表示されるので、［ファイルをアップロード］タブの❷［ファイルを選択］ボタンをクリックします。今回は、［html01］フォルダーにある［favicon.png］という画像をアップロードします。

サイトアイコンのサイズは512px ×512px の正方形。ファイル形式はPNG/JPG/GIFのいずれかである必要があります。

3 アップロード後に表示された画面で、アップロードした画像が選択されていることを確認し、右下の❸［選択］ボタンをクリックします。

4 上部の❹［公開］ボタンをクリックします。

5 左上の❺［×］ボタンをクリックして、管理画面に戻ると、❻ favicon がタブに反映されます。

favicon.ico ではなく、画像の favicon.png をアップロードしてね！

4-2 管理画面とテンプレートの紐づけを確認する

ここからはプライバシーポリシーが表示されるテンプレートファイルを作成します。
まずは管理画面とテンプレートの紐づけを確認しましょう。

紐付けの概要

……投稿画面の「タイトル」「本文」を使用して更新
……プラグインを使用して出力
……テーマのPHPに直書き

header.php
GOOD OCEAN 株式会社
私たちの取り組み
事業内容
会社概要
お知らせ
お問い合わせ
PRIVACY POLICY
プライバシーポリシー
ホーム > プライバシーポリシー
※これはWordPressが書き出したテスト用のプライバシーポリシーです。本番時は、個別の事情に応じて内容を編集し、記載事項の追加・削除を行う必要があります。
私たちについて
提案テキスト: 私たちのサイトアドレスは https://example.com です。
コメント
提案テキスト: 訪問者がこのサイトにコメントを残す際、コメントフォームに表示されているデータ、そしてスパム検出に役立てるための IP アドレスとブラウザーユーザーエージェント文字列を収集します。
メールアドレスから作成される匿名化された (「ハッシュ」とも呼ばれる) 文字列は、あなたが Gravatar サービスを使用中かどうか確認するため同サービスに提供されることがあります。同サービスのプライバシーポリシーは https://automattic.com/privacy/ にあります。コメントが承認されると、プロフィール画像がコメントとともに一般公開されます。
メディア
提案テキスト: パスワードリセットをリクエストすると、IP アドレスがリセット用のメールに含まれます。
データを保存する期間
提案テキスト: あなたがコメントを残すと、コメントとそのメタデータが無期限に保持されます。これは、モデレーションキューにコメントを保持しておく代わりに、フォローアップのコメントを自動的に認識し承認できるようにするためです。
このサイトに登録したユーザーがいる場合、その方がユーザープロフィールページで提供した個人情報を保存します。すべてのユーザーは自分の個人情報を表示、編集、削除することができます (ただしユーザー名は変更することができません)。サイト管理者もそれらの情報を表示、編集できます。
データに対するあなたの権利
提案テキスト: このサイトのアカウントを持っているか、サイトにコメントを残したことがある場合、私たちが保持するあなたについての個人データ (提供したすべてのデータを含む) をエクスポートファイルとして受け取るリクエストを行うことができます。また、個人データの消去リクエストを行うこともできます。これには、管理、法律、セキュリティ目的のために保持する義務があるデータは含まれません。
どこにあなたのデータが送られるか
提案テキスト: 訪問者によるコメントは、自動スパム検出サービスを通じて確認を行う場合があります。
footer.php
© GOOD OCEAN.inc
プライバシーポリシー

4-3 header.phpを作成する

各ページ共通で使用できるヘッダー部分(header.php)を作成し、編集していきます。
次ページに掲載している「元のコード」と「書き換え後のコード」を見比べながら、
どこをどのように編集するのかを確認しましょう。

header.phpを作成する

1 4-1で作成した[goodocean]フォルダーの中の「index.php」を同じフォルダー内にコピー&ペーストし、「header.php」という名前に変更します。

2 「header.php」をエディターで開き、**<!DOCTYPE html>から</header>までのコードを残して**(次ページの「元のコード」参照)、他のソースコードを削除します。

3 元のHTMLコードをWordPressで使用するコードに差し替えたり、一部のコードを削除したりして保存します(次ページ参照)。

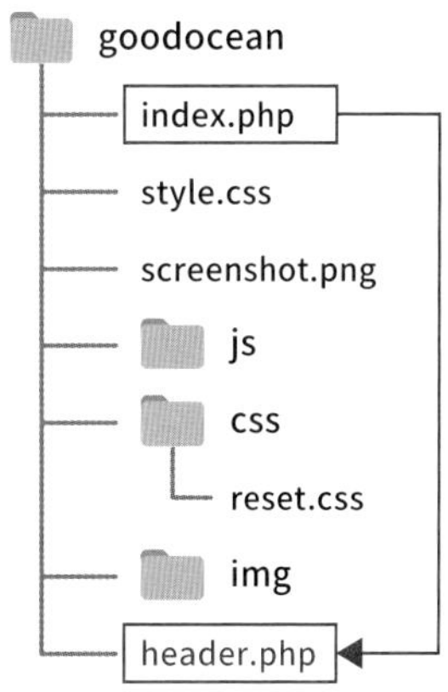
goodocean
index.php
style.css
screenshot.png
js
css
reset.css
img
header.php

「index.php」を複製し、ファイル名を「header.php」に変更。
その「header.php」を編集する。

「企業サイトテキストコピー用ファイル」からWordPressで使用するコードをコピー&ペーストしてね!

■ テーマフォルダーのURLを表示するコード
<?php echo get_stylesheet_directory_uri(); ?>

■ WordPressのトップページのURLを表示するコード
<?php echo esc_url(home_url('/')); ?>

■ </head>タグの前に、WordPressシステムが出力するソースコードを書き出すコード
</head> → <?php wp_head(); ?></head>

■ サイト名を、WordPressの[サイトのタイトル]に設定した内容を出力するコード
GOOD OCEAN 株式会社 → <?php bloginfo('name'); ?>

元のコード（header.php）

```
<!DOCTYPE html>
<html lang="ja">
<head>
  <meta charset="UTF-8">
  <meta http-equiv="X-UA-Compatible" content="IE=edge">
  <meta name="viewport" content="width=device-width, initial-scale=1.0">
  <title> プライバシーポリシー | GOOD OCEAN 株式会社 </title>
  <meta name="description" content=" 海洋生物よりも、海洋ごみが増える未来が近い将来やってくるかもしれない。それを防ぐのが、私たちの役割です。海洋プラスチックごみの回収や処理、工場から出る汚水をテクノロジーを使って浄水し、海に放出する技術の開発などを行っています。">

  <meta property="og:locale" content="ja_JP">
  <meta property="og:image" content="https://example.com/img/og-image.jpg">
  <meta property="og:title" content=" プライバシーポリシー ">
  <meta property="og:description" content=" 海洋生物よりも、海洋ごみが増える未来が近い将来やってくるかもしれない。それを防ぐのが、私たちの役割です。海洋プラスチックごみの回収や処理、工場から出る汚水をテクノロジーを使って浄水し、海に放出する技術の開発などを行っています。">
  <meta property="og:url" content="https://example.com">
  <meta property="og:site_name" content="GOOD OCEAN 株式会社 ">
  <meta property="og:type" content="website">
  <meta name="twitter:card" content="summary_large_image">

  <link rel="icon" href="./favicon.ico">
  <link rel="preconnect" href="https://fonts.googleapis.com">
  <link rel="preconnect" href="https://fonts.gstatic.com" crossorigin>
  <link href="https://fonts.googleapis.com/css2?family=La+Belle+Aurore&family=Marcellus&family=Noto+Sans+JP:wght@400;500;700&family=Noto+Serif+JP:wght@400;500;700&display=swap" rel="stylesheet">
  <link rel="stylesheet" href="./css/reset.css">
  <link rel="stylesheet" href="./style.css">
</head>
<body>
  <header class="header">
    <div id="header-nav" class="header-nav is-fixed">
      <div class="site-id-wrapper">
        <a href="./" class="site-id">
          <img src="./img/site-id-img.svg" alt="GOOD OCEAN 株式会社 " class="site-id-img">
          <p class="site-id-text">GOOD OCEAN 株式会社 </p>
        </a>
      </div>
    </div>
    <nav id="gnav" class="gnav">
      <ul class="gnav-list">
        <li><a href="./"> ホーム </a></li>
        <li><a href="./#about"> 私たちの取り組み </a></li>
        <li><a href="./#service"> 事業内容 </a></li>
        <li><a href="./company.html"> 会社概要 </a></li>
        <li><a href="./news.html"> お知らせ </a></li>
        <li><a href="./contact.html"> お問い合わせ </a></li>
      </ul>
    </nav>
    <button id="btn-nav" class="btn-nav"></button>
  </header>
```

書き換え後のコード（header.php）

```
<!DOCTYPE html>
<html lang="ja">
<head>
  <meta charset="UTF-8">
  <meta http-equiv="X-UA-Compatible" content="IE=edge">
  <meta name="viewport" content="width=device-width, initial-scale=1.0">













  <link rel="preconnect" href="https://fonts.googleapis.com">
  <link rel="preconnect" href="https://fonts.gstatic.com" crossorigin>
  <link href="https://fonts.googleapis.com/css2?family=La+Belle+Aurore&family=Marcellus&family=Noto+Sans+JP:wght@400;500;700&family=Noto+Serif+JP:wght@400;500;700&display=swap" rel="stylesheet">
  <link rel="stylesheet" href="<?php echo get_stylesheet_directory_uri(); ?>/css/reset.css">
  <link rel="stylesheet" href="<?php echo get_stylesheet_directory_uri(); ?>/style.css">
<?php wp_head(); ?>
</head>
<body>
  <header class="header">
    <div id="header-nav" class="header-nav is-fixed">
      <div class="site-id-wrapper">
        <a href="<?php echo esc_url(home_url('/')); ?>" class="site-id">
          <img src="<?php echo get_stylesheet_directory_uri(); ?>/img/site-id-img.svg"
          alt="<?php bloginfo('name'); ?>" class="site-id-img">
          <p class="site-id-text"><?php bloginfo('name'); ?></p>
        </a>
      </div>
    </div>
    <nav id="gnav" class="gnav">
      <ul class="gnav-list">
        <li><a href="<?php echo esc_url(home_url('/')); ?>">ホーム</a></li>
        <li><a href="<?php echo esc_url(home_url('/')); ?>#about">私たちの取り組み</a></li>
        <li><a href="<?php echo esc_url(home_url('/')); ?>#service">事業内容</a></li>
        <li><a href="<?php echo esc_url(home_url('/')); ?>company/">会社概要</a></li>
        <li><a href="<?php echo esc_url(home_url('/')); ?>news/">お知らせ</a></li>
        <li><a href="<?php echo esc_url(home_url('/')); ?>contact/">お問い合わせ</a></li>
      </ul>
    </nav>
    <button id="btn-nav" class="btn-nav"></button>
  </header>
```

この部分を削除
(title タグと meta 情報は SEO SIMPLE PACK プラグインで設定した内容が、favicon は WordPress の管理画面で設定した内容が自動的に出力されるため)

「WordPress システムが出力するソースコードを書き出すコード」を入力する

「#about」といったページ内リンクには後ろに「/」を付けない

「.html」は、「/」に変更する

URL 末尾に「/」をつけるのは、元のソースコードが「.html」のときだけだよ。

4-4 footer.phpを作成する

各ページ共通で使用できるフッター部分(footer.php)を作成し、編集していきます。作業工程は[header.php]とほぼ同じです。

footer.phpを作成する

1. 4-1で作成した［goodocean］フォルダーの中の「index.php」を同じフォルダー内にコピー＆ペーストし、「footer.php」という名前に変更します。

2. 「footer.php」をエディターで開き、**<footer class="footer-b">から</html>までのコードを残して**、他のソースコードを削除します。

3. 元のHTMLコードをWordPressで使用するコードに差し替えたり、一部のコードを削除したりして、保存します。

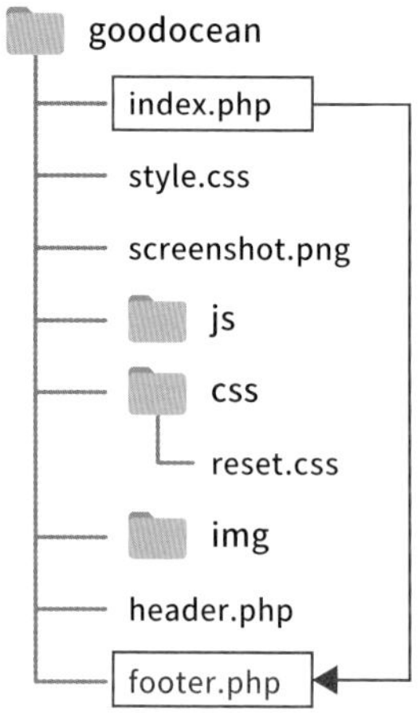

「index.php」を複製し、ファイル名を「footer.php」に変更。その「footer.php」を編集する。

元のコード

```
  <footer class="footer-b">
    <div class="inner">
      <ul class="footer-nav">
        <li><a href="./privacy.html"> プライバシーポリシー </a></li>
      </ul>
      <small class="copyright">&copy; GOOD OCEAN.inc</small>
    </div>
  </footer>

  <script src="https://code.jquery.com/jquery-3.6.4.min.js"></script>
  <script src="./js/script.js"></script>
</body>
</html>
```

❶に変更（./privacy.html）

❷に変更（./）

■ テーマフォルダーのURLを表示するコード

```
<?php echo get_stylesheet_directory_uri(); ?>
```

■ WordPress のトップページのURLを表示するコード

```
<?php echo esc_url(home_url('/')); ?>
```

■ </body>タグの前にWordPressシステムが出力するソースコードを書き出すコード

```
</body>    →    <?php wp_footer(); ?></body>
```

書き換え後のコード

```
  <footer class="footer-b">
    <div class="inner">
      <ul class="footer-nav">
        <li><a href="<?php echo esc_url(home_url('/')); ?>privacy/"> プライバシーポリシー </a></li>
      </ul>
      <small class="copyright">&copy; GOOD OCEAN.inc</small>
    </div>
  </footer>

<?php wp_footer(); ?>
  <script src="https://code.jquery.com/jquery-3.6.4.min.js"></script>
  <script src="<?php echo get_stylesheet_directory_uri(); ?>/js/script.js"></script>
</body>
</html>
```

❶ 「.html」を、「/」に変更するのを忘れずに！

「WordPress システムが出力するソースコードを書き出すコード」を入力する

❷

JavaScript を読み込む順番は、WordPress システムが出力するコード（<?php wp_footer();?>）の下に自作のコードを書くようにしましょう！

ここもCHECK

☐ functions.php に自作の JavaScript を読み込む方法

本書では、初心者向けに footer.php で直接 JavaScript を読み込む方法を取っていますが、WordPress 公式では、自作の JavaScript の読み込みは functions.php で行う方法を推奨しています。

```
function my_scripts() {
    wp_enqueue_script( 'main-script', get_stylesheet_directory_uri() . '/js/script.js',
    array(), '1.0.0', true );
}
add_action( 'wp_enqueue_scripts', 'my_scripts' );
```

自作の JavaScript を指定

functions.php 内で上記のようなコードを記述すると、WordPress が出力する JavaScript の下に自動的に自作の JavaScript が配置されます。

4-5 index.phpに ヘッダーとフッターを読み込む

[index.php]を編集していきます。
これまでに作成した[header.php]と[footer.php]を読み込みます。

index.phpを編集する

1 [index.php] をエディターで開きます。<!DOCTYPE html>から</header>までのコードを**<?php get_header(); ?>に差し替えます。**

2 <footer class="footer-b">から</html>までのコードがあった場所を**<?php get_footer(); ?>に差し替えます。**差し換えが完了したらファイルを保存します。

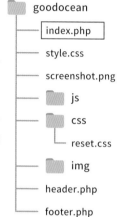

```
goodocean
├── index.php
├── style.css
├── screenshot.png
├── js
├── css
│   └── reset.css
├── img
├── header.php
└── footer.php
```

書き換え後のコード

```
<?php get_header(); ?>

  <main class="main">
    <h1 data-title="Privacy Policy" class="page-title">プライバシーポリシー</h1>

    <div class="inner is-small">
      <ol class="c-breadcrumbs">
        <li><a href="./">ホーム</a></li>
        <li><span>プライバシーポリシー</span></li>
      </ol>

      <div class="box-white">
        <div class="privacy-wrapper">
          <p>※これはWordPressが書き出したテスト用のプライバシーポリシーです。本番時は、個別の事情に応じて内容を編集し、記載事項の追加・削除を行う必要があります。</p>



        </div>
      </div>

    </div>
  </main>

<?php get_footer(); ?>
```

■ header.phpを読み込むコード
<?php get_header(); ?>

■ footer.phpを読み込むコード
<?php get_footer(); ?>

4-6 管理画面から固定ページを作成する

[index.php]にある[プライバシーポリシー]のタイトルと本文をコピーして、WordPressの固定ページ[Privacy Policy]にペーストします。

タイトルと本文をWordPressの固定ページにコピー＆ペーストする

[index.php] を開きます。❶<h1>のタイトルと<div class="privacy-wrapper">から</div>の中にある本文のコードをそれぞれコピーして使います。

```
<?php get_header(); ?>

  <main class="main">
    <h1 data-title="Privacy Policy" class="page-title">プライバシーポリシー</h1>

    <div class="inner is-small">
      <ol class="c-breadcrumbs">
        <li><a href="./"> ホーム </a></li>
        <li><span> プライバシーポリシー </span></li>
      </ol>

      <div class="box-white">
        <div class="privacy-wrapper">
          <p> ※これは WordPress が書き出したテスト用のプライバシーポリシーです。本番時は、個別の事情に応じて内容を編集し、記載事項の追加・削除を行う必要があります。</p>
          <p><strong class="privacy-policy-tutorial"> 提案テキスト： </strong> 訪問者によるコメントは、自動スパム検出サービスを通じて確認を行う場合があります。</p>
        </div>
      </div>

    </div>
  </main>

<?php get_footer(); ?>
```

❶

2 WordPressの管理画面から❷［固定ページ］＞［固定ページ一覧］＞［Privacy Policy］をクリックし、編集画面を表示します。

3 ツールバーの❸⋮をクリックして❹［コードエディター］を選択し、コードエディターに切り替えます。

4 コードエディターの画面に、❺コピーした［タイトル］と［本文］を貼り付け、既存の入力内容を上書きします。

5 ❻［コードエディターを終了］をクリックして、［ビジュアルエディター］に戻ります。

ビジュアルエディターに戻ると、「クラシック」と書かれたエリアが表示されるよ。

公開する

1 右側にあるサイドバーメニューから［固定ページ］＞［URL］の❶リンクをクリックします。

2 ［パーマリンク］を❷「privacy」に変更します。

3 ❸［公開］をクリックします。確認の画面が表示されるので、再度［公開］をクリックすると、公開されます。

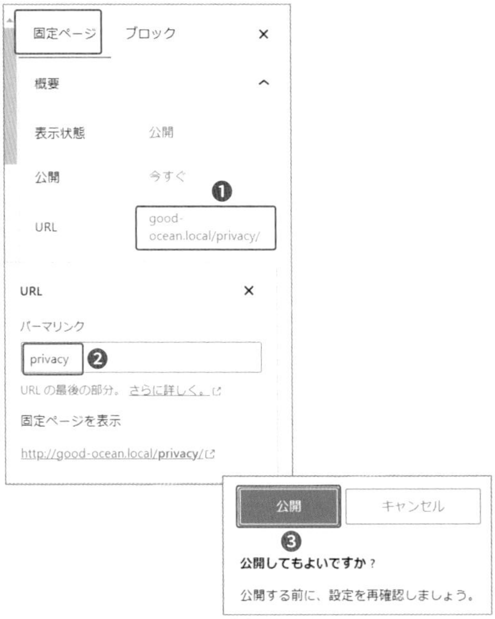

サイドバーメニューが表示されていない場合は、設定マーク◧をクリックすると表示されるよ。

4-7 タイトルと本文のコードを書き換える

[index.php]を編集し、
タイトルと本文をWordPressで使用するコードに書き換えます。

index.phpを編集する

[index.php] を開き、「企業サイトテキストコピー用ファイル」からコピーした以下のコードに書き換えて保存します。

■ 記事を呼び出すメインループのコード

```
<?php if ( have_posts() ) : ?>
 <?php while( have_posts() ) : the_post(); ?>
  <!-- 投稿がある場合の処理を記載 -->
 <?php endwhile; ?>
<?php endif; ?>
```

■ タイトルを出力するコード

```
<?php the_title(); ?>
```

■ 本文を出力するコード

```
<?php the_content(); ?>
```

書き換え後のコード

```
<?php get_header(); ?>

  <main class="main">
  <?php if ( have_posts() ) : ?>
  <?php while( have_posts() ) : the_post(); ?>

    <h1 data-title="Privacy Policy" class="page-title"><?php the_title(); ?></h1>

    <div class="inner is-small">
      <ol class="c-breadcrumbs">
        <li><a href="./">ホーム</a></li>
        <li><span>プライバシーポリシー</span></li>
      </ol>

      <div class="box-white">
        <div class="privacy-wrapper">
         <?php the_content(); ?>
        </div>
      </div>

    </div>
  <?php endwhile; ?>
  <?php endif; ?>
  </main>

<?php get_footer(); ?>
```

閉じタグ(<?php endwhile; ?>
<?php endif; ?>)の記載を忘れると
エラーとなってしまうから注意してね。

4-8 パンくずリストのコードを書き換える

[index.php]を編集し、
パンくずリストをWordPressで使用するコードに書き換えます。

index.phpを編集する

[index.php] を開き、「企業サイトテキストコピー用ファイル」からコピーした以下のコードに書き換えて保存します。

■ プラグインを使ったパンくずリストを出力するコード
<?php if(function_exists('bcn_display')) bcn_display_list(); ?>

●パンくずリストの出力例

ホーム > プライバシーポリシー

元のコード

```
<?php get_header(); ?>

  <main class="main">
  <?php if ( have_posts() ) : ?>
  <?php while( have_posts() ) : the_post(); ?>

    <h1 data-title="Privacy Policy" class="page-title"><?php the_title(); ?></h1>

    <div class="inner is-small">
      <ol class="c-breadcrumbs">
        <li><a href="./">ホーム</a></li>
        <li><span>プライバシーポリシー</span></li>
      </ol>
```

❶に変更

書き換え後のコード

```
<?php get_header(); ?>

  <main class="main">
  <?php if ( have_posts() ) : ?>
  <?php while( have_posts() ) : the_post(); ?>

    <h1 data-title="Privacy Policy" class="page-title"><?php the_title(); ?></h1>

    <div class="inner is-small">
    <ol class="c-breadcrumbs">
      <?php if(function_exists('bcn_display')) bcn_display_list(); ?>
    </ol>
```

❶

4-9 ページの表示を確認する

テストサイトのアドレスを開き、
プライバシーポリシーページが正しく表示されているかを確認します。

ページの表示を確認する

1 WordPress管理画面の［固定ページ］＞［固定ページ一覧］＞［プライバシーポリシー］からページを表示します。
右側にあるサイドバーメニューからURLをクリックして、［固定ページを表示］のURLをクリックします。

2 新しいタブでページが表示されるので、正しく表示されているかどうかを確認しましょう。

3 サイトを右クリックして「ページのソースを表示」をクリックし、<head>内のタイトルタグ、description、OGPのソースコードも出力されているかどうかを確認しましょう。

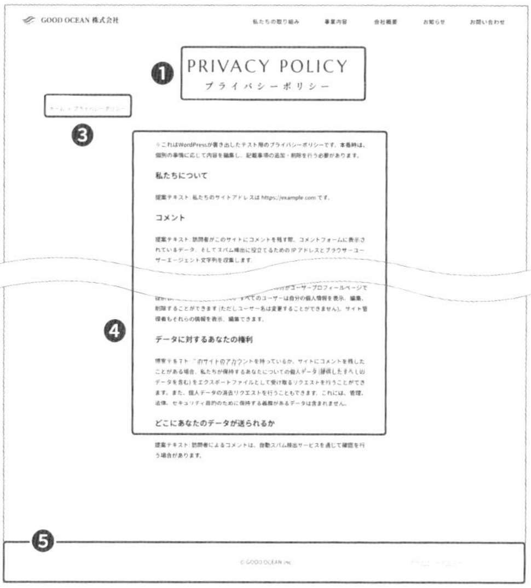

❷
```
<!-- SEO SIMPLE PACK 3.2.0 -->
<title>プライバシーポリシー | GOOD OCEAN 株式会社</title>
<meta name="description" content="※これはWordPressが書き出したテスト用のプライバシーポリシーです。本番時は、個別の
<link rel="canonical" href="http://good-ocean.local/privacy/">
<meta property="og:locale" content="ja_JP">
<meta property="og:type" content="article">
<meta property="og:image" content="http://good-ocean.local/wp-content/uploads/2023/08/og-image.jpg">
<meta property="og:title" content="プライバシーポリシー | GOOD OCEAN 株式会社">
<meta property="og:description" content="※これはWordPressが書き出したテスト用のプライバシーポリシーです。本番時は、
<meta property="og:url" content="http://good-ocean.local/privacy/">
<meta property="og:site_name" content="GOOD OCEAN 株式会社">
<meta name="twitter:card" content="summary_large_image">
<!-- / SEO SIMPLE PACK -->
```

チェックリスト

❶外観上のタイトルが「PRIVACY POLICY プライバシーポリシー」になっている

❷ソースコードにSEO SIMPLE PACKのコードが出力されている（<!-- SEO SIMPLE PACK --> のコメントタグで囲まれている）

❸パンくずリストが「ホーム＞プライバシーポリシー」になっている

❹本文に正しくテキストが表示されている

❺フッターにコピーライトとプライバシーポリシーが表示されている

4-10 「プライバシー設定」との紐付けを確認する

最後に、WordPressの「プライバシー設定」への紐付けの確認をします。

1 管理画面から［固定ページ］＞［固定ページ一覧］をクリックします。正しく設定されている場合は［プライバシーポリシー］の横に❶［- プライバシーポリシーページ］という表示が出ます。

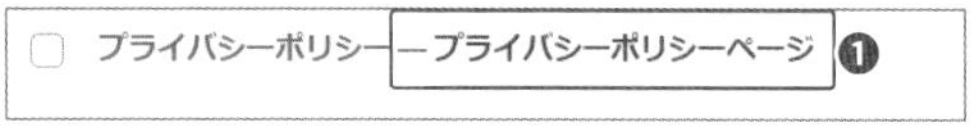

2 もし表示されていない場合は、管理画面から［設定］＞［プライバシー］をクリックします。［プライバシーポリシーページを変更する］のプルダウンを❷［プライバシーポリシー］に変更して❸［このページを使う］をクリックしましょう。

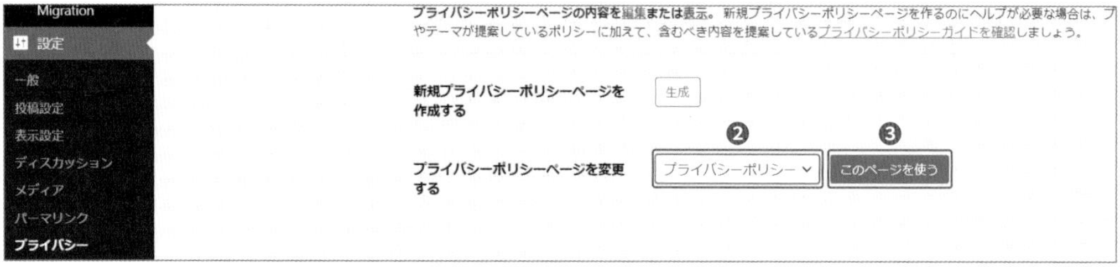

COLUMN

管理画面のメインナビゲーションを常に表示する

管理画面の左側にあるメインナビゲーションを常に表示させたい場合は、右上の❶⋮をクリックします。❷［フルスクリーンモード］のチェックを外すと、左側にメニューが常に表示されるようになります。作業しやすいようにカスタマイズしてみてください。

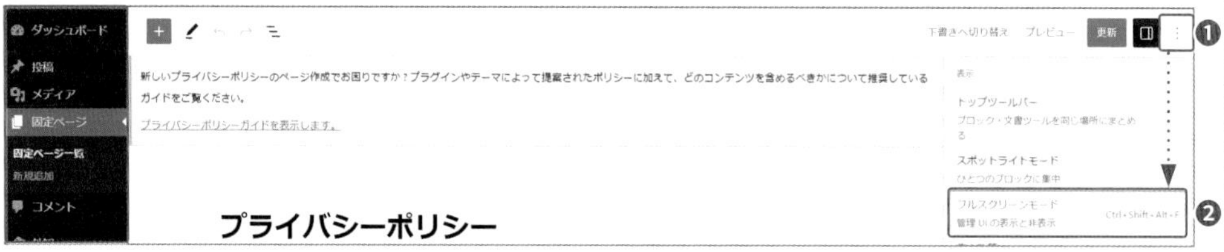

CHAPTER

404ページと
お問い合わせページを作成する

5

5-1 404ページを作成する

次に404ページ(ページが見つかりませんページ)を作成します。。
プライバシーポリシーページで作成した
[index.php]の手順を参考にして作っていきましょう。

基本の流れは同じです。
[404.html]をコピー＆ペーストしてphpに変更し、
コードをWordPress用に書き換えていきます。

SAMPLE DATA
html01

ファイル移動の全体像

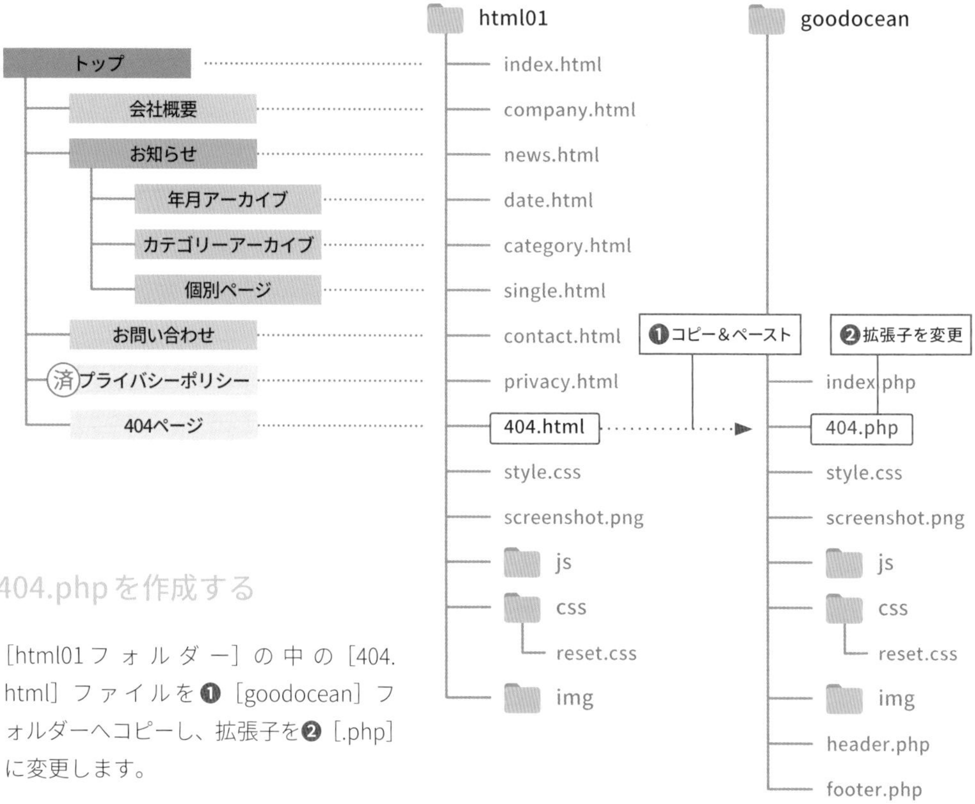

404.phpを作成する

1 [html01フォルダー]の中の[404.html]ファイルを❶[goodocean]フォルダーへコピーし、拡張子を❷[.php]に変更します。

「ファイルが使えなくなる可能性が〜」の警告が出た場合は[はい]ボタン(Macは[".phpを使用"]ボタン)をクリックして進めてください。

管理画面とテンプレートの紐づけを確認する

GOOD OCEAN 株式会社
私たちの取り組み
事業内容
会社概要
お知らせ
お問い合わせ
header.php
NOT FOUND
ページが見つかりません
ホーム > ページが見つかりません
お探しのページは、削除されたか、名前が変更された可能性があります。
直接アドレスを入力された場合は、アドレスが正しく入力されているかもう一度ご確認下さい。
ブラウザの再読込みを行ってもこのページが表示される場合は、トップページから目的のページをお探しください。
© GOOD OCEAN.inc
プライバシーポリシー
footer.php

……プラグインを使用して出力

……テーマのPHPに直書き

ソースコードを編集する

［404.php］をエディターで開き、次ページの「元のコード」と「書き換え後のコード」を確認しながら、以下の作業を行いましょう。

1 ［ヘッダー］と［フッター］を［header.php］と［footer.php］を読み込むコードに書き換えます。

2 ［パンくずリスト］をWordPressで使用するコードに書き換えます。

3 ［タイトル］と［本文］はそのままテンプレート［404.php］に残しておきます。

4 ［本文］に書かれている「トップページへのリンク」をWordPressのトップページのURLを表示するコードに書き換えます。

■ WordPressのトップページのURLを表示するコード

```
<?php echo esc_url(home_url('/')); ?>
```

■ プラグインを使ったパンくずリストを出力するコード

```
<?php if(function_exists('bcn_display')) bcn_display_list(); ?>
```

■ header.phpを読み込むコード

```
<?php get_header(); ?>
```

■ footer.phpを読み込むコード

```
<?php get_footer(); ?>
```

元のコード

```
<!DOCTYPE html>
<html lang="ja">
<head>
  <meta charset="UTF-8">
  <meta http-equiv="X-UA-Compatible" content="IE=edge">
  <meta name="viewport" content="width=device-width, initial-scale=1.0">




        <li><a href="./">ホーム</a></li>
        <li><a href="./#about">私たちの取り組み</a></li>
        <li><a href="./#service">事業内容</a></li>
        <li><a href="./company.html">会社概要</a></li>
        <li><a href="./news.html">お知らせ</a></li>
        <li><a href="./contact.html">お問い合わせ</a></li>
      </ul>
    </nav>
    <button id="btn-nav" class="btn-nav"></button>
  </header>

  <main class="main">
    <h1 data-title="Not Found" class="page-title">ページが見つかりません</h1>

    <div class="inner is-small">
      <ol class="c-breadcrumbs">
        <li><a href="./">ホーム</a></li>
        <li><span>ページが見つかりません</span></li>
      </ol>

      <div class="box-white is-page404">
        <div class="page404-text-box">
          <p>お探しのページは、削除されたか、名前が変更された可能性があります。<br>
          直接アドレスを入力された場合は、アドレスが正しく入力されているかもう一度ご確認下さい。</p>
          <p>ブラウザの再読込みを行ってもこのページが表示される場合は、<a href="./">トップページ
          </a>から目的のページをお探しください。</p>
        </div>
      </div>

    </div>
  </main>

  <footer class="footer-b">
    <div class="inner">
      <ul class="footer-nav">
        <li><a href="./privacy.html">プライバシーポリシー</a></li>
      </ul>
      <small class="copyright">&copy; GOOD OCEAN.inc</small>
    </div>
  </footer>

  <script src="https://code.jquery.com/jquery-3.6.4.min.js"></script>
  <script src="./js/script.js"></script>
</body>
</html>
```

❶に変更

❷に変更

❸に変更

❹に変更

書き換え後のコード

```
<?php get_header(); ?>

  <main class="main">

    <h1 data-title="Not Found" class="page-title">ページが見つかりません</h1>
    <div class="inner is-small">
        <ol class="c-breadcrumbs">
          <?php if(function_exists('bcn_display')) bcn_display_list(); ?>
        </ol>

      <div class="box-white is-page404">
        <div class="page404-text-box">
          <p>お探しのページは、削除されたか、名前が変更された可能性があります。<br>
          直接アドレスを入力された場合は、アドレスが正しく入力されているかもう一度ご確認下さい。</p>
          <p>ブラウザの再読込みを行ってもこのページが表示される場合は、<a href="<?php echo esc_url(home_url('/')); ?>">トップページ</a>から目的のページをお探しください。</p>
        </div>
      </div>

    </div>
  </main>

<?php get_footer(); ?>
```

❶ヘッダー部分を header.php に書き換える

タイトルはそのままにする

❷パンくずリストを WordPress で使用するコードに書き換える

❸本文内に書かれている「トップページ」へのリンクを、WordPress のトップページへのリンクに変更（リンク以外の本文はそのままにする）

❹フッター部分を footer.php に書き換える

プライバシーポリシーと404ページの元のHTMLを見比べて、共通している場所に同じPHPを使うのがポイントです。

ページの表示を確認する

1 404ページが正しく表示されているかを確認しましょう。Webサイトに存在しないアドレス（例：テストサイト名/aaa/）をブラウザーのアドレスバーに入力して、404ページを表示させます。

保護されていない通信
good-ocean.local/aaa

GOOD OCEAN 株式会社
私たちの取り組み
事業内容
会社概要
お知らせ
お問い合わせ
NOT FOUND
ページが見つかりません
ホーム>ページが見つかりません
お探しのページは、削除されたか、名前が変更された可能性があります。
直接アドレスを入力された場合は、アドレスが正しく入力されているかもう一度ご確認下さい。
ブラウザの再読込みを行ってもこのページが表示される場合は、トップページから目的のページをお探しください。
© GOOD OCEAN.inc
プライバシーポリシー

チェックリスト

❶外観上のタイトルが「NOT FOUND ページが見つかりません」になっている

❷パンくずリストが「ホーム>ページが見つかりません」になっている

❸本文に正しくテキストが表示されている。

❹デザインにあわせて、フッターにコピーライトとプライバシーポリシーが表示されている

5-2 お問い合わせページを作成する

[index.php]をベースにしたプライバシーポリシーページと
お問い合わせページの条件分岐を学びます。

プライバシーポリシーで作った[index.php]に
[contact.html]の内容を追加して、
条件分岐を使って表示させます。

SAMPLE DATA

html01

ファイル移動の全体像

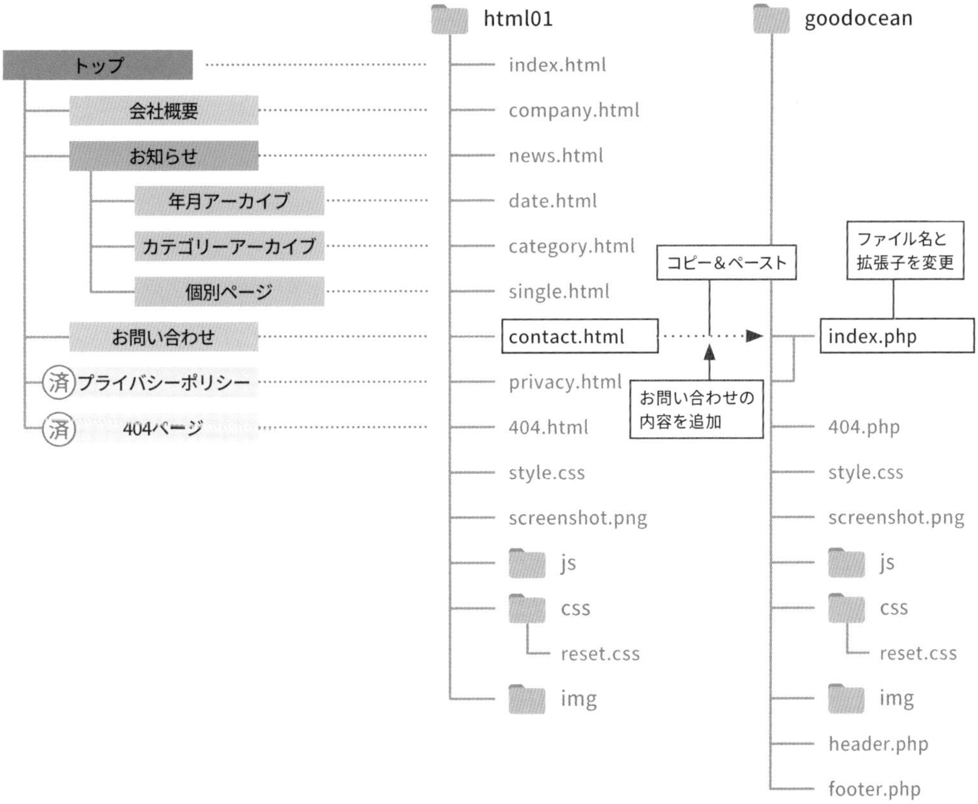

管理画面とテンプレートの紐づけを確認する

……投稿画面の「タイトル」「本文」を使用して更新
……プラグインを使用して出力
……テーマのPHPに直書き

5-3 お問い合わせページの作成①
ナビゲーションの現在地表示設定を行う

グローバルナビゲーションに現在表示しているページ名の色を変更する設定をします。「お問い合わせページ」ならば「class="current"」を追加する条件分岐コードをPHPの中に書きます。

現在地表示設定を行う

1 ［goodocean］フォルダー内の［header.php］に条件分岐コードを書きます。

●グローバルナビゲーション

GOOD OCEAN株式会社
私たちの取り組み
事業内容
会社概要
お知らせ
お問い合わせ

■ 特定のページに現在地表示をする条件分岐コード

```
<?php if(is_page('contact')) echo ' class="current"'; ?>
```

もし「固定ページ」の「contact」というスラッグが付いているページならば、「指定したクラス名」を表示

条件分岐を追加したheader.php

```
<ul class="gnav-list">
  <li><a href="<?php echo esc_url(home_url('/')); ?>">ホーム</a></li>
  <li><a href="<?php echo esc_url(home_url('/')); ?>#about">私たちの取り組み</a></li>
  <li><a href="<?php echo esc_url(home_url('/')); ?>#service">事業内容</a></li>
  <li><a href="<?php echo esc_url(home_url('/')); ?>company/">会社概要</a></li>
  <li><a href="<?php echo esc_url(home_url('/')); ?>news/">お知らせ</a></li>
  <li><a href="<?php echo esc_url(home_url('/')); ?>contact/"<?php if(is_page('contact'))
echo ' class="current"'; ?>>お問い合わせ</a></li>
</ul>
```

class の前に半角スペースを入れるのを忘れずに！

5-4 お問い合わせページの作成② index.phpに条件分岐コードを書く

[index.php]に、お問い合わせページの内容を表示させる条件分岐コードを書いていきます。

index.phpに条件分岐コードを書く

1 [goodocean] フォルダー内の [index.php] を開き、以下のコードを参考にしてコードを書き換えます。

元の index.php

```
<?php get_header(); ?>

  <main class="main">
  <?php if ( have_posts() ) : ?>
  <?php while( have_posts() ) : the_post(); ?>                    ❶に変更

    <h1 data-title="Privacy Policy" class="page-title"><?php the_title(); ?></h1>

    <div class="inner is-small">
     <ol class="c-breadcrumbs">
     <?php if(function_exists('bcn_display')) bcn_display_list(); ?>
     </ol>

      <div class="box-white">
        <div class="privacy-wrapper">                                 ❷に変更
          <?php the_content(); ?>
        </div>
      </div>

    </div>
  <?php endwhile;?>
  <?php endif; ?>
  </main>

<?php get_footer(); ?>
```

条件分岐を追加した index.php

```
<?php get_header(); ?>

  <main class="main">
```

```
  <?php if(have_posts()): ?>
  <?php while(have_posts()): the_post(); ?>
                                                              ❶
  <?php if(is_page('privacy')): ?>
    <h1 data-title="Privacy Policy" class="page-title"><?php the_title(); ?></h1>
  <?php else: ?>
    <h1 data-title="<?php echo ucwords($post->post_name); ?>" class="page-title"><?php the_title(); ?></h1>
  <?php endif; ?>

    <div class="inner is-small">
      <ol class="c-breadcrumbs">
        <?php if(function_exists('bcn_display')) bcn_display_list(); ?>
      </ol>

      <div class="box-white">
                                                              ❷
      <?php if(is_page('privacy')): ?>
        <div class="privacy-wrapper">
          <?php the_content(); ?>
        </div>
      <?php else: ?>
        <?php the_content(); ?>
      <?php endif; ?>
      </div>
    </div>
```

ページのスラッグを出力するコード

■ 特定のページに内容を表示させる条件分岐コード

```
<?php if(is_page('privacy')): ?>
<!-- もし「固定ページの」「privacy」というスラッグが付いているページならばこの内容を表示 -->
<?php else: ?>
<!-- それ以外はこの内容を表示 -->
<?php endif; ?>
```

■ ページのスラッグを出力するコード

```
<?php echo ucwords($post->post_name); ?>
```

■ タイトルを出力するコード

```
<?php the_title(); ?>
```

■ 本文を出力するコード

```
<?php the_content(); ?>
```

5-5 お問い合わせページの作成③ プラグインを有効化してフォームのコードを編集する

Contact Form 7　Contact Form CFDB7

お問い合わせフォームのプラグインを有効化し、
お問い合わせページ用にコードを編集していきます。

プラグインを有効化する

1 管理画面から［プラグイン］>［インストール済みプラグイン］をクリックし、❶［Contact Form 7］と❷［Contact Form CFDB7］を有効化します。［Contact Form CFDB7］は、お問い合わせフォームの内容をWordPressのデータベースに保存する機能です。P285「ContactForm7」の送信テストで使いますのでプラグインの「有効化」のみしておきましょう。

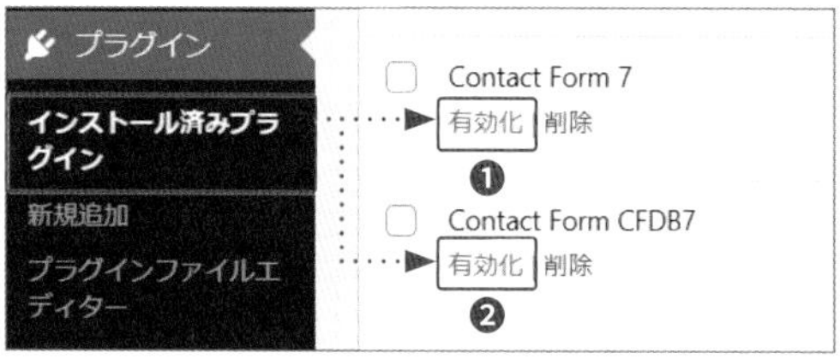

2 ［Contact Form 7］を有効化すると、メインナビゲーションに［お問い合わせ］が現れます。［お問い合わせ］をクリックし、最初から入っている❸［コンタクトフォーム1］を開きます。

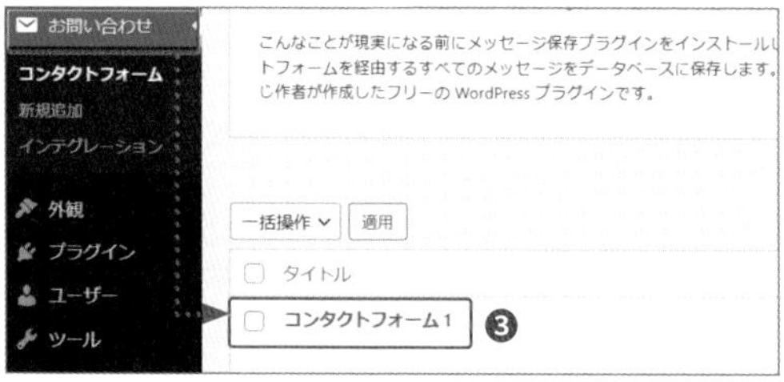

使用するプラグイン

■ **Contact Form 7**
作者：Takayuki Miyoshi
お問い合わせフォームを導入する

■ **Contact Form 7 Database Addon – CFDB7**
作者：Arshid
お問い合わせフォームから送られた内容をデータベースに保存する

コードを貼り付ける

1 タイトルを❶[お問い合わせ]に書き換えます。

2 [html01] フォルダーの中から、[contact.html] ファイルをエディターで開きます。

5 ❷<div class="form-wrapper">から<!-- /form-wrapper --></div>までのコードをコピーして、❸［フォーム］の中に貼り付け、既存の入力内容を上書きします。

❶［お問い合わせ］に書き換え

管理画面に貼り付けるコード

```
<!DOCTYPE html>
<html lang="ja">
<head>
  <meta charset="UTF-8">
  <meta http-equiv="X-UA-Compatible" content="IE=edge">
  <meta name="viewport" content="width=device-width, initial-scale=1.0">

  </header>

  <main class="main">
    <h1 data-title="Contact" class="page-title">お問い合わせ</h1>

    <div class="inner is-small">
      <ol class="c-breadcrumbs">
        <li><a href="./">ホーム</a></li>
        <li><span>お問い合わせ</span></li>
      </ol>

      <div class="box-white">

        <div class="form-wrapper">
          <div class="about-text">
            <p>GOOD OCEAN 株式会社 へのお問い合わせは、以下のフォームよりお願いいたします。お急ぎの方は <a href="tel:+03-1234-5678">TEL 03-1234-5678</a> までご連絡ください。<span class="text-red">※</span>マークは必須項目です。<br>
            このサイトはreCAPTCHAによって保護されており、Googleの<a href="https://policies.google.com/privacy?hl=ja" target="_blank" rel="noopener noreferrer">プライバシーポリシー</a>と<a href="https://policies.google.com/terms?hl=ja" target="_blank" rel="noopener noreferrer">利用規約</a>が適用されます。弊社の<a href="./privacy.html">プライバシーポリシー</a>はこちらをご確認ください。</p>
          </div>

          <form method="post" action="#">
```

❷コピー

❸貼り付け、上書き

```
            <div class="form-box">
              <dl>
                <dt><label for="company" class="required">社名</label></dt>
                <dd><input type="text" name="company" id="company"></dd>
              </dl>
              <dl>
                <dt><label for="name" class="required">お名前</label></dt>
                <dd><input type="text" name="name" id="name"></dd>
              </dl>
              <dl>
                <dt><label for="name-furigana" class="required">お名前（フリガナ）</label></dt>
                <dd><input type="text" name="name-furigana" id="name-furigana"></dd>
              </dl>
              <dl>
                <dt><label for="email" class="required">E-mail</label></dt>
                <dd><input type="email" name="email" id="email"></dd>
              </dl>
              <dl>
                <dt><label for="tel" class="required">電話番号</label></dt>
                <dd><input type="tel" name="tel" id="tel"></dd>
              </dl>
              <dl>
                <dt class="message"><label for="message" class="required">お問い合わせ内容</label></dt>
                <dd><textarea name="message" id="message" cols="40" rows="8"></textarea></dd>
              </dl>
            </div>

            <div class="btn-wrapper">
              <input type="submit" name="submit" value="送信する" class="btn-submit">
            </div>
          </form>
        <!--/form-wrapper--></div>

      </div>
    </div>
  </main>

  <footer class="footer-b">
    <div class="inner">
      <ul class="footer-nav">
        <li><a href="./privacy.html">プライバシーポリシー</a></li>
      </ul>
      <small class="copyright">&copy; GOOD OCEAN.inc</small>
    </div>
  </footer>

  <script src="https://code.jquery.com/jquery-3.6.4.min.js"></script>
  <script src="./js/script.js"></script>
</body>
</html>
```

管理画面に貼り付けたコードを編集する

1 以下の「管理画面に貼り付けたコード」を参照しながら、まず、コードの編集を行います。「./privacy.html」を、絶対パスの❶「http://good-ocean.local/privacy/」に変更します。
※絶対パスにしておくと、引っ越しプラグインを使って本番サーバーに移行する際、リンクを効率的に置換できます。

2 ❷<form method="post" action="#">と</form>を削除します（プラグイン側で自動的に出力されるため）。

管理画面に貼り付けたコード（編集前）

```
          <div class="form-wrapper">
            <div class="about-text">
              <p>GOOD OCEAN 株式会社 へのお問い合わせは、以下のフォームよりお願いいたします。お急ぎの方は <a href="tel:+03-1234-5678">TEL 03-1234-5678</a> までご連絡ください。<span class="text-red">※</span> マークは必須項目です。<br>
              このサイトは reCAPTCHA によって保護されており、Google の <a href="https://policies.google.com/privacy?hl=ja" target="_blank" rel="noopener noreferrer"> プライバシーポリシー</a> と <a href="https://policies.google.com/terms?hl=ja" target="_blank" rel="noopener noreferrer"> 利用規約 </a> が適用されます。弊社の <a href="./privacy.html"> プライバシーポリシー</a> はこちらをご確認ください。</p>
            </div>

            <form method="post" action="#">
              <div class="form-box">
                <dl>
                  <dt><label for="company" class="required"> 社名 </label></dt>
                  <dd><input type="text" name="company" id="company"></dd>
                </dl>
                <dl>
                  <dt><label for="your-name" class="required"> お名前 </label></dt>
                  <dd><input type="text" name="your-name" id="your-name"></dd>
                </dl>
                <dl>
                  <dt><label for="name-furigana" class="required"> お名前（フリガナ）</label></dt>
                  <dd><input type="text" name="name-furigana" id="name-furigana"></dd>
                </dl>
                <dl>
                  <dt><label for="email" class="required">E-mail</label></dt>
                  <dd><input type="email" name="email" id="email"></dd>
                </dl>
                <dl>
                  <dt><label for="tel" class="required"> 電話番号 </label></dt>
                  <dd><input type="tel" name="tel" id="tel"></dd>
                </dl>
                <dl>
                  <dt class="message"><label for="message" class="required"> お問い合わせ内容</label></dt>
```

❶書き換える

❷削除する

後の作業で、
コードを書き換える

```
                <dd><textarea name="message" id="message" cols="40" rows="8"></textarea>
</dd>
              </dl>
            </div>

            <div class="btn-wrapper">
              <input type="submit" name="submit" value=" 送信する " class="btn-submit">
            </div>
          </form>
        <!--/form-wrapper--></div>
```

後の作業で、コードを書き換える

❷削除する

「Contact Form 7」のコードに書き換える

inputやtextareaといった7か所のコードを「Contact Form 7」のコードに書き換えます。コードの挿入手順は、以下を参考にして下さい。

各コードの設定項目は、P112の「管理画面に貼り付けたコード（編集後）」を参照してください。

1 「Contact Form 7」のコードを挿入したい場所に❶カーソルを移動します。

2 挿入するフォームパーツのボタンをクリックします。例えば、社名入力の箇所では、❷［テキスト］ボタンをクリックします。

上手くいかなかったら、企業サイトテキストコピー用ファイルの中のコードをコピー＆ペーストして差し替えてね。

●今回使用するフォームパーツのボタン

［テキスト］	名前など、文字の入力欄を挿入する
［メールアドレス］	メールアドレスの入力欄を挿入する
［電話番号］	電話番号の入力欄を挿入する
［テキストエリア］	お問い合わせなどの入力欄を挿入する
［送信ボタン］	送信ボタンを挿入する

※送信ボタンの場合、フォームタグを作成する画面に［ラベル］が表示されます。［ラベル］にはHTMLで指定した送信ボタンの名前（value属性）を入力します。

3 フォームのコードを作成する画面が表示されるので、該当する項目を入力します。

❸［項目タイプ］
入力が必須の場合はチェック。
❹［名前］
入力エリアの名前（HTMLで指定したname属性を半角英字で入力）を入力
❺［ID属性］
id名（HTMLで指定したid名）を半角英字で入力）を入力
❻［クラス属性］
クラス名を入力。
※今回は、送信ボタンの時のみ使用（HTMLで指定したclass名を半角英字で入力）

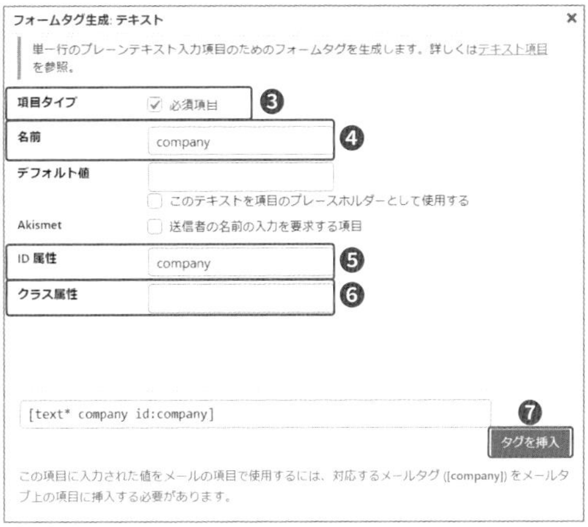

4 ❼［タグを挿入］ボタンをクリックすると、❽「Contact Form 7」のコードが挿入されます。

5 元のHTMLコードを削除します。

6 作業を繰り返し、コードの挿入が完了したら、［保存］ボタンをクリックします。

管理画面に貼り付けたコード（編集後）

```
        <div class="form-wrapper">
          <div class="about-text">
            <p>GOOD OCEAN 株式会社 へのお問い合わせは、以下のフォームよりお願いいたします。お急ぎの方は <a href="tel:+03-1234-5678">TEL 03-1234-5678</a> までご連絡ください。<span class="text-red"> ※ </span> マークは必須項目です。<br>
            このサイトは reCAPTCHA によって保護されており、Google の <a href="https://policies.google.com/privacy?hl=ja" target="_blank" rel="noopener noreferrer"> プライバシーポリシー </a> と <a href="https://policies.google.com/terms?hl=ja" target="_blank" rel="noopener noreferrer"> 利用規約 </a> が適用されます。弊社の <a href="http://good-ocean.local/privacy/"> プライバシーポリシー </a> はこちらをご確認ください。</p>
          </div>


            <div class="form-box">
              <dl>
                <dt><label for="company" class="required"> 社名 </label></dt>
                <dd>[text* company id:company]</dd>
              </dl>
```

パーツのボタン「テキスト」/ 項目タイプ「必須項目」にチェック / 名前「company」/ID 属性「company」

```
              <dl>
                <dt><label for="your-name" class="required"> お名前 </label></dt>
                <dd>[text* your-name id:your-name]</dd>
              </dl>
```

パーツのボタン「テキスト」/ 項目タイプ「必須項目」にチェック / 名前「your-name」/ID 属性「your-name」

```
              <dl>
                <dt><label for="name-furigana" class="required"> お名前（フリガナ）</label></dt>
                <dd>[text* name-furigana id:name-furigana]</dd>
              </dl>
```

パーツのボタン「テキスト」/ 項目タイプ「必須項目」にチェック / 名前「name-furigana」/ID 属性「name-furigana」name」

```
              <dl>
                <dt><label for="email" class="required">E-mail</label></dt>
                <dd>[email* email id:email]</dd>
              </dl>
```

パーツのボタン「メールアドレス」/ 項目タイプ「必須項目」にチェック / 名前「email」/ ID 属性「email」「name-furigana」name」

```
              <dl>
                <dt><label for="tel" class="required"> 電話番号 </label></dt>
                <dd>[tel* tel id:tel]</dd>
              </dl>
```

パーツのボタン「電話番号」/ 項目タイプ「必須項目」にチェック / 名前「tel」/ID 属性「tel」「name-furigana」name」

```
              <dl>
                <dt class="message"><label for="message" class="required"> お問い合わせ内容 </label></dt>
                <dd>[textarea* message id:message]</dd>
              </dl>
            </div>
```

パーツのボタン「テキストエリア」/ 項目タイプ「必須項目」にチェック / 名前「message」/ID 属性「message」

```
            <div class="btn-wrapper">
              [submit class:btn-submit " 送信する "]
            </div>
```

パーツのボタン「送信ボタン」/ ラベル「送信する」/ クラス属性「btn-submit」furigana」name」

```
        <!--/form-wrapper--></div>
```

5-6 お問い合わせページの作成④ お問い合わせの送信メールを設定する

Contact Form 7

お問い合わせがあったときに送信するメールの件名や表示される文章、送信先のメールアドレスなどを設定します。

メールの設定項目

お問い合わせフォームから送信されるメールの件名や、送信先のメールアドレスなどを設定します。

●メール（管理者宛のメール）の設定

設定項目	説明
❶［送信先］	**お問い合わせフォームに入力された内容が送信されるメールアドレス** 管理者ユーザーのメールアドレスに設定する場合は [_site_admin_email]、クライアントのメールアドレスに設定する場合は指定されたメールアドレスを入力する。
❷［送信元］	**お問い合わせフォームに入力されたメールが送られてくるときの送信元メールアドレス** Web サイトのタイトルを入れる場合は [_site_title]、変更したい場合は、「株式会社 久保田ウェブサイト <hello@example.co.jp>」のように入力する。 なお、Web サイトのドメイン名と紐づいたメールアドレスにしないと警告が出るので注意が必要。Web サイトのドメイン名にしなくてもメッセージは届く。
❸［題名］	**お問い合わせフォームに入力されたメールが送られてくるときのタイトル** Web サイトのタイトルにする場合は [_site_title]、変更したい場合は「株式会社久保田へのお問い合わせ」のように入力する。
❹［追加ヘッダー］	**返信先のメールアドレスや、Cc、Bcc のメールアドレスを追加したいときに使用** [email] ＞自分が設定したメールアドレスのタグ （例）Cc: hello@example.com Reply-To: [email]
❺［メッセージ本文］	**お問い合わせフォームに入力されたメールが送られてくるときの本文** [company]、[email] など、自分が設定したタグを挿入して文章を作成する。

●メール2（フォーム入力者宛の自動返信メール）の設定

設定項目	説明
❻［メール (2) を使用］	**フォーム入力者宛の自動返信メールを利用したいときにチェックを入れる**
❼［送信先］	**フォーム入力者宛の自動返信メールを送信するメールアドレス** フォームから入力されたメールアドレスを利用する場合 [email] を入力する。
❽［送信元］	**自動返信メールの送信元メールアドレス** Web サイトのタイトルを入れる場合は [_site_title]、変更したい場合は「 株式会社 久保田お問い合わせ担当 <hello@example.co.jp>」のように入力する。なお、Web サイトのドメイン名と紐づいたメールアドレスにしないと警告が出るので注意が必要。Web サイトのドメイン名にしなくてもメッセージは届く。
❾［題名］	**自動返信メールのタイトル** Web サイトのタイトルを入れる場合は [_site_title]、変更したい場合は「株式会社久保田へお問い合わせ頂きありがとうございました。」のように入力する。
❿［追加ヘッダー］	**返信先のアドレスを指定** 管理者ユーザーのメールアドレスにする場合は [_site_admin_email] と入力する。「Reply-To: hello@example.co.jp」のように入力することもできる。※空欄でも可。
⓫［メッセージ本文］	**自動返信メールの本文** [company]、[email] など、自分が設定したタグを挿入して文章を作成する。

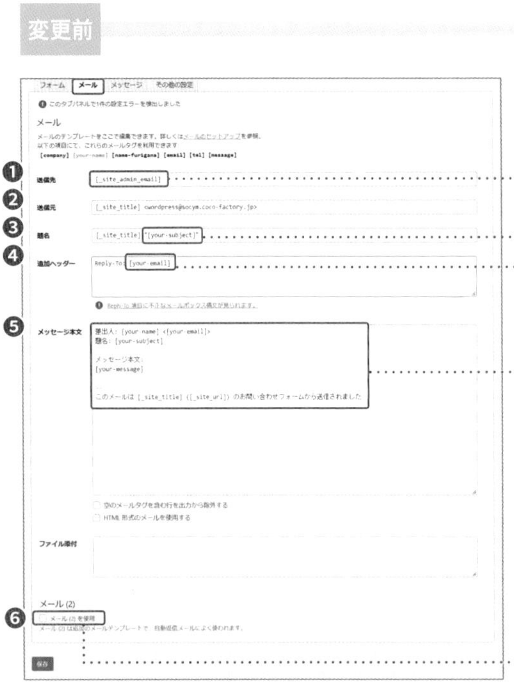
変更前
フォーム
メール
メッセージ
その他の設定
メール
送信先
送信元
題名
追加ヘッダー
メッセージ本文
ファイル添付
メール (2)
保存

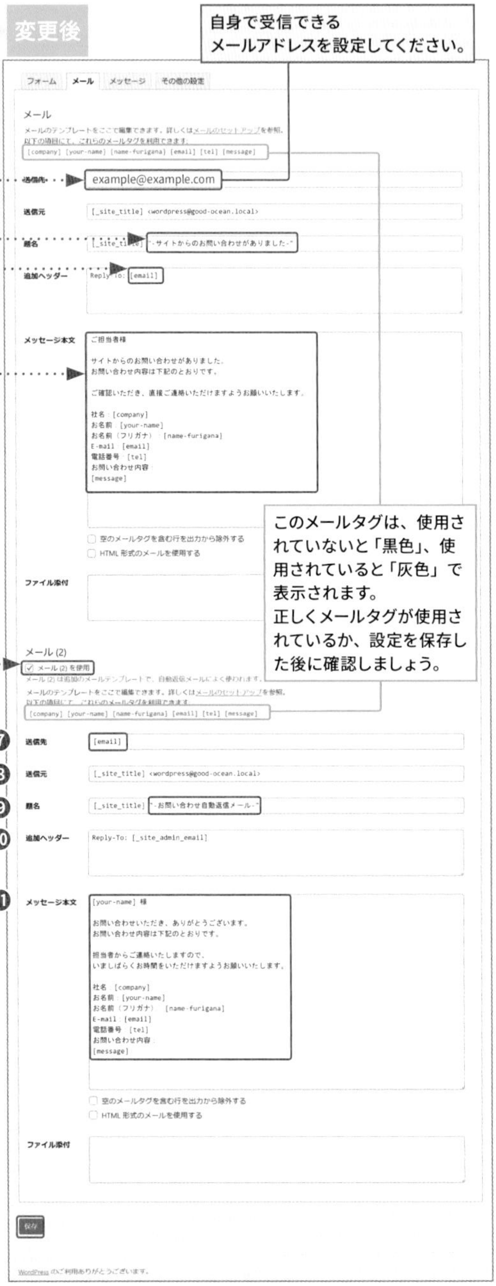
変更後
自身で受信できる
メールアドレスを設定してください。
フォーム
メール
メッセージ
その他の設定
メール
[company] [your-name] [name-furigana] [email] [tel] [message]
送信先
example@example.com
送信元
[_site_title] <wordpress@good-ocean.local>
題名
追加ヘッダー
Reply-To: [email]
メッセージ本文
ご担当者様
サイトからのお問い合わせがありました。
お問い合わせ内容は下記のとおりです。
ご確認いただき、直接ご連絡いただけますようお願いいたします。
社名：[company]
お名前：[your-name]
お名前（フリガナ）：[name-furigana]
E-mail：[email]
電話番号：[tel]
お問い合わせ内容：
[message]
このメールタグは、使用されていないと「黒色」、使用されていると「灰色」で表示されます。
正しくメールタグが使用されているか、設定を保存した後に確認しましょう。
ファイル添付
メール (2)
メール (2) を使用
[company] [your-name] [name-furigana] [email] [tel] [message]
送信先
[email]
送信元
[_site_title] <wordpress@good-ocean.local>
題名
追加ヘッダー
Reply-To: [_site_admin_email]
メッセージ本文
[your-name] 様
お問い合わせいただき、ありがとうございます。
お問い合わせ内容は下記のとおりです。
担当者からご連絡いたしますので、
いましばらくお時間をいただけますようお願いいたします。
社名：[company]
お名前：[your-name]
お名前（フリガナ）：[name-furigana]
E-mail：[email]
電話番号：[tel]
お問い合わせ内容
[message]
ファイル添付
保存

企業サイトテキストコピー用
ファイルの中のコードを
コピー＆ペーストして、
差し替えてくださいね。

送信されるメールの設定を行う

お問い合わせフォームで入力された内容が送信される［メールアドレス］や［本文］を設定します。

1 ［メール］タブをクリックします。

2 前ページを参考にして、メールタグの挿入や設定を行います。

3 作業が完了したら、［保存］をクリックして設定を保存します。

項目の設定は
必要に応じて変更してください。
Contact Form 7のより詳しい使い方は、
公式ページ
（https://contactform7.com/ja/docs/）
を参考にしてね。

5-7 お問い合わせページの作成⑤ 固定ページにお問い合わせフォームを埋め込む

[固定ページ]にお問い合わせページを作り、
プラグインで設定したフォームを埋め込みます。

固定ページにお問い合わせフォームを埋め込む

管理画面で新規固定ページを作成し、固定ページの「お問い合わせ」の本文に、プラグインで出力したお問い合わせフォームを埋め込みます。

1 管理画面から［固定ページ］>❶［新規追加］をクリックします。

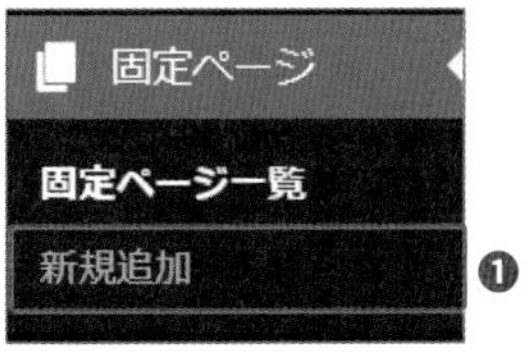

2 ［タイトル］に❷［お問い合わせ］と入力します。

コードエディターになっている場合は［コードエディターを終了］をクリックしてください。

3 本文の＋マークをクリックし、❸［すべて表示］をクリックします。

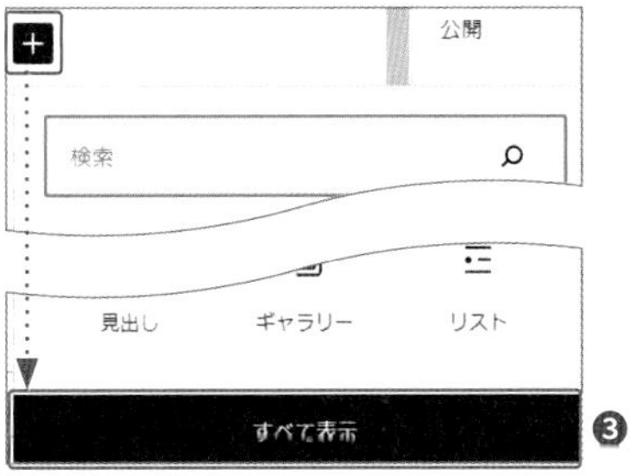

4 ［ブロック］>［ウィジェット］の中にある❹［Contact Form 7］をクリックします。

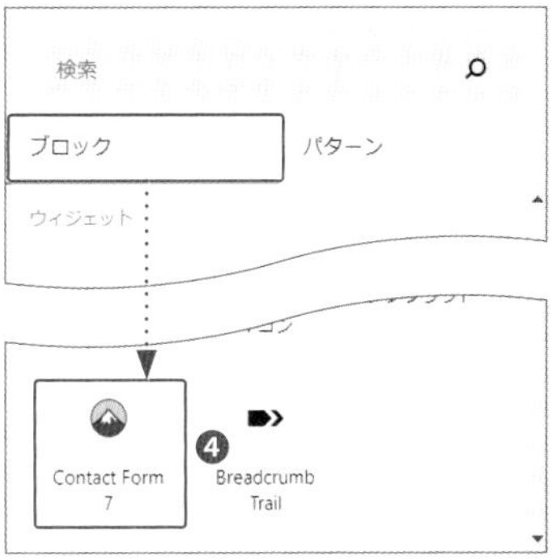

5 ［コンタクトフォームを選択］のプルダウンをクリックして、さきほど作成した❺［お問い合わせ］を選択します。

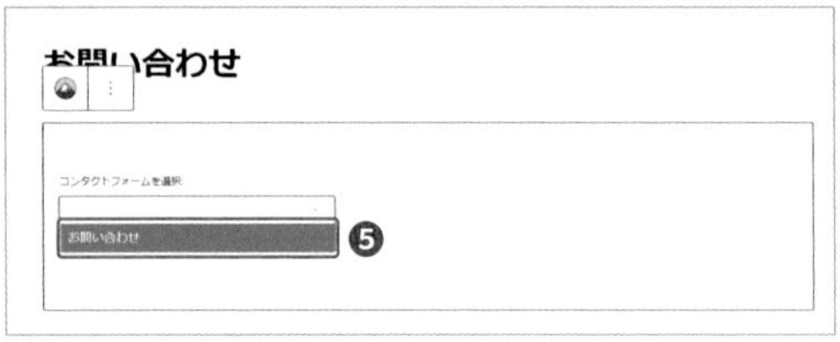

6 ［固定ページ］＞［URL］をクリックして、［パーマリンク］を❻［contact］に変更します。

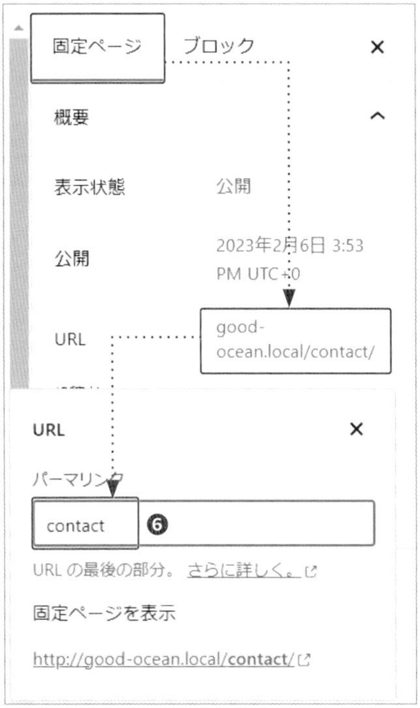

7 ❼［公開］をクリックして公開します。

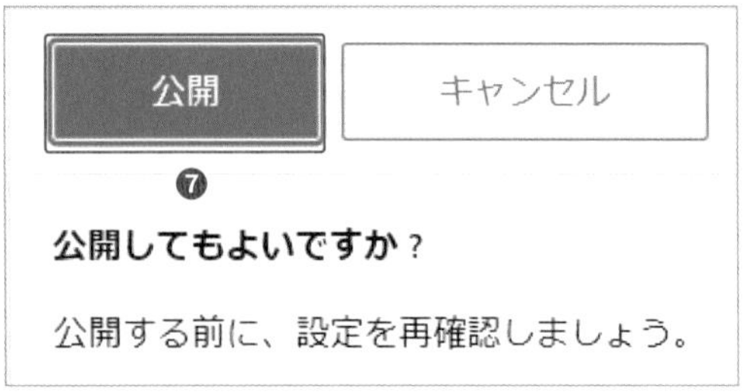

5-8 お問い合わせページの作成⑥ ページの表示を確認する

テストサイトのアドレスを開き、
お問い合わせページが正しく表示されているかを確認します。

1 WordPress管理画面の［固定ページ］＞［固定ページ一覧］＞［お問い合わせ］からページを表示します。右側にあるサイドバーメニューからURLをクリックして、［固定ページを表示］のURLをクリックします。新しいタブでページが表示されるので、正しく表示されているかどうかを確認しましょう。

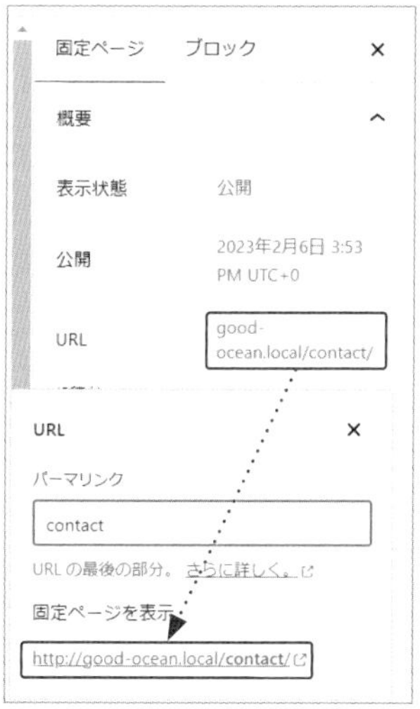

ローカル環境では、
お問い合わせフォームの
送信テストができません。
本番環境に移行した
タイミングで送信テスト
をしましょう(P.285参照)。

チェックリスト

❶グローバルナビゲーションの「お問い合わせ」が現在地表示（青文字）になっている

❷タイトルが「CONTACT お問い合わせ」になっている

❸パンくずリストが「ホーム＞お問い合わせ」になっている

❹本文に正しくテキストとフォームが表示され、プライバシーポリシーページへのリンクも適切になされている

❺デザインにあわせて、フッターにコピーライトとプライバシーポリシーが表示されている

COLUMN

本文に記入するリンク類は絶対パスにしておく

本書では、「All-in-One WP Migration」というWordPressの引っ越しプラグインを使い、ローカル環境から本番サーバーへデータを移行します（P.273参照）。このプラグインは、WordPressの管理画面から記入したテスト用のサイトアドレスを、本番用のサイトアドレスへ自動で変換してくれます。自動変換の条件として、絶対パスでリンクを設定している必要がありますので、本文に記入するリンク類などは、絶対パスで指定しておきましょう。

●相対パスから絶対パスに変更する例

./**contact/** → http://good-ocean.local/**contact/** → https://example.com/**contact/**

- ./contact/：相対パス
- http://good-ocean.local/contact/：絶対パス。「Local」で指定した「Local site domain（仮想ホスト名）」
- https://example.com/contact/：プラグインを使って本番サイトのアドレスに自動変換

ここもCHECK

問い合わせフォームに条件分岐を設定するプラグイン

Contact Form 7で作成したフォームで、ユーザーが選択したお問い合わせの種類によって、項目表示を変える方法をご紹介します。

使用するプラグイン

■ **Conditional Fields for Contact Form 7**
作者：Jules Colle

1 プラグインをインストールし、有効化します。

2 管理画面から［お問い合わせ］＞［コンタクトフォーム］をクリックし、作成したお問い合わせフォーム一覧から任意のフォーム名をクリックします。

3 ［フォーム］［メール］［条件付きフィールド］の3つのタブの中に条件分岐を追加します。

●「フォーム」内の条件分岐の書き方

<h2> お問い合わせの種類 </h2>

```
[select* select-menu "不動産事業部について|mail01@example.com,mail02@example.com" "ウェブ事業部について|mail03@example.com"]
```

お問い合わせの種類によって送信されるメールアドレスの分岐
- select-menu の名前は、任意の名前を半角英数字で指定
- 送信したいメールアドレスを複数指定したい場合はメールアドレスをカンマ(,)で区切る(カンマの前後に半角スペースを入れない)。

```
[group group-buildings]
<h2> お問い合わせのビル名 </h2>
[checkbox* buildings use_label_element "レガシービル" "デミハウス" "シリンダーハウス"]
<h3> 検討されている計画 </h3>
[checkbox* choice use_label_element "賃貸住宅" "社宅・企業寮" "事務所" "店舗" "その他"]
[/group]
```

不動産事業部が選ばれた時にだけ表示される項目
- group を指定した後に半角スペースを入れて、任意の名前を半角英数字で追加

(例) group-buildings

```
[group group-web]
<h2> 制作の種類 </h2>
[checkbox* webkind use_label_element "新規" "リニューアル"]
<h3> 納期 </h3>
[text* webdeadline]
<h3> ご予算 </h3>
[text* webmoney]
[/group]
```

ウェブ事業部が選ばれた時にだけ表示される項目
- group を指定した後に半角スペースを入れて、任意の名前を半角英数字で追加

(例) group-web

●「メール」>「送信先」内の書き方

メールの送信先に、お問い合わせの種類に応じたメールアドレスの条件分岐設定時に指定した名前[select-menu]を入れる。

送信先	[select-menu]

●「メール」>「メッセージ本文」内の書き方

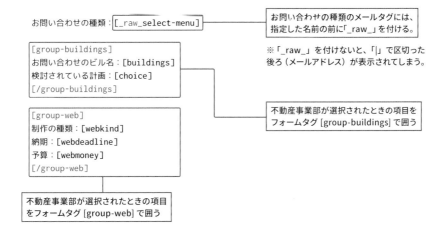

```
お問い合わせの種類:[_raw_select-menu]
```

お問い合わせの種類のメールタグには、指定した名前の前に「_raw_」を付ける。

※「_raw_」を付けないと、「|」で区切った後ろ(メールアドレス)が表示されてしまう。

```
[group-buildings]
お問い合わせのビル名:[buildings]
検討されている計画:[choice]
[/group-buildings]
```

不動産事業部が選択されたときの項目をフォームタグ [group-buildings] で囲う

```
[group-web]
制作の種類:[webkind]
納期:[webdeadline]
予算:[webmoney]
[/group-web]
```

不動産事業部が選択されたときの項目をフォームタグ [group-web] で囲う

● 「条件付きフィールド」内の書き方

［＋新規条件付きルールを追加］ボタンをクリックして、表示させる条件分岐を設定後［保存］ボタンをクリック。

設定例

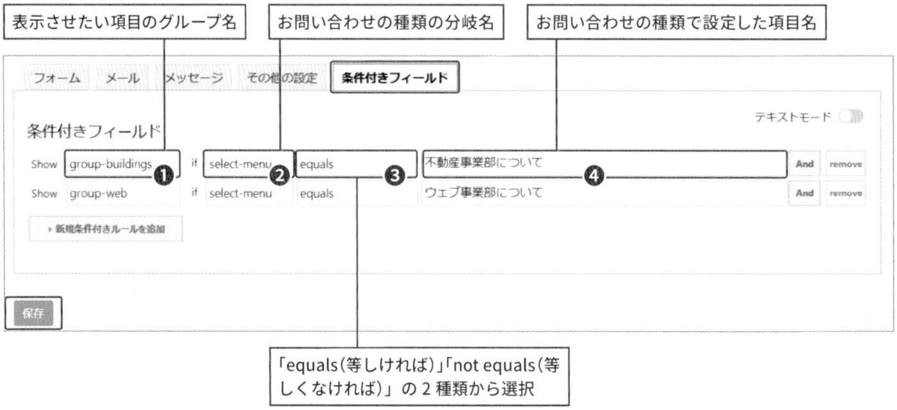

表示例 (group-buildings の場合)

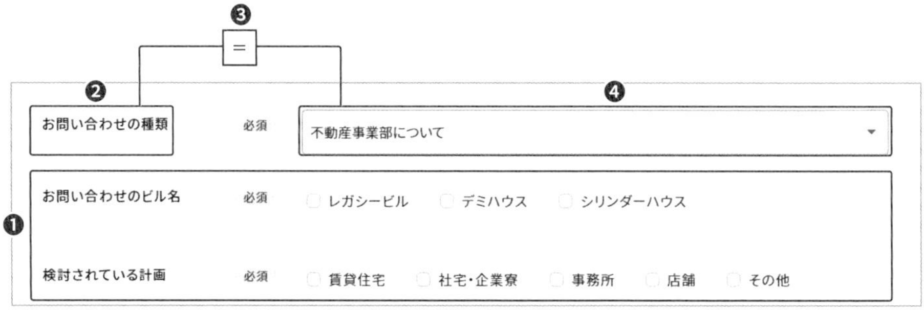

今回は
セレクトボックスを選択すると
項目を分岐する方法を紹介していますが、
ラジオボタンやチェックボックスにしても分岐はできます。
細かい設定は公式のオンラインマニュアル(英語)を
参考にしてね。
https://conditional-fields-cf7.bdwm.be/
conditional-fields-for-contact-form-7-tutorial/

CHAPTER 6

お知らせの個別ページを作成する

6-1 お知らせの個別ページを作成する

ここからは、お知らせの個別ページを作っていきます。
個別ページの構成は、ブログ記事などでよく見かける
アーカイブリンクとタイトル、本文をあわせた構成になっています。

共通パーツの[sidebar.php]の作り方や「カテゴリーの順番変更プラグイン」の使用方法、「前後の記事へリンクをするコード」などを学ぼう！

SAMPLE DATA

html01

ファイル移動の全体像

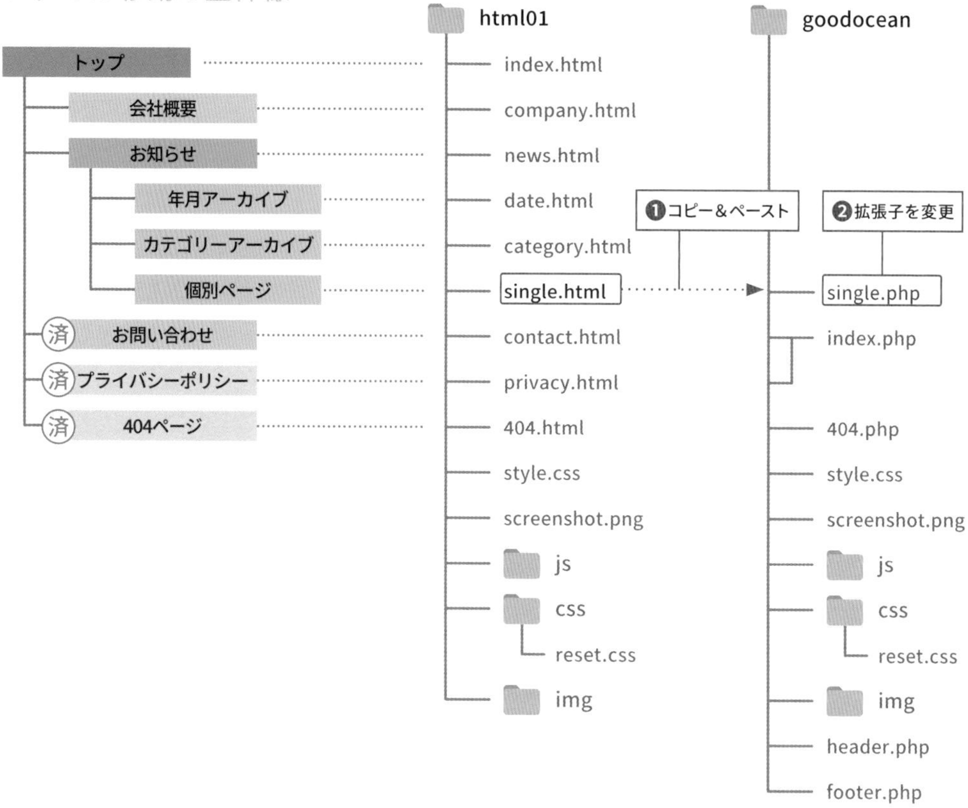

トップ
会社概要
お知らせ
年月アーカイブ
カテゴリーアーカイブ
個別ページ
済 お問い合わせ
済 プライバシーポリシー
済 404ページ
html01
index.html
company.html
news.html
date.html
category.html
single.html
contact.html
privacy.html
404.html
style.css
screenshot.png
js
css
reset.css
img
❶コピー&ペースト
❷拡張子を変更
goodocean
single.php
index.php
404.php
style.css
screenshot.png
js
css
reset.css
img
header.php
footer.php

single.phpを作成する

1 ［html01］フォルダーの中の［single.html］を❶［goodocean］フォルダーへコピー＆ペーストし、名前を❷［single.php］に変更します（左ページの図参照）。

「ファイルが使えなくなる可能性があります。」「変更してしまうと、書類が別のアプリケーションで開かれてしまうことがあります。」などの警告が表示される場合は、［はい］ボタン（Macでは［.phpを使用］）をクリックして進めてください。

管理画面とテンプレートの紐づけを確認する

……投稿画面の「タイトル」「本文」を使用して更新
……プラグインを使用して出力
……テーマのPHPに直書き。

6-2 お知らせの個別ページで使うCSSを条件分岐で読み込む

条件分岐を使い、お知らせの個別ページでしか使わないCSSを[header.php]へ読み込みます。

条件分岐コードを書く

1 ［goodocean］フォルダー内の［single.php］をエディターで開きます。

2 <head>内の**<link rel="stylesheet" href="https://cdnjs.cloudflare.com/ajax/libs/lightbox2/2.11.4/css/lightbox.min.css">**をコピーします❶。

3 ［header.php］をエディターで開き、2でコピーしたコードを<link rel="stylesheet" href="<?php echo get_stylesheet_directory_uri(); ?>/css/reset.css">の下に貼り付けます❷。

4 貼り付けたコードの前後に、お知らせの個別ページのみに表示させる条件分岐コードを入力します❸。

single.phpの<head>タグ

```
  <link rel="stylesheet" href="./css/reset.css">
  <link rel="stylesheet" href="https://cdnjs.cloudflare.com/ajax/libs/lightbox2/2.11.4/css/lightbox.min.css">
  <link rel="stylesheet" href="./style.css">
</head>
```

❶コピー

header.phpに読み込んで条件分岐のコードを書く

```
<link rel="stylesheet" href="<?php echo get_stylesheet_directory_uri(); ?>/css/reset.css">
<?php if(is_single()): ?>
<link rel="stylesheet" href="https://cdnjs.cloudflare.com/ajax/libs/lightbox2/2.11.4/css/lightbox.min.css">
<?php endif; ?>
<link rel="stylesheet" href="<?php echo get_stylesheet_directory_uri(); ?>/style.css">
<?php wp_head(); ?>
</head>
```

❸

❷貼り付け

❸入力

■ 個別ページに内容を表示させる条件分岐コード

```
<?php if(is_single()): ?>
<!-- もし「個別ページ」であればこの内容を表示 -->
<?php endif; ?>
```

6-3 ナビゲーションの現在地表示設定を行う

グローバルナビゲーションに現在表示しているページ名の色を変更する設定をします。
「個別ページ」ならば「class="current"」を追加する条件分岐コードを
PHPの中に書きます。

●グローバルナビゲーション

GOOD OCEAN株式会社
私たちの取り組み
事業内容
会社概要
お知らせ
お問い合わせ

条件分岐コードを書く

■ 特定のページに内容を表示させる条件分岐コード
<?php if(is_single()) echo ' class="current"'; ?>
もし「個別ページ」ならば、「指定したクラス名」を表示

1 ［header.php］に条件分岐コードを書きます❶。

```
<ul class="gnav-list">
  <li><a href="<?php echo esc_url(home_url('/')); ?>"> ホーム </a></li>
  <li><a href="<?php echo esc_url(home_url('/')); ?>#about"> 私たちの取り組み </a></li>
  <li><a href="<?php echo esc_url(home_url('/')); ?>#service"> 事業内容 </a></li>
  <li><a href="<?php echo esc_url(home_url('/')); ?>company/"> 会社概要 </a></li>
  <li><a href="<?php echo esc_url(home_url('/')); ?>news/"<?php if(is_single()) echo ' class="current"'; ?>> お知らせ </a></li>
  <li><a href="<?php echo esc_url(home_url('/')); ?>contact/"<?php if(is_page('contact')) echo ' class="current"'; ?>> お問い合わせ </a></li>
</ul>
```

❶

class の前に半角スペースを入れるのを忘れずに！

6-4 お知らせの個別ページで使うJavaScriptを条件分岐で読み込む

[footer.php]の中に、お知らせの個別ページでのみ使うJavaScriptを条件分岐を使って読み込みます。

条件分岐コードを書く

1 [goodocean] フォルダー内の [single.php] をエディターで開きます。

2 </body>の前にある
<script src="https://cdnjs.cloudflare.com/ajax/libs/lightbox2/2.11.4/js/lightbox.min.js"></script>
<script src="./js/custom-lightbox.js"></script>をコピーします❶。

3 [footer.php] をエディターで開き、2でコピーしたコードを<script src="https://code.jquery.com/jquery-3.6.4.min.js"></script>の下に貼り付けます❷。

4 貼り付けたコードの前後に、お知らせの個別ページのみに表示させる条件分岐コードを書きます❸。

5 custom-lightbox.jsのアドレスを、テーマフォルダーのURLを表示するコードに書き換えます❹。

CHAPTER-6

single.php の <script> タグ

```
<script src="https://code.jquery.com/jquery-3.6.4.min.js"></script>
<script src="https://cdnjs.cloudflare.com/ajax/libs/lightbox2/2.11.4/js/lightbox.min.
js"></script>
<script src="./js/custom-lightbox.js"></script>
<script src="./js/script.js"></script>
</body>
```

❶コピー

footer.php に読み込んで条件分岐のコードを書く & URL の書き換え

❷貼り付け

```
<?php wp_footer(); ?>
<script src="https://code.jquery.com/jquery-3.6.4.min.js"></script>
<?php if(is_single()): ?>
<script src="https://cdnjs.cloudflare.com/ajax/libs/lightbox2/2.11.4/js/lightbox.min.
js"></script>
<script src="<?php echo get_stylesheet_directory_uri(); ?>/js/custom-lightbox.js"></
script>
<?php endif; ?>
<script src="<?php echo get_stylesheet_directory_uri(); ?>/js/script.js"></script>
</body>
```

❸入力　❹変更

■ 個別ページに内容を表示させる条件分岐コード

```
<?php if(is_single()): ?>
<!--もし「個別ページ」であればこの内容を表示-->
<?php endif; ?>
```

■ テーマフォルダーのURLを表示するコード

```
src="./js/
→ src="<?php echo get_stylesheet_directory_uri(); ?>/js/
```

6-5 サイドバーを作成する

[single.php]の中にある<aside>～</aside>までを
サイドバー用のPHPファイル[sidebar.php]にまとめます。

sidebar.phpを作成する

1 [goodocean] フォルダー内に [sidebar.php] を作成します。

[goodocean] フォルダー内のファイルをコピー＆ペーストし、名前を変更しても作成できます。

2 [single.php] をエディターで開き、<aside class="sidebar">～</aside>までをコピーします。

3 コピーしたコードを [sidebar.php] へ貼り付けます。

4 貼り付けたコードの一部をWordPressで使用するコードに書き換えます。

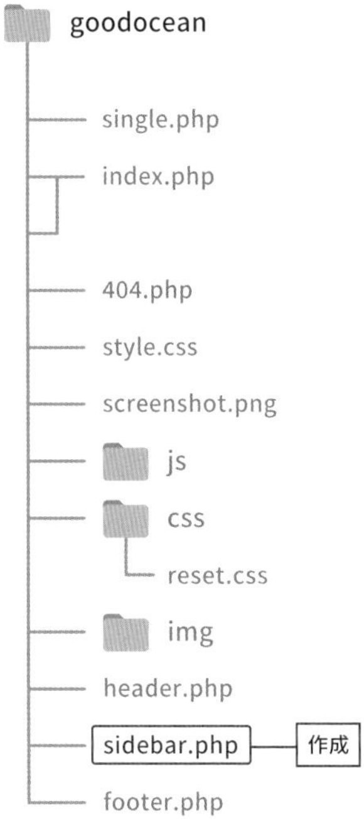

■ 年別アーカイブリストを出力するコード

```
<?php wp_get_archives('type=yearly'); ?>
```

■ カテゴリアーカイブリストを出力するコード

```
<?php wp_list_categories('title_li='); ?>
```

single.php から sidebar.php に移動した HTML

```
          <aside class="sidebar">
            <div class="box-white">
              <div class="item">
                <h2 class="news-title">Archives</h2>
                <ul class="sidebar-list">
              <li><a href="./date.html">2025</a></li>
                  <li><a href="./date.html">2024</a></li>
                  <li><a href="./date.html">2023</a></li>
                  <li><a href="./date.html">2022</a></li>
                </ul>
              </div>
              <div class="item">
                <h2 class="news-title">Categories</h2>
                <ul class="sidebar-list">
                  <li><a href="./category.html"> 重要 </a></li>
                  <li><a href="./category.html">Topics</a></li>
                  <li><a href="./category.html">Media</a></li>
                </ul>
              </div>
            </div>
          </aside>
```

書き換え

WordPress で使用するコードに変換

```
          <aside class="sidebar">
            <div class="box-white">
              <div class="item">
                <h2 class="news-title">Archives</h2>
                <ul class="sidebar-list">
                 <?php wp_get_archives('type=yearly'); ?>
                </ul>
              </div>
              <div class="item">
                <h2 class="news-title">Categories</h2>
                <ul class="sidebar-list">
                  <?php wp_list_categories('title_li='); ?>
                </ul>
              </div>
            </div>
          </aside>
```

ここもCHECK

アーカイブリストのさまざまな表示方法

実務で役立つアーカイブリストのカスタマイズ方法をご紹介します。

○年別アーカイブリスト

西暦の後に投稿件数が表示される年別アーカイブの表示方法です。

表示例：2025年（5）

```
<ul class="archive-list">
<?php wp_get_archives('post_type=post&type=yearly&show_post_count=1' ); ?>
</ul>
```

投稿タイプ	post_type	post	//投稿
年別	type	yearly	//月別にしたい場合は「monthly」に変更
件数表示あり	show_post_count	1	//1（True）- 表示する

このままだと、西暦の後「年」がつかないので（例）2025（5）functions.phpに以下のコードを書きます。

```
function add_nen_year_archives( $link_html ) {
  $regex = array (
    "/ title='([\d]{4})'/" => " title='$1年'",
    "/ ([\d]{4}) /"        => " $1年 ",
    "/>([\d]{4})<\/a>/"    => ">$1年</a>"
  );
  $link_html = preg_replace( array_keys( $regex ), $regex, $link_html );
  return $link_html;
}
add_filter( 'get_archives_link', 'add_nen_year_archives' );
```

○セレクトボックスを使った年別アーカイブリスト

セレクトボックスで、年別アーカイブの選択を実現する方法です。
西暦の後に投稿件数が表示されます。

表示例：

```
<select name="archive-dropdownlist" onchange="document.location.href=this.options[this.selectedIndex].value;">
<option disabled selected value>アーカイブ</option>
<?php wp_get_archives('post_type=post&type=yearly&format=option&after=年'); ?>
</select>
```

投稿タイプ	post_type	post　//投稿
年別	type	yearly //月別にしたい場合は「monthly」に変更
件数表示あり	format	option //option タグ
リンクの後に付けるテキスト	after	年　　//「年」を付ける

○カテゴリーリスト

指定したカテゴリーを投稿件数と共に一覧で表示する方法です。
※デフォルトで出力されるタイトルは無しに設定。

表示例：
Art（2）
Design（5）
Movie（5）

```
<ul class="archive-list">
<?php wp_list_categories('title_li=&show_count=1&include=1,7&exclude=3,15'); ?>
</ul>
```

カテゴリーリストの外側に表示するタイトル	title_li	空にしてタイトルなし
件数表示あり	show_count	1// 1 (True) - 表示する
指定したカテゴリを表示	include	「ID」,「ID2」//カテゴリ ID を指定
指定したカテゴリを除外	exclude	「ID」,「ID2」//カテゴリ ID を指定

6-6 single.phpにヘッダー、フッター、サイドバーを読み込む

[single.php]にヘッダー・フッター・サイドバーを読み込み、
ページ本文のHTMLの一部をWordPressで使用するコードに書き換えます。

single.phpを編集する

[single.php]に[header.php]、[sidebar.php]、[footer.php]を読み込み、ページ本文のHTMLの一部をWordPressで使用するコードに書き換えます。

元のコード

❶に変更

```
<!DOCTYPE html>
<html lang="ja">
<head>
  <meta charset="UTF-8">
  <meta http-equiv="X-UA-Compatible" content="IE=edge">
  <meta name="viewport" content="width=device-width, initial-scale=1.0">



        <li><a href="./company.html"> 会社概要 </a></li>
        <li><a href="./news.html" class="current"> お知らせ </a></li>
        <li><a href="./contact.html"> お問い合わせ </a></li>
      </ul>
    </nav>
    <button id="btn-nav" class="btn-nav"></button>
  </header>

   <main class="main">

    <p data-title="News" class="page-title"> お知らせ </p>

    <div class="inner is-small">
      <ol class="c-breadcrumbs">
        <li><a href="./"> ホーム </a></li>
        <li> お知らせ </span></li>
        <li><a href="./category.html">Topics</a></li>
        <li><span> 阿諏訪株式会社との業務提携 </span></li>
      </ol>

      <div class="news-wrapper">
        <div class="main-content post">
          <div class="box-white">

            <ul class="cat-list">
              <li>Topics</li>
            </ul>
```

❸に変更

❹に変更

```
        <div class="post-header">
          <time datetime="2055-03-05">2055.03.05</time>
        </div>

        <h1 class="post-title">阿諏訪株式会社との業務提携</h1>
```

❺に変更

❻に変更

書き換え後のコード

```
<?php get_header(); ?>

  <main class="main">
  <?php if(have_posts()): ?>
  <?php while(have_posts()): the_post(); ?>

    <p data-title="News" class="page-title">お知らせ</p>

    <div class="inner is-small">
      <ol class="c-breadcrumbs">
        <?php if(function_exists('bcn_display')) bcn_display_list(); ?>
      </ol>

      <div class="news-wrapper">
        <div class="main-content post">
          <div class="box-white">
            <?php
            $cats = get_the_category();
            if($cats):
            ?>
            <ul class="cat-list">
              <?php foreach($cats as $cat): ?>
                <li><?php echo $cat->name; ?></li>
              <?php endforeach; ?>
            </ul>
            <?php endif; ?>

            <div class="post-header">
              <time datetime="<?php the_time('Y-m-d'); ?>"><?php the_time(get_
option('date_format')); ?></time>
            </div>

            <h1 class="post-title"><?php the_title(); ?></h1>
```

❶ヘッダー部分をheader.phpに書き換え

❷記事を呼び出すメインループの開始コードを書く

タイトルはそのままにする

❸パンくずリストをWordPressで使用するコードに書き換え

❹記事が所属しているカテゴリ情報の表示

❺日付の表示

❻タイトルの表示

■ header.phpを読み込むコード

```
<?php get_header(); ?>
```

■ WordPressで投稿している記事を呼び出すメインループのコード

```
<?php if ( have_posts() ) : ?>
<?php while( have_posts() ) : the_post(); ?>
  <!-- 投稿がある場合は内容を表示 -->
<?php endwhile;?>
<?php endif; ?>
```

■ プラグインを使ったパンくずリストを出力するコード

```
<?php if(function_exists('bcn_display')) bcn_display_list(); ?>
```

■ 記事が所属しているカテゴリー情報を表示するコード

```
<?php $cats = get_the_category(); if($cats): ?>
<?php foreach($cats as $cat): ?>
<?php echo $cat->name; ?>
<?php endforeach; ?>
<?php endif; ?>
```

■ 日付を表示するコード

```
<?php the_time('Y-m-d'); ?>
```

■ 管理画面の[設定]>[一般]にある「日付のフォーマット」で選択した日付の形式で表示するコード

```
<?php the_time(get_option('date_format')); ?>
```

■ タイトルを表示するコード

```
<?php the_title(); ?>
```

元のコード（つづき）

```
              <div class="post-wrapper">
                <figure class="eyecatch"><img src="./img/news-thumbnail1.jpg" alt=""></figure>
```

❼に変更

```
                <h2>GOOD OCEAN 株式会社は、2055 年 3 月 5 日より、阿諏訪株式会社と業務提携を行います</h2>

                <div class="images-wrapper col2">
                  <a href="./img/post-img1-full.png"><img src="./img/post-img1.png" alt=""></a>
                  <a href="./img/post-img2-full.png"><img src="./img/post-img2.png" alt=""></a>
                </div>
```

❽に変更

```
              </div>

```

❾に変更

```
              <ul class="page-nav">
                <li><a href="#"> 前の記事へ </a></li>
                <li><a href="./news.html" class="to-archive"> お知らせトップ </a></li>
                <li><a href="#"> 次の記事へ </a></li>
              </ul>
            </div>
          </div>

```

❿に変更

```
          <aside class="sidebar">
            <div class="box-white">
              <div class="item">
                <h2 class="news-title">Archives</h2>
                <ul class="sidebar-list">

                </ul>
              </div>
            </div>
          </aside>
        </div>
      </div>
```

```
  </main>

  <footer class="footer-b">
   <div class="inner">
     <ul class="footer-nav">
       <li><a href="./privacy.html"> プライバシーポリシー </a></li>
     </ul>


  <script src="./js/script.js"></script>
</body>
</html>
```

⓫に変更

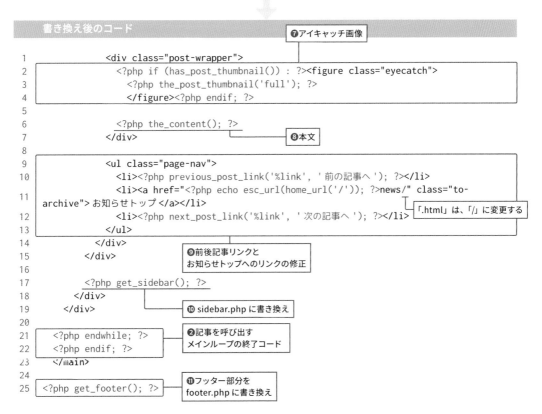

書き換え後のコード

```
              <div class="post-wrapper">
                <?php if (has_post_thumbnail()) : ?><figure class="eyecatch">
                  <?php the_post_thumbnail('full'); ?>
                  </figure><?php endif; ?>

                <?php the_content(); ?>
              </div>

              <ul class="page-nav">
                <li><?php previous_post_link('%link', ' 前の記事へ '); ?></li>
                <li><a href="<?php echo esc_url(home_url('/')); ?>news/" class="to-
archive"> お知らせトップ </a></li>
                <li><?php next_post_link('%link', ' 次の記事へ '); ?></li>
              </ul>
            </div>
          </div>

          <?php get_sidebar(); ?>
        </div>
      </div>

  <?php endwhile; ?>
  <?php endif; ?>
  </main>

<?php get_footer(); ?>
```

❼アイキャッチ画像

❽本文

「.html」は、「/」に変更する

❾前後記事リンクと
お知らせトップへのリンクの修正

❿ sidebar.php に書き換え

❷記事を呼び出す
メインループの終了コード

⓫フッター部分を
footer.php に書き換え

■ アイキャッチ画像を出力するコード
（フルサイズで表示し、サムネイル画像が入っていなければ非表示）

```
<?php if (has_post_thumbnail()) : ?>
  <?php the_post_thumbnail('full'); ?>
<?php endif; ?>
```

■ 本文を出力するコード

```
<?php the_content(); ?>
```

■ 前の記事へリンクするコード

```
<?php previous_post_link('%link', '前の記事へ'); ?>
```

■ 次の記事へリンクするコード

```
<?php next_post_link('%link', '次の記事へ'); ?>
```

■ WordPressのトップページのURLを表示するコード

```
<?php echo esc_url(home_url('/')); ?>
```

■ sidebar.phpを読み込むコード

```
<?php get_sidebar(); ?>
```

■ footer.phpを読み込むコード

```
<?php get_footer(); ?>
```

6-7 functions.phpを作成する

[functions.php]を作成し、管理画面の設定を変更したり、
アイキャッチ画像を追加したりできるようにしていきます。

●「投稿」表記を「お知らせ」に変更

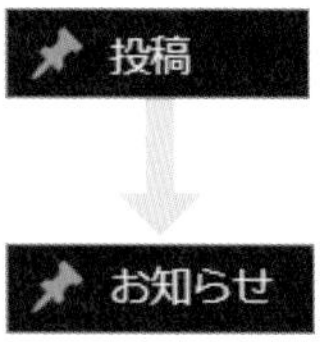

●投稿画面にアイキャッチ画像が追加

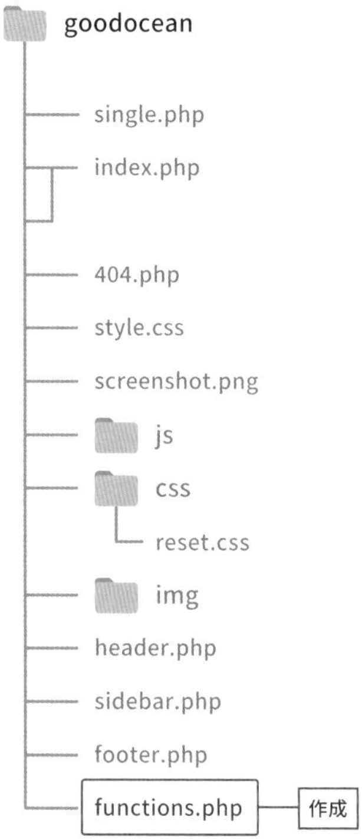

1 [goodocean] フォルダー内に [functions.php] を作成します。

[goodocean] フォルダー内のファイルをコピーし、名前を変更しても作成できます。

2 管理画面に関する設定のコードを追加して保存します。

functions.php に記述するコード

```php
<?php
// 管理画面｜アイキャッチ画像の設定領域を表示
function theme_setup(){
  add_theme_support('post-thumbnails');
}
add_action('after_setup_theme', 'theme_setup');

// 管理画面｜投稿の名前変更
function change_menu_label(){
  global $menu;
  global $submenu;
  $name = 'お知らせ';
  $menu[5][0] = $name;
  $submenu['edit.php'][5][0] = $name.'一覧';
  $submenu['edit.php'][10][0] = '新しい'.$name;
}
function change_object_label(){
  global $wp_post_types;
  $name = 'お知らせ';
  $labels = &$wp_post_types['post']->labels;
  $labels->name = $name;
  $labels->singular_name = $name;
  $labels->add_new = _x('追加', $name);
  $labels->add_new_item = $name.'の新規追加';
  $labels->edit_item = $name.'の編集';
  $labels->new_item = '新規'.$name;
  $labels->view_item = $name.'を表示';
  $labels->search_items = $name.'を検索';
  $labels->not_found = $name.'が見つかりませんでした';
  $labels->not_found_in_trash = 'ゴミ箱に'.$name.'は見つかりませんでした';
}
add_action( 'init', 'change_object_label' );
add_action( 'admin_menu', 'change_menu_label' );
```

企業サイトテキストコピー用ファイルの中のコードをコピー＆ペーストしよう！

<?php からはじまるけど、閉じタグは付けないので注意！

コードを保存したら、WordPressの管理画面を再読み込みしてメニューの「投稿」が「お知らせ」に変わっていることを確認しましょう。

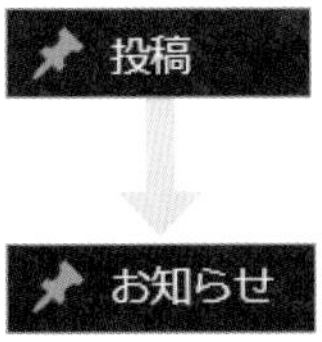

6-8 カテゴリーを登録する

Category Order and Taxonomy Terms Order

デザインにあわせて「お知らせ」に「重要」「Media」「Topics」
3種類のカテゴリーを登録します。

カテゴリーを編集する

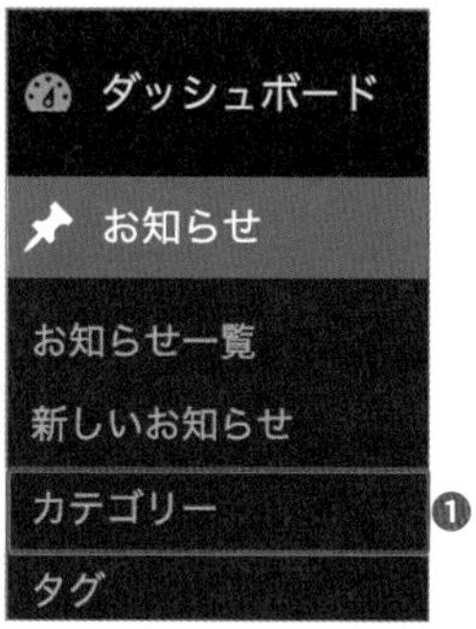

1 WordPressの管理画面から［お知らせ］>❶［カテゴリー］をクリックすると、［カテゴリー］画面が表示されます。

2 ［Uncategorized］にカーソルを合わせると表示される❷［編集］をクリックします。

3 ❸［名前］に「Topics」、［スラッグ］に「topics」と入力し、❹［更新］ボタンをクリックします。

4 他のカテゴリーを追加するため、画面上部の❺［カテゴリーへ移動］をクリックします。

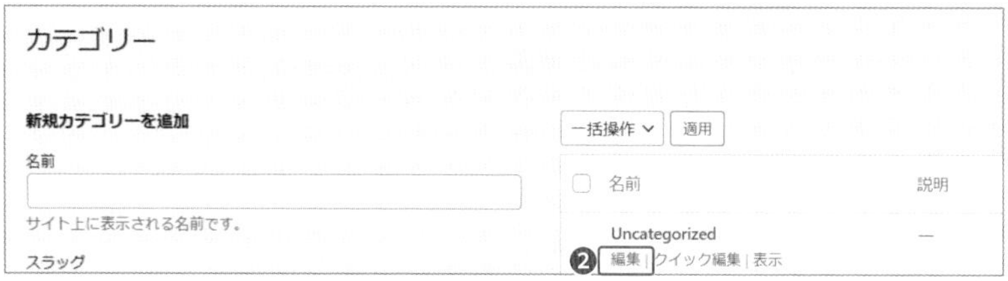

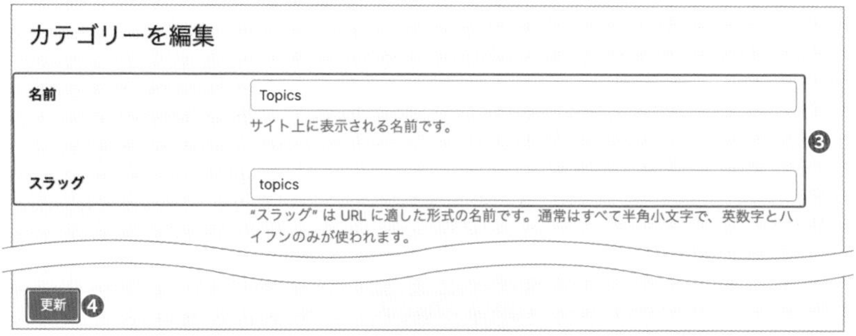

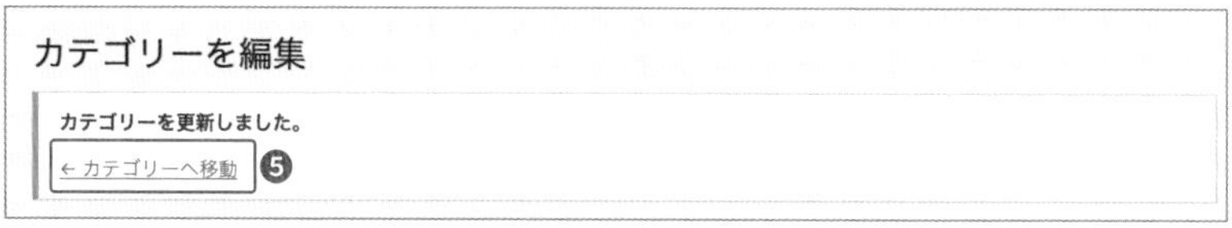

カテゴリーを追加する

1. 画面左側に表示される［新規カテゴリーを追加］（右図）で、❶［名前］に「重要」、［スラッグ］に「important」と入力し、❷［新規カテゴリーを追加］ボタンをクリックします。

2. 手順を繰り返し、もう1つの新規カテゴリーを追加します。［名前］に「Media」、［スラッグ］に「media」と入力します。

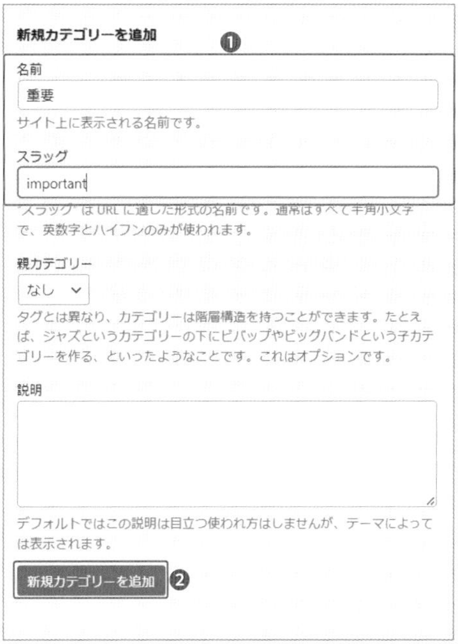

カテゴリーを並べ替える

並び替えプラグイン（Category Order and Taxonomy Terms Order：作者 Nsp-Code）を使い、お知らせのカテゴリーの順番を変更します。

1. WordPressの管理画面から［プラグイン］>［Category Order and Taxonomy Terms Order］を有効化します。

2. ［お知らせ］>［タクソノミーの並び順］をクリックし、［タクソノミーの並び順］画面（右図）を表示します。

3. カテゴリーの項目はドラッグして移動できます。「重要」「Topics」「Media」の順番に変更しましょう。

4. ［更新］ボタンをクリックします。

追加するカテゴリーの名前や順番は、デザインに合わせよう！

6-9 投稿のサムネイルのサイズを設定する

投稿一覧に表示するサムネイルのサイズを、
デザインにあわせて設定しましょう。

1 ［設定］>❶［メディア］をクリックして、［メディア設定］画面（下図）を表示します。

2 ❷［サムネイルのサイズ］で［幅］に「408」、［高さ］に「460」を入力します。

3 ❸［サムネイルを実寸法にトリミングをする］にチェックが入っていることを確認し、❹［変更を保存］ボタンをクリックします。

設定
一般
投稿設定
表示設定
ディスカッション
❶
メディア

メディア設定
画像サイズ
メディアライブラリに画像を追加する際、以下でピクセル単位指定したサイズによって最大寸法が決定されます。
サムネイルのサイズ
幅 408
高さ 460
❷
サムネイルを実寸法にトリミングする (通常は相対的な縮小によりサムネイルを作ります)
❸
中サイズ
幅の上限 300
高さの上限 300
大サイズ
幅の上限 1024
高さの上限 1024
ファイルアップロード
アップロードしたファイルを年月ベースのフォルダーに整理
変更を保存
❹

6-10 記事を投稿する

WordPress管理画面の[お知らせ]から
記事を投稿してみましょう。

記事を作成し、カテゴリーを設定する

1. ［お知らせ］>❶［新しいお知らせ］をクリックします。

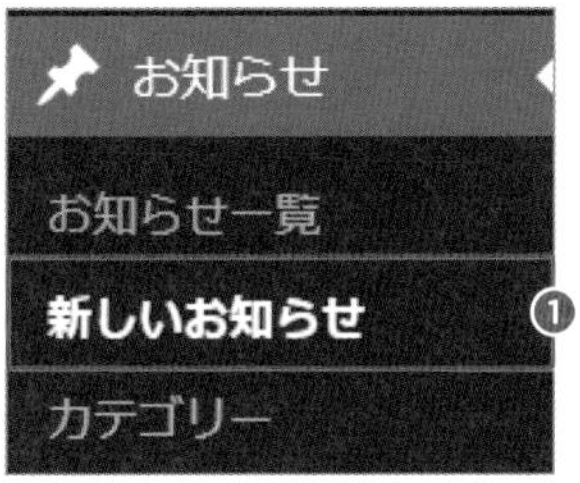

2. 投稿画面が表示されるので、❷［タイトル］に「テスト投稿」、［本文］に「テスト投稿本文」と入力します。

3. ［お知らせ］タブの中にある［カテゴリー］は❸［Topics］にチェックを入れます。

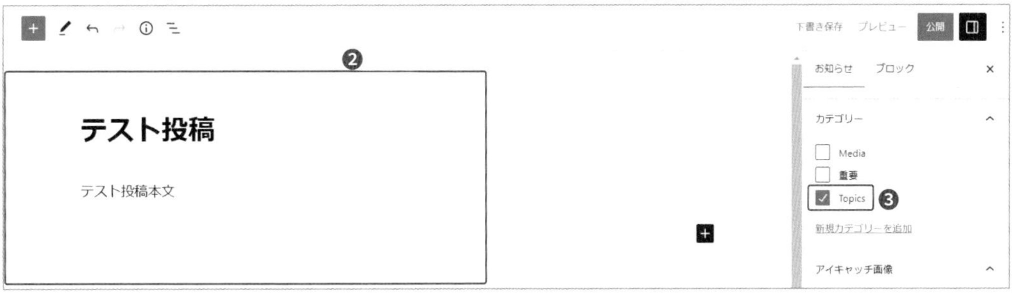

アイキャッチ画像を設定する

1. 右側にあるサイドバーメニューから［アイキャッチ画像］>［アイキャッチ画像を設定］をクリックします。

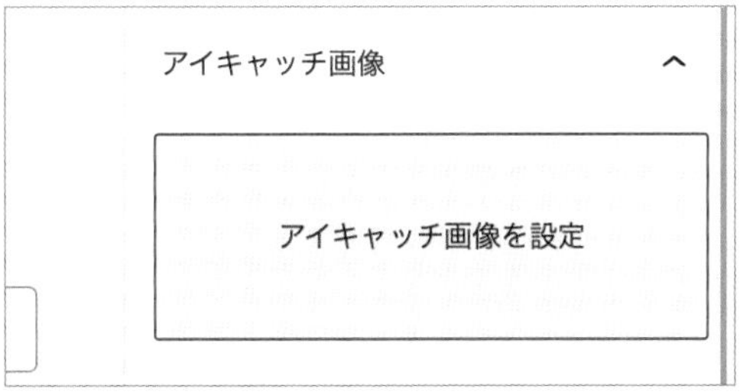

2 ［ファイルをアップロード］タブ>［ファイルを選択］ボタン>画像をアップロード>［[アイキャッチ画像を設定］ボタンをクリックしてアイキャッチ画像を設定します。

※［html01］フォルダーにある［img］フォルダー内の［post-img2-full.png］をアップロードします。

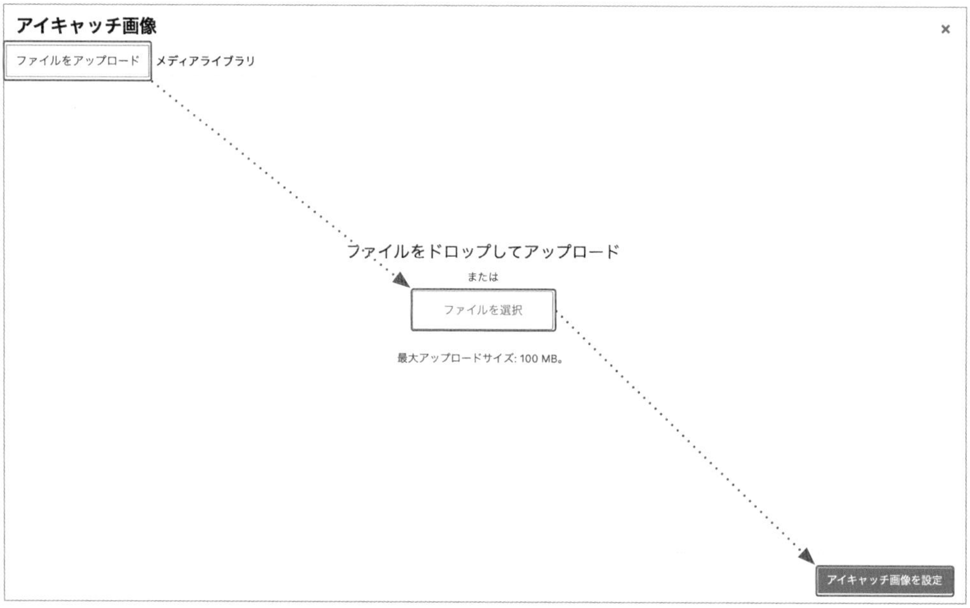

[img]フォルダー内には、post-img2.pngというファイルもあるので間違えないように注意してね！-full.pngという名前がついている方を選択するよ。

記事を公開する

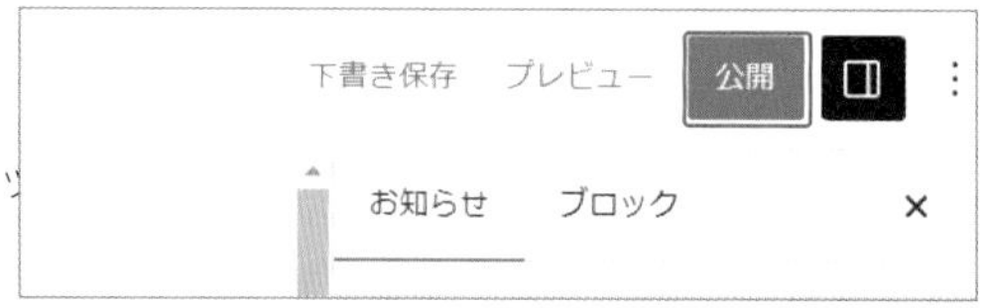

［公開］ボタンをクリックします。再度確認のメッ
ックすると、記事が公開されます。

6-11 ページの表示を確認する

テストサイトのアドレスを開き、
お知らせの個別ページが正しく表示されているかを確認します。

投稿内容を確認する

[お知らせを表示]ボタンをクリックしてブラウザーを開き、ページが正しく表示されているかどうかを確認しましょう。

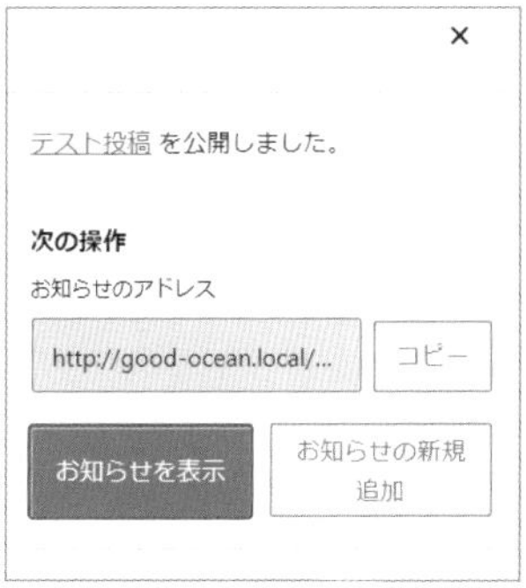

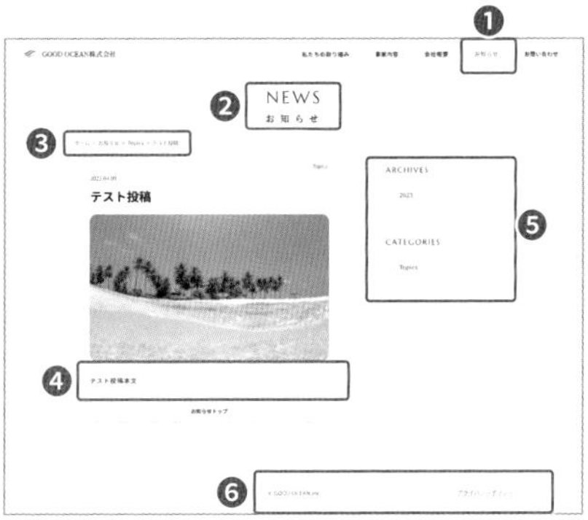

※［お知らせを表示］ボタンの画面を閉じてしまった場合［お知らせ］タブの［URL］に表示されているアドレスをクリックし、リンクをクリックすることでも、ページの表示を確認できます。

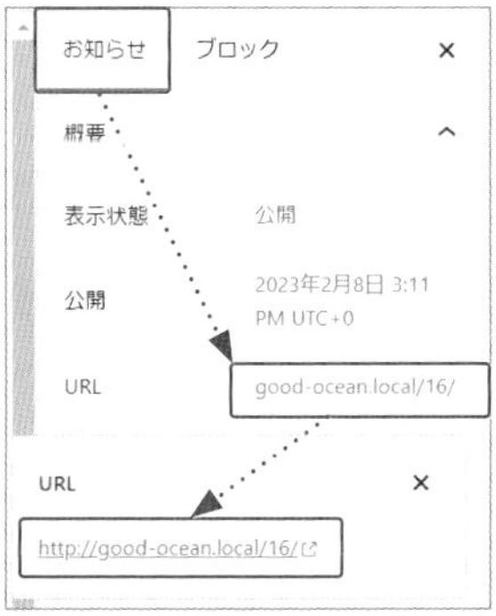

チェックリスト

❶グローバルナビゲーションの「お知らせ」が現在地表示（青文字）になっている
❷外観上のタイトルが「NEWS お知らせ」になっている
❸パンくずリストが「ホーム＞カテゴリー名＞投稿名」になっている
❹本文に正しくテキストが表示されている
❺サイドバーに年月アーカイブとカテゴリーのリストが表示されている
❻フッターにコピーライトとプライバシーポリシーが表示されている

**パンくずリストは、今の段階では、ホーム＞お知らせ＞カテゴリー名＞投稿名になっていなくて大丈夫！
後の工程で、お知らせのトップページを作ると、自動的に「ホーム」の次に「お知らせ」が入るよ。**

6-12 記事を複製して前後記事リンクを表示する Yoast Duplicate Post

プラグイン「Yoast Duplicate Post」を使って前ページで作成した記事を複製し、前後の記事へのリンクを表示します。

記事を複製する

1. WordPressの管理画面から［プラグイン］>［Yoast Duplicate Post：作者Enrico Battocchi & Team Yoast]を］を有効化します。

2. 管理画面から［お知らせ］>［お知らせ一覧］をクリックして記事一覧を表示します。

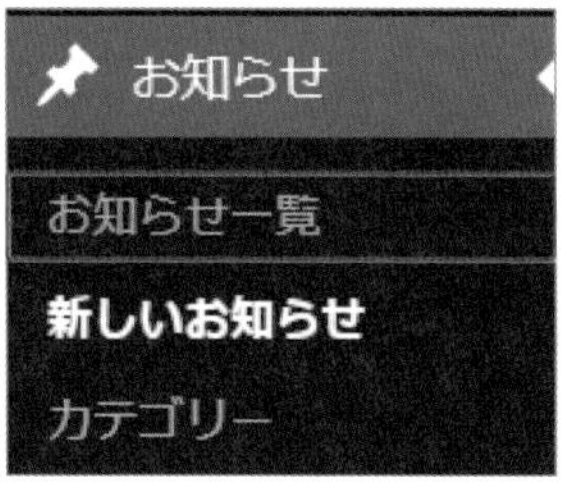

3. 複製したい記事にカーソルをあわせ、［複製］をクリックすると、記事が複製されます。

4. 複製された記事は下書き状態です。記事タイトルをクリックし、投稿の編集画面でタイトル・カテゴリー・アイキャッチ画像をそれぞれ別のものに変更しましょう。
タイトルは「テスト投稿2」や「テスト投稿3」、カテゴリーは「Media」「重要」「Topics」にそれぞれ3件以上均一に振り分けるようにしましょう。［公開］ボタンをクリックして下書きから公開に変更します。

5 今後作業をするアーカイブページのページネーションを出すため、3 4 を繰り返して10記事以上公開します。

記事本文の入力の仕方やレイアウト方法は、書籍購入特典の「ブロックエディターの基本的な使い方」を参考にしてください。

前後記事リンクを確認する

記事の［URL］をクリックしてページを表示すると、記事の下に前後の記事へのリンクが表示されます。リンクをクリックして、前後の記事に移動ができるかを確認します。

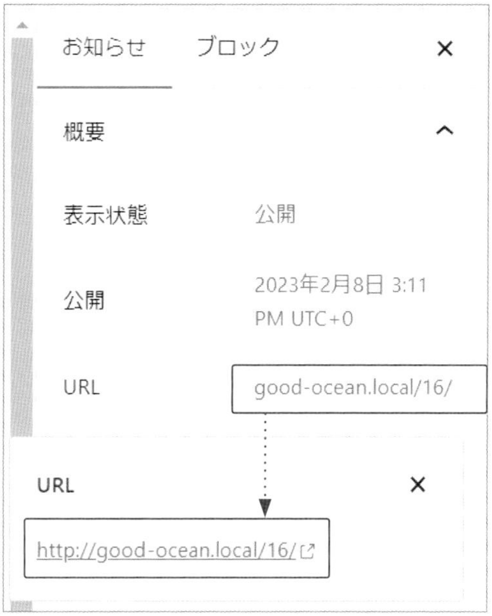

ここもCHECK

投稿のデザインをカテゴリーごとに変更するには

投稿ページのデザインをカテゴリーごとに変えたい場合は、[single.php] 内に条件分岐を書く必要があります。

このとき、コードが複雑化してわかりにくくなってしまわないようにするために、それぞれのテンプレートパーツを用意し、条件分岐の中で読み込む方法がオススメです。

以下は、「お知らせ」「ニュース」「メディア」の3つのカテゴリーに、それぞれ異なるデザインのテンプレートパーツを用意して条件分岐を行った例です。

1 テンプレートパーツを3種類作成します。

- お知らせ（カテゴリースラッグ：infocat）……… parts-infocat.php
- ニュース（カテゴリースラッグ：infonews）…… parts-infonews.php
- メディア（カテゴリースラッグ：infomedia）…… parts-infomedia.php

2 [single.php] の中に、カテゴリー毎にテンプレートパーツを読み込む条件分岐のコードを書きます。

```
<?php if(in_category('infocat')): ?><!-- カテゴリーがお知らせに属している場合 -->
    <?php get_template_part('parts', 'infomedia'); ?>
<?php elseif(in_category('infonews')):?><!-- カテゴリーがニュースに属している場合 -->
    <?php get_template_part('parts', 'infonews'); ?>
<?php else: ?><!-- その他（カテゴリーがメディア）に属している場合 -->
    <?php get_template_part('parts', 'infocat'); ?>
<?php endif; ?>
```

※カテゴリーのスラッグ名（赤字部分）はカテゴリーのID名（数字）にしても動きます
※記事が複数カテゴリーに該当する場合には、上から順番にテンプレートが優先表示されます。
※所属するカテゴリーを複数指定したい場合は、arrayで複数のカテゴリー名をまとめます。
（例）in_category(array('infocat','infonews'))

COLUMN

公開前の記事を外部から確認できるようにするには

「Public Post Preview（作者 Dominik Schilling）」というプラグインを利用すると、「下書き」状態の記事を外部から確認できます。48時間以内であれば、WordPressのログインユーザー以外でも下書き記事を確認できるので便利です。
※ローカル環境では動作しません。必ずサーバーにアップした段階で動作確認してください。

1 WordPressの管理画面から［プラグイン］＞［新規追加］をクリックして［プラグインを追加］画面を表示し、［Public Post Preview］を検索します。［今すぐインストール］ボタンをクリックしてインストールした後、［有効化］します。

2 WordPressの管理画面から任意の記事を作成し、記事を「下書き」状態で保存します。
右側のサイドバーメニューにある［外部確認を許可する］にチェックを入れると、プレビュー用のURLが発行されます。なお、右側のアイコン をクリックすると、URLをコピーできます。

外部確認のプレビューURLの有効時間を延ばすには

プレビューURLの有効時間は48時間です。延長したい場合は、functions.phpに下記のソースコードを追加してください。

```
// 確認を 5 日間伸ばす場合

add_filter( 'ppp_nonce_life', 'my_nonce_life' );
function my_nonce_life() {
    return 5 * DAY_IN_SECONDS;
}
```

※「Public Post Preview Configurator」というプラグインをインストールして、有効期限の時間を指定しても同じように時間を延ばすことが可能です。

COLUMN

記事に一定期間Newマークを表示させるには

投稿ページや投稿一覧ページに、一定期間Newマークを表示させたい場合は、以下のコードを書きましょう。
表示期間や、表示させたいコードは自由に変更してください。

（例）7日間Newマークを表示する

```
<?php
$days = 7; // 表示させる期間の日数
$published_time = get_post_time();
$today = wp_date('U');
$show_threshold = $today - $days * 86400;//24時間=86400秒

if($published_time > $show_threshold):
  echo '<span class="new">New</span>';  // 表示させたいコード
endif;
?>
```

CHAPTER

お知らせのアーカイブページを作成する

7

7-1 お知らせのアーカイブページを作成する

お知らせのアーカイブページを作りましょう。
ここでは、「年別」と「カテゴリー」のページを1つのPHPファイルにまとめます。

「年別」と「カテゴリー」のページを
[archive.php]という1つのテンプレートファイルにまとめ、
フッターにお問い合わせエリアを表示させる
条件分岐を書こう！

SAMPLE DATA

html01

ファイル移動の全体像

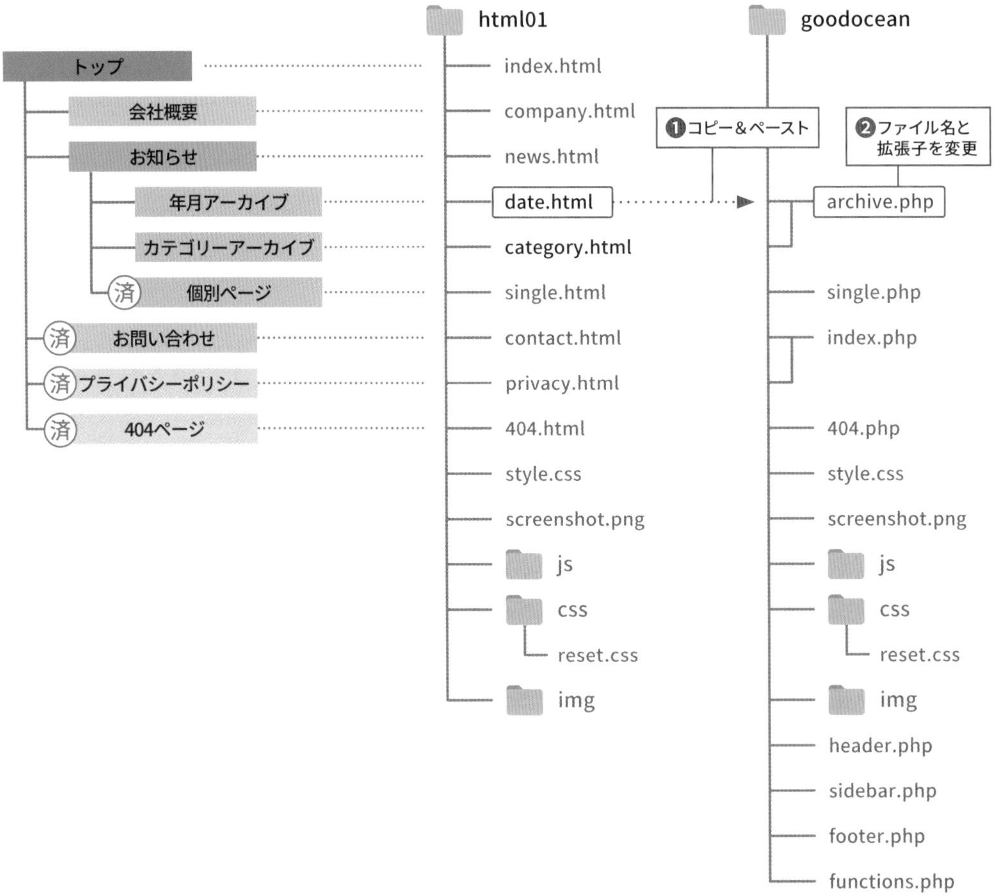

archive.phpを作成する

1 ［html01］フォルダーの中の［date.html］を❶［goodocean］フォルダーへコピー＆ペーストし、名前を❷［archive.php］に変更します（左ページの図参照）。

「ファイルが使えなくなる可能性があります。」「変更してしまうと、書類が別のアプリケーションで開かれてしまうことがあります。」などの警告が表示される場合は、［はい］ボタン（Macでは［.phpを使用］）をクリックして進めてください。

管理画面とテンプレートの紐づけを確認する

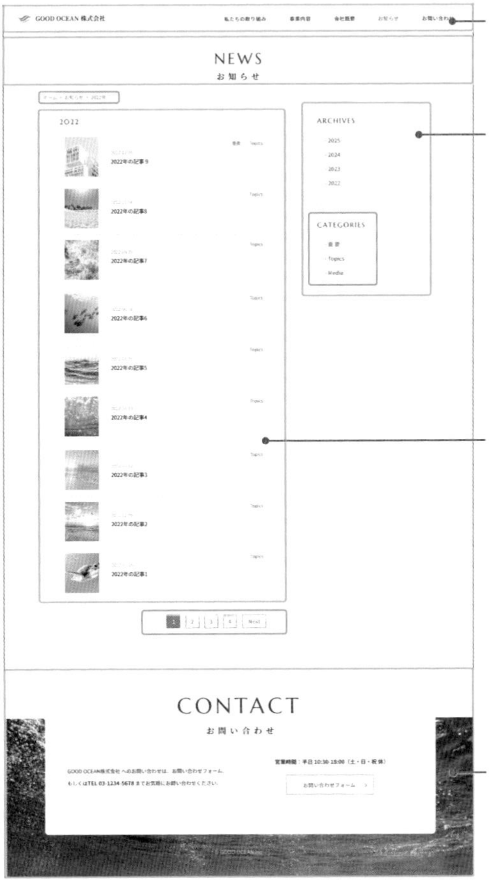

……投稿画面の「タイトル」「本文」を使用して更新
……プラグインを使用して出力
……「カスタムフィールド」を使用して更新
……テーマのPHPに直書き。

7-2 ナビゲーションの現在地表示設定を行う

グローバルナビゲーションに現在表示しているページ名の色を変更する設定をします。「アーカイブページ」ならば「class="current"」を追加する条件分岐コードをPHPの中に書きます。

●グローバルナビゲーション

GOOD OCEAN株式会社
私たちの取り組み
事業内容
会社概要
お知らせ
お問い合わせ

条件分岐コードを書く

1 header.php内に記載済みの「個別ページ」の条件分岐コード **<?php if(is_single()) echo ' class="current"'; ?>** に、コードを追記します。

■ 複数の特定のページに内容を表示させる条件分岐コード
<?php if(is_single() || is_archive()) echo ' class="current"'; ?>
もし「個別ページもしくは（||）アーカイブページ」ならば、「指定したクラス名」を表示

```
<ul class="gnav-list">
  <li><a href="<?php echo esc_url(home_url('/')); ?>"> ホーム </a></li>
  <li><a href="<?php echo esc_url(home_url('/')); ?>#about"> 私たちの取り組み </a></li>
  <li><a href="<?php echo esc_url(home_url('/')); ?>#service"> 事業内容 </a></li>
  <li><a href="<?php echo esc_url(home_url('/')); ?>company/"> 会社概要 </a></li>
  <li><a href="<?php echo esc_url(home_url('/')); ?>news/"<?php if(is_single()
|| is_archive() ) echo ' class="current"'; ?>> お知らせ </a></li>
  <li><a href="<?php echo esc_url(home_url('/')); ?>contact/"<?php if(is_page('contact'))
echo ' class="current"'; ?>> お問い合わせ </a></li>
</ul>
```

追記

7-3 フッターにお問い合わせエリアを表示する

[footer.php]内に、
お問い合わせエリアを表示する条件分岐のコードを書きます。

条件分岐コードを書く

1 ［goodocean］フォルダー内の［archive.php］をエディターで開き、<footer class="footer-a">～</footer>をコピーします❶。

2 ［footer.php］をエディターで開き、1でコピーしたコードを<footer class="footer-b">～</footer>の下に貼り付ける❷。

3 デザインにあわせて、指定した複数のページに　お問い合わせを表示させる条件分岐コードを書きます❸。

archive.php の <footer> のソースコード

❶コピー

```
<footer class="footer-a">
    <div class="inner">
      <div class="contact-box">
        <h2 data-title="Contact" class="content-title">お問い合わせ</h2>
        <div class="content-wrapper">
          <div class="item-left">
            <p>GOOD OCEAN株式会社 へのお問い合わせは、お問い合わせフォーム、もしくは<a href="tel:+03-1234-5678" class="tel">TEL 03-1234-5678</a> までお気軽にお問い合わせください。</p>
          </div>
          <div class="item-right">
            <p class="text"><span class="business-hours">営業時間</span>平日 10:30-18:00（土・日・祝 休）</p>
            <a href="./contact.html" class="btn">お問い合わせフォーム</a>
          </div>
        </div>
      </div>
      <ul class="footer-nav">
        <li><a href="./privacy.html">プライバシーポリシー</a></li>
      </ul>
      <small class="copyright">&copy; GOOD OCEAN.inc</small>
    </div>
  </footer>
```

footer.php に読み込んで条件分岐のコードを書く

```
<?php if(is_page('privacy') || is_404() || is_page('contact') || is_single()): ?>
  <footer class="footer-b">
    <div class="inner">
      <ul class="footer-nav">
        <li><a href="<?php echo esc_url(home_url('/')); ?>privacy/">プライバシーポリシー</a></li>
      </ul>
      <small class="copyright">&copy; GOOD OCEAN.inc</small>
    </div>
  </footer>
<?php else: ?>
  <footer class="footer-a">
    <div class="inner">
      <div class="contact-box">
        <h2 data-title="Contact" class="content-title">お問い合わせ</h2>
        <div class="content-wrapper">
          <div class="item-left">
            <p>GOOD OCEAN株式会社 へのお問い合わせは、お問い合わせフォーム、もしくは<a href="tel:+03-1234-5678" class="tel">TEL 03-1234-5678</a> までお気軽にお問い合わせください。</p>
          </div>
          <div class="item-right">
            <p class="text"><span class="business-hours">営業時間</span>平日 10:30-18:00 (土・日・祝 休)</p>
            <a href="<?php echo esc_url(home_url('/')); ?>contact/" class="btn">お問い合わせフォーム</a>
          </div>
        </div>
      </div>
      <ul class="footer-nav">
        <li><a href="<?php echo esc_url(home_url('/')); ?>privacy/">プライバシーポリシー</a></li>
      </ul>
      <small class="copyright">&copy; GOOD OCEAN.inc</small>
    </div>
  </footer>
<?php endif; ?>
```

❸入力

❸入力

❷貼り付け

「.html」を、「/」に変更するのを忘れずに！

❸入力

■ 複数の特定のページに内容を表示させる条件分岐コード

```
<?php if(is_page('privacy') || is_404() || is_page('contact') || is_single()): ?>
<!-- もし「固定ページの」「privacy」と「contact」いうスラッグが付いているページか、「404ページ」と「個別ページ」ならばこの内容を表示 -->
<?php else: ?>
<!-- それ以外はこの内容を表示 -->
<?php endif; ?>
```

■ WordPress のトップページのURLを表示するコード

```
（例）href="/privacy.html
→ href="<?php echo esc_url(home_url('/')); ?>privacy/
```

7-4 記事一覧のコードを parts-archiveposts.phpにまとめる

[archive.php]の記事一覧のコードを[parts-archiveposts.php]にまとめ、別のページでも使いまわせるようにします。

parts-archiveposts.phpを作成する

1 ［goodocean］フォルダー内に［parts-archiveposts.php］を作成します❶。

［goodocean］フォルダー内のファイルをコピー＆ペーストして名前を変更しても作成できます。

2 ［goodocean］フォルダー内の［archive.php］をエディターで開き、<ul class="news-list">～</ul>の中の<li>～</li>を1つコピーします❷。

3 ［parts-archiveposts.php］をエディターで開き、コピーしたコードを貼り付けます❸。

4 WordPressで使用するコードに書き換えます❹。

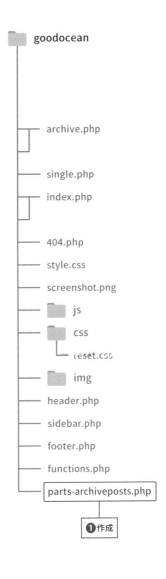

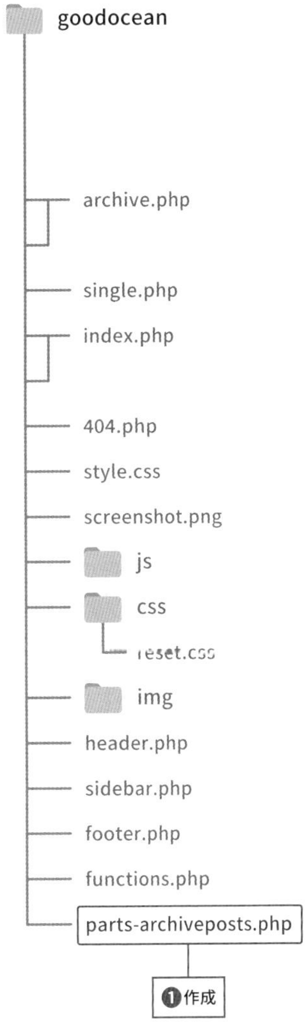
goodocean
archive.php
single.php
index.php
404.php
style.css
screenshot.png
js
css
reset.css
img
header.php
sidebar.php
footer.php
functions.php
parts-archiveposts.php
❶作成

archive.php の記事一覧のソースコード

❷コピー

```
<ul class="news-list">

<li>
  <a href="./single.html">
    <div class="thumbnail"><img src="./img/news-thumbnail1.jpg" alt=""></div>
    <div class="text">
      <ul class="cat-list">
        <li>重要</li>
        <li>Topics</li>
      </ul>
      <time datetime="2055-03-05" class="date">2055.03.05</time>
      <p class="title">阿諏訪株式会社との業務提携</p>
    </div>
  </a>
</li>


</ul>
```

parts-archiveposts.php に貼り付けて WordPress で使用するコードに書き換え

❸貼り付け　❹書き換え

```
<li>
  <a href="<?php the_permalink(); ?>">
    <div class="thumbnail">
    <?php if (has_post_thumbnail()): ?>
      <?php the_post_thumbnail('thumbnail'); ?>
    <?php else: ?>
      <img src="<?php echo get_stylesheet_directory_uri(); ?>/img/news-thumbnail1.jpg" alt="">
    <?php endif; ?>
    </div>
    <div class="text">
      <?php
      $cats = get_the_category();
      if($cats):
      ?>
      <ul class="cat-list">
        <?php foreach($cats as $cat): ?>
          <li><?php echo $cat->name; ?></li>
        <?php endforeach; ?>
      </ul>
      <?php endif; ?>
      <time datetime="<?php the_time('Y-m-d'); ?>" class="date"><?php the_time(get_option('date_format')); ?></time>
      <p class="title"><?php the_title(); ?></p>
    </div>
  </a>
</li>
```

■ アイキャッチ画像を出力するコード（サムネイルサイズで表示し、サムネイル画像が入っていなければ代替画像を表示）

```
<?php if (has_post_thumbnail()) : ?>
<?php the_post_thumbnail('thumbnail'); ?>
<?php else : ?>
<img src="<?php echo get_stylesheet_directory_uri(); ?>/img/news-thumbnail1.jpg" alt="">
<?php endif; ?>
```

■ 日付を表示するコード

```
<?php the_time('Y-m-d'); ?>
```

■ 管理画面の［設定］＞［一般］にある「日付のフォーマット」で選択した日付の形式で表示するコード

```
<?php the_time(get_option('date_format')); ?>
```

■ タイトルを出力するコード

```
<?php the_title(); ?>
```

■ 記事へリンクするコード

```
<?php the_permalink(); ?>
```

■ 記事が所属しているカテゴリー情報を表示するコード

```
<?php $cats = get_the_category(); if($cats): ?>
<?php foreach($cats as $cat): ?>
<?php echo $cat->name; ?>
<?php endforeach; ?>
<?php endif; ?>
```

どこにどのコードを使ったか
わからなくなってしまった人は、
「企業サイトテキストコピー用ファイル」の
完成したコードとコメントを見て
確認してみてね！

7-5 archive.phpにヘッダー、フッター、サイドバー、テンプレートパーツを読み込む

[archive.php]にヘッダー・フッター・サイドバー・テンプレートパーツを読み込み、ページ本文のHTMLの一部をWordPressで使用するコードに書き換えます。

コードを書き換える

[archive.php] に [header.php]、[parts-archiveposts.php]、[sidebar.php]、[footer.php] を 読み込み、ページ内のHTMLの一部をWordPressで使用するコードに変更します。

元のコード

❶に変更

```
<!DOCTYPE html>
<html lang="ja">
<head>
  <meta charset="UTF-8">
  <meta http-equiv="X-UA-Compatible" content="IE=edge">
  <meta name="viewport" content="width=device-width, initial-scale=1.0">



        <li><a href="./company.html">会社概要</a></li>
        <li><a href="./news.html" class="current">お知らせ</a></li>
        <li><a href="./contact.html">お問い合わせ</a></li>
      </ul>
    </nav>
    <button id="btn-nav" class="btn-nav"></button>
  </header>

    <main class="main">

      <h1 data-title="News" class="page-title">お知らせ</h1>

      <div class="inner is-small">
        <ol class="c-breadcrumbs">
```

❷に変更

```
          <li><a href="./">ホーム</a></li>
          <li>お知らせ</span></li>
          <li><span>2022年</span></li>
```

```
        </ol>
        <div class="news-wrapper">
          <div class="main-content">
            <div class="box-white">
```

❸に変更

```
              <h2 class="news-title">2022</h2>
```

```
              <ul class="news-list">

                <li>
                  <a href="./single.html">
                    <div class="thumbnail"><img src="./img/news-thumbnail1.jpg" alt=""></
div>
                    <div class="text">
                      <ul class="cat-list">
                        <li> 重要 </li>
                        <li>Topics</li>
                      </ul>
                      <time datetime="2055-03-05" class="date">2055.03.05</time>
                      <p class="title"> 阿諏訪株式会社との業務提携 </p>
                    </div>
                  </a>
                </li>



              </ul>
```

❹❺に変更

書き換え後のコード

```
<?php get_header(); ?>

  <main class="main">

    <h1 data-title="News" class="page-title"> お知らせ </h1>

    <div class="inner is-small">
      <ol class="c-breadcrumbs">
        <?php if(function_exists('bcn_display')) bcn_display_list(); ?>
      </ol>

      <div class="news-wrapper">
      <div class="main-content">
        <div class="box-white">
      <?php if(is_date()): ?>
        <h2 class="news-title"><?php echo get_query_var('year'); ?></h2>
      <?php elseif(is_category()): ?>
        <h2 class="news-title"><?php echo get_queried_object()->name; ?></h2>
      <?php endif; ?>
        <?php if(have_posts()): ?><ul class="news-list">
          <?php
          while(have_posts()): the_post();
            get_template_part('parts', 'archiveposts');
          endwhile;
          ?>
        </ul><?php else: ?>
          <p> 記事はありません。</p>
        <?php endif; ?>
```

❶ヘッダー部分を header.php に書き換え

タイトルはそのままにする

❷パンくずリストを WordPress で使用するコードに書き換え

❸タイトルを、日付別アーカイブとカテゴリーページで条件分岐

❹記事を呼び出すメインループのコード

記事一覧のテンプレートパーツの読み込み

❺投稿が 1 件もない場合はテキストを表示

■ header.phpを読み込むコード

```
<?php get_header(); ?>
```

■ プラグインを使ったパンくずリストを出力するコード

```
<?php if(function_exists('bcn_display')) bcn_display_list(); ?>
```

■ 複数の特定のページに内容を表示させる条件分岐コード

```
<?php if(is_date()): ?>
<!-- もし「日付別アーカイブページ」ならばこの内容を表示 -->
<?php elseif(is_category()): ?>
<!-- もし「カテゴリーページ」ならばこの内容を表示 -->
<?php endif; ?>
```

■ 年月日アーカイブページの年を出力するコード

```
<?php echo get_query_var('year'); ?>
```

■ カテゴリーページのカテゴリー名を出力するコード

```
<?php echo get_queried_object() -> name; ?>
```

■ WordPressで投稿している記事を呼び出すメインループのコード

```
<?php if ( have_posts() ) : ?>
<?php while( have_posts() ) : the_post(); ?>
  <!-- 投稿がある場合は内容を表示 -->
<?php endwhile;?>
<?php else: ?>
<!-- 投稿がない場合はこの内容を表示 -->
<?php endif; ?>
```

■ テンプレートパーツを読み込むコード

```
<?php get_template_part(' パーツの名前 ');?>
```

元のコード（つづき）

❻に変更

```
   <div class="wp-pagenavi" role="navigation">
     <span aria-current="page" class="current">1</span>
     <a class="page larger" title=" ページ 2" href="#">2</a>
     <a class="page larger" title=" ページ 3" href="#">3</a>
     <a class="page larger" title=" ページ 4" href="#">4</a>
     <a class="nextpostslink" rel="next" aria-label=" 次のページ " href="#">Next</a>
   </div>
        </div>
      </div>

```

❼に変更

```
      <aside class="sidebar">
        <div class="box-white">
          <div class="item">
            <h2 class="news-title">Archives</h2>
            <ul class="sidebar-list">
              <li><a href="#">2025</a></li>
              <li><a href="#">2024</a></li>
              <li><a href="#">2023</a></li>
              <li><a href="#">2022</a></li>
            </ul>
          </div>
          <div class="item">
            <h2 class="news-title">Categories</h2>
            <ul class="sidebar-list">
              <li><a href="./category.html">Topics</a></li>
              <li><a href="./category.html">Media</a></li>
            </ul>
          </div>
        </div>
      </aside>
    </div>
  </div>
</main>
```

❽に変更

```
  <footer class="footer-a">
    <div class="inner">
      <div class="contact-box">
        <h2 data-title="Contact" class="content-title">お問い合わせ</h2>
        <div class="content-wrapper">
          <div class="item-left">
            <p>GOOD OCEAN株式会社 へのお問い合わせは、お問い合わせフォーム、もしくは<a href="tel:+03-1234-5678" class="tel">TEL 03-1234-5678</a> までお気軽にお問い合わせください。</p>
          </div>
          <div class="item-right">
            <p class="text"><span class="business-hours">営業時間</span>平日 10:30-18:00（土・日・祝 休）</p>
            <a href="./contact.html" class="btn">お問い合わせフォーム</a>
          </div>
        </div>
      </div>
      <ul class="footer-nav">
        <li><a href="./privacy.html">プライバシーポリシー</a></li>
      </ul>
      <small class="copyright">&copy; GOOD OCEAN.inc</small>
    </div>
  </footer>

  <script src="https://code.jquery.com/jquery-3.6.4.min.js"></script>
  <script src="./js/script.js"></script>
</body>
</html>
```

書き換え後のコード

```
              <?php wp_pagenavi(); ?>

            </div>
          </div>

          <?php get_sidebar(); ?>

        </div>
      </div>
    </main>

<?php get_footer(); ?>
```

❻プラグインでページネーションの出力

❼サイドバー部分をsidebar.phpに書き換え

❽フッター部分をfooter.phpに書き換え

■ プラグインを使ったページネーションの出力

<?php wp_pagenavi(); ?>

■ sidebar.php読み込むコード

<?php get_sidebar(); ?>

■ footer.phpを読み込むコード

<?php get_footer(); ?>

7-6 表示件数を変更する

デザインに合わせて、アーカイブページに表示する記事の件数を設定します。
今回は1ページにつき9件表示されるように設定します。

WordPressの管理画面の［設定］＞［表示設定］から［1ページに表示する最大投稿数］を「9件」に変更して［変更を保存］ボタンをクリックします。

ページネーションを表示するには
公開記事が10記事以上必要だよ。
一番記事の数が多い
年月アーカイブで表示してみよう。

7-7 ページの表示を確認する

個別ページにあるサイドバーのリンクをクリックして、
アーカイブページが正しく表示されるかどうか確認しましょう。

アーカイブページの表示を確認する

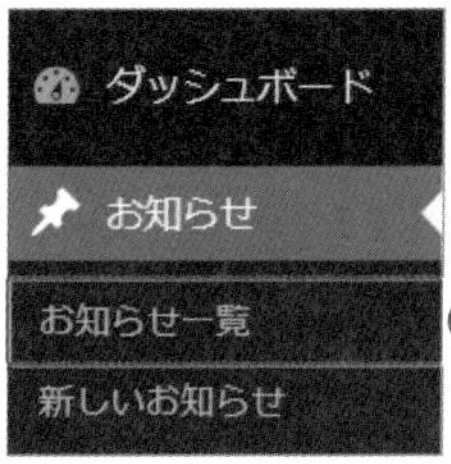

1. WordPress管理画面の[お知らせ]>❶[お知らせ一覧]をクリックして記事の一覧を表示します。

2. 記事にカーソルを合わせると表示される❷[編集]をクリックします。

3. [お知らせ] タブの [URL] >[URL]の❸リンクアドレスをクリックして、ブラウザーの新しいタブで記事の個別ページを表示します。

4. サイドバーの❹各リンクをクリックして、アーカイブページが表示されていることを確認します。

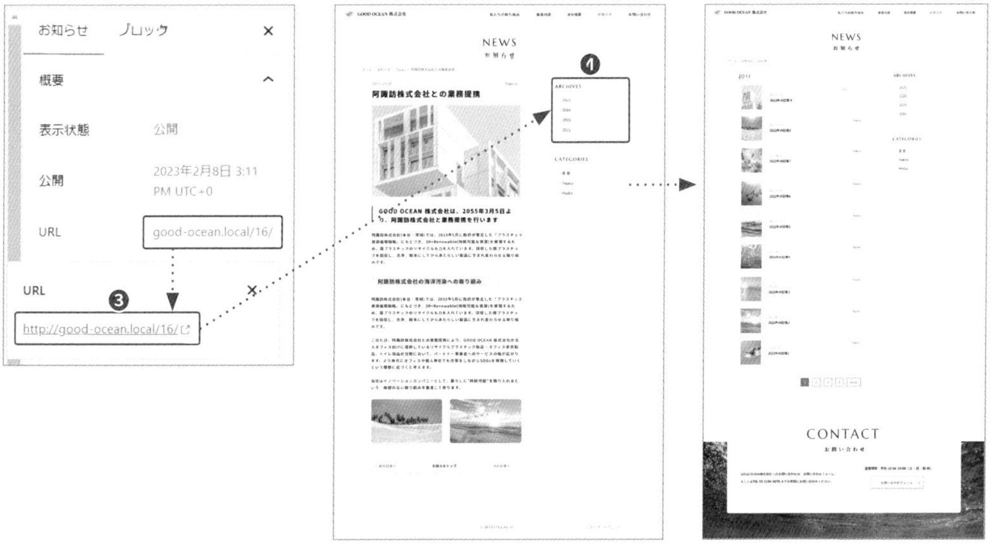

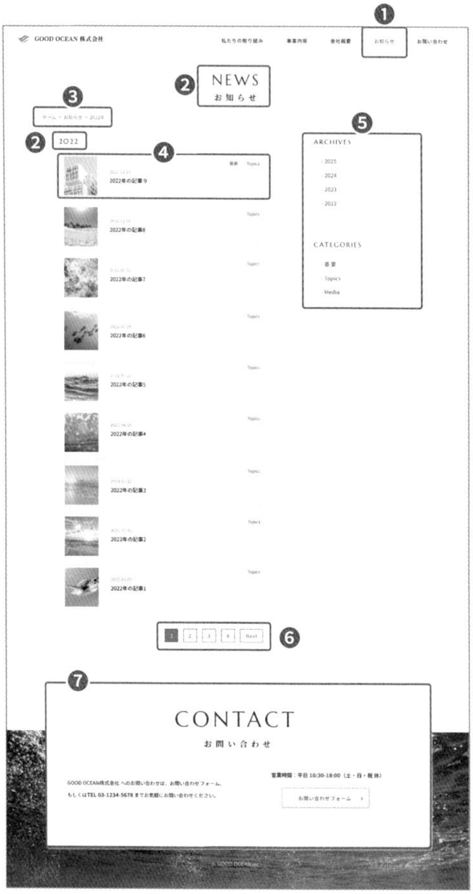

チェックリスト

❶グローバルナビゲーションの「お知らせ」が現在地表示（青文字）になっている
❷外観上のタイトルが「NEWS お知らせ」になっている。また、中見出しが「任意の年」か「任意のカテゴリー名」になっている。
❸パンくずリストが「ホーム＞任意の年」「ホーム＞任意のカテゴリー名」になっている
❹本文にサムネイル付きのリストが表示され、カテゴリーとタイトルと日付が正しく出ている
❺サイドバーに年月アーカイブとカテゴリーのリストが表示されている
❻アーカイブページのページネーションリンクが正しく機能している
❼フッターにお問い合わせが表示されている

パンくずリストは、今の段階では、ホーム＞お知らせ＞任意の年、または任意のカテゴリー名になっていなくて大丈夫！後の工程で、お知らせのトップページを作ると、自動的に「ホーム」の次に「お知らせ」が表示されるよ。

ここもCHECK

本文内の画像を自動的にアイキャッチ画像にするプラグイン

WordPressでは、記事のアイキャッチ画像を手動で登録する必要があります。毎回登録する手間を省きたい方へ、記事本文の中で使用した画像を、自動的にアイキャッチ画像として表示させるプラグインをご紹介します。

使用するプラグイン

■ XO Featured Image Tools
作者：Xakuro

プラグインを追加し設定する

1 ［プラグイン］＞［新規追加］をクリックして［プラグインの検索］画面を表示し、［XO Featured Image Tools］を検索します。［今すぐインストール］ボタンをクリックしてインストールした後、❶［有効化］をクリックします。

2 管理画面から［設定］>❷［XO Featured Image］をクリックし、［XO Featured Image Tools設定］画面を表示します。

3 次の❸設定を行います。

- ［アイキャッチ画像項目］
  ［投稿］のみにチェック
- ［自動生成］
  ［投稿］のみにチェック
- ［デフォルト画像］
  ［画像を選択］をクリックし、記事に画像がない場合の代替画像を設定

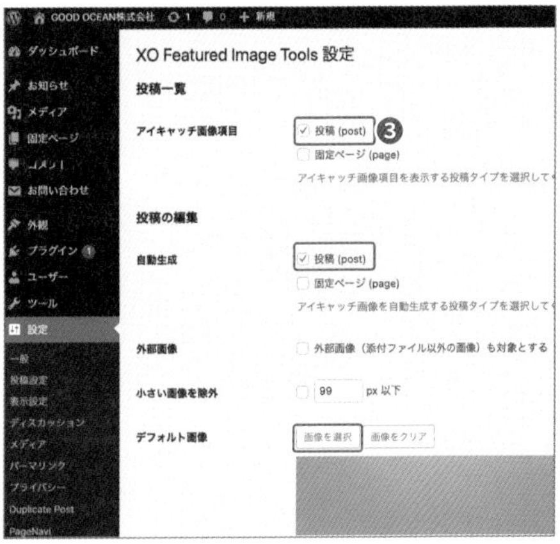

4 ❹［変更を保存］ボタンをクリックします。

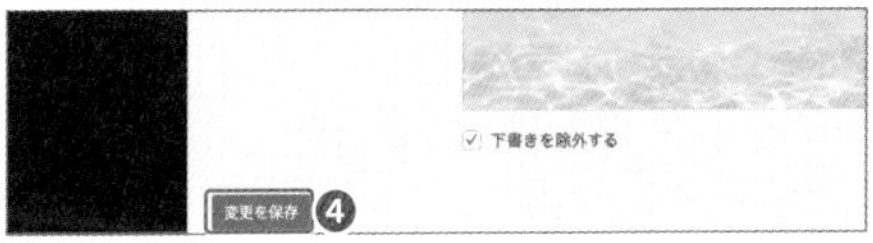

記事を投稿し、自動的にアイキャッチ画像が登録されているのを確認する

投稿の本文に画像を使用した記事を公開した後、サイトにアイキャッチ画像が正しく表示されているか確認しましょう。

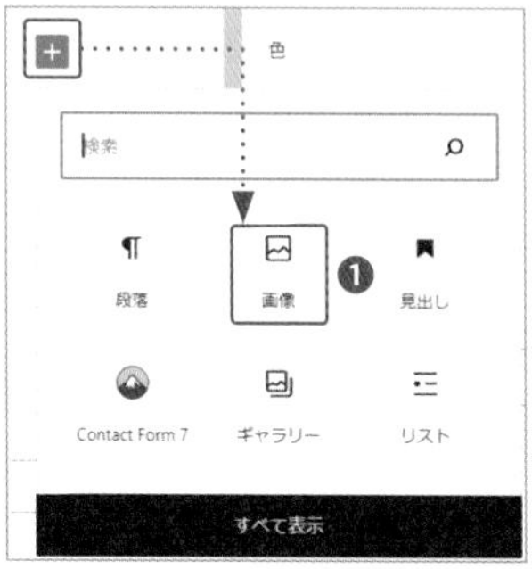

1 本文内の＋マーク＞❶［画像］をクリックします。❷［アップロード］をクリックすると、画像を選択する画面が表示されます。画像を選択すると、記事に挿入されます。

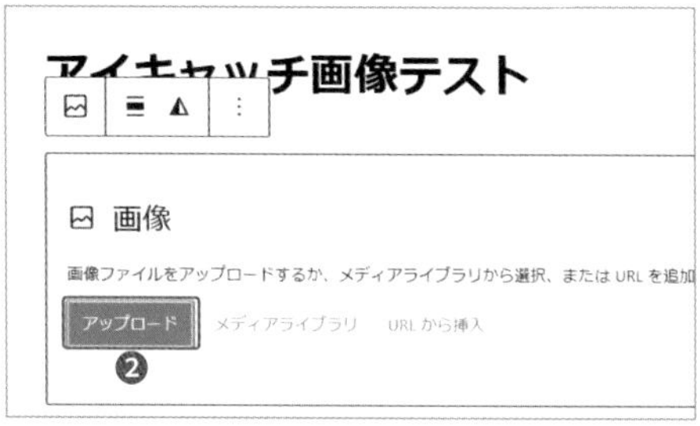

2 アイキャッチ画像は設定せず❸［公開］ボタンをクリックします。

3 サムネイル画像が並ぶアーカイブページを表示し、❹アイキャッチ画像が登録されているか確認します。

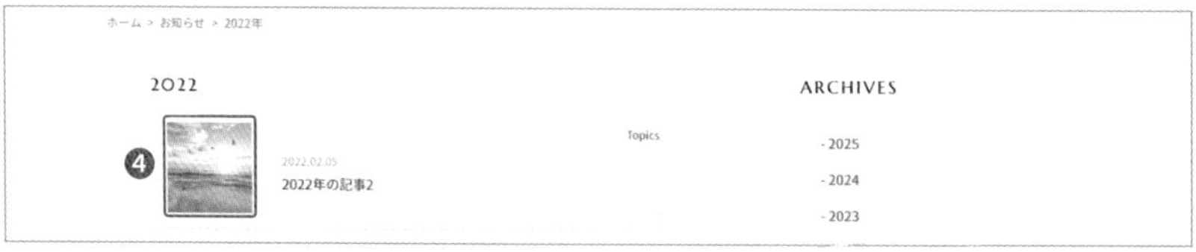

CHAPTER

お知らせのトップページを作成する

8

8-1 お知らせのトップページを作成する

「投稿一覧」を表示する[home.php]に、
固定ページで作った「お知らせ記事一覧」ページを紐づけて表示します。

お知らせ(投稿一覧)は[archive.php]でも表示できるけど、
複雑な設定が必要だったり、
パンくずリストのプラグインと相性が悪かったりするので、
今回は[home.php]で作っていくよ！

SAMPLE DATA

html01

ファイル移動の全体像

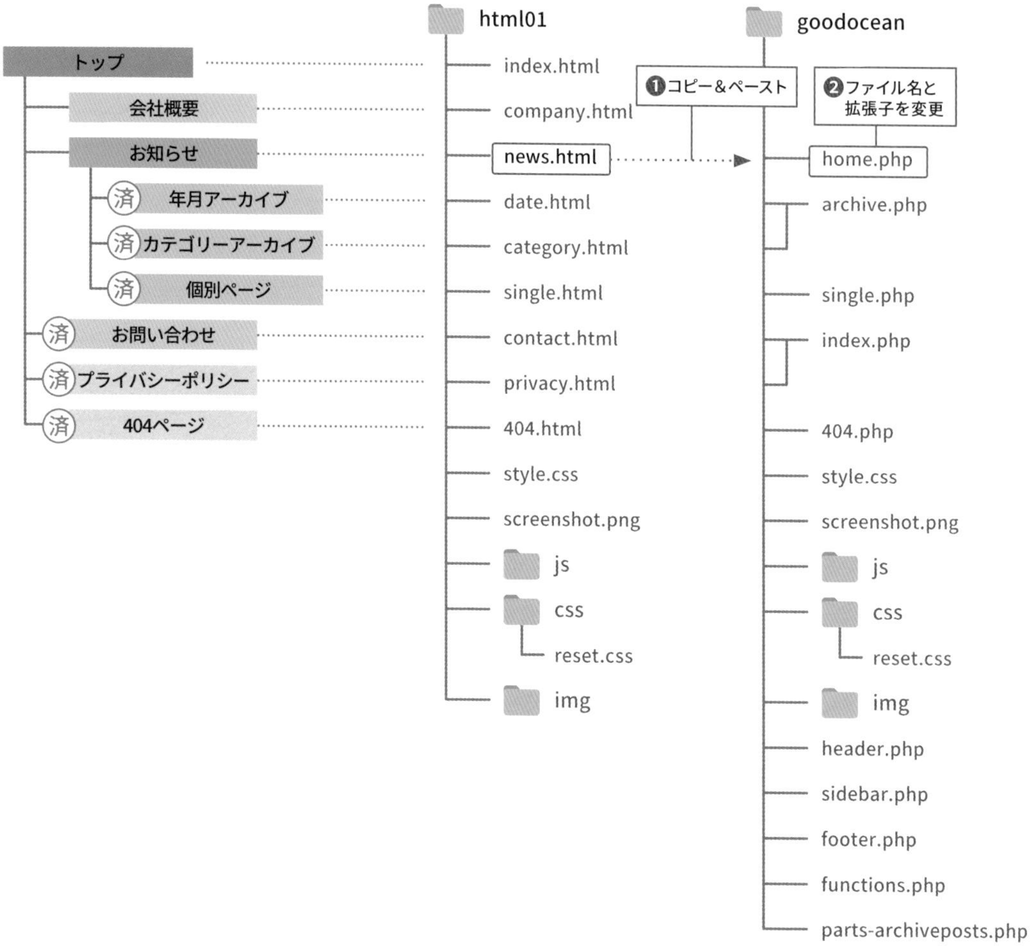

home.phpを作成する

1 ［html01］フォルダーの中の［news.html］を❶［goodocean］フォルダーへコピー＆ペーストし、名前を❷［home.php］に変更します（左ページの図参照）。

「ファイルが使えなくなる可能性があります。」「変更してしまうと、書類が別のアプリケーションで開かれてしまうことがあります。」などの警告が表示される場合は、［はい］ボタン（Macでは［.phpを使用］）をクリックして進めてください。

管理画面とテンプレートの紐づけを確認する

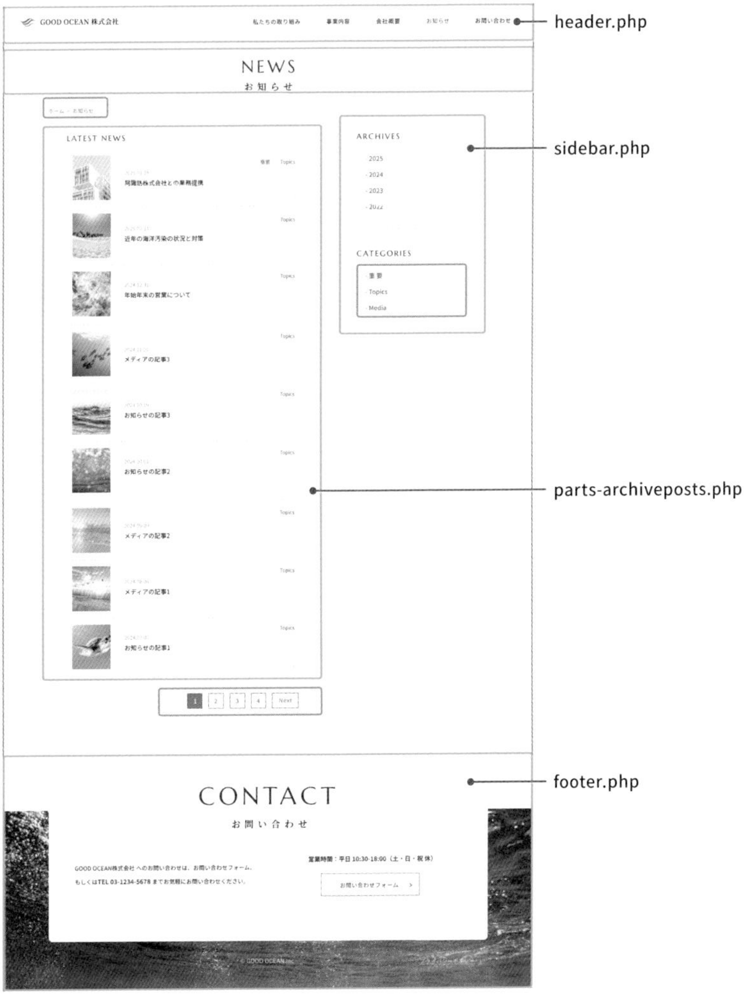

□ ……プラグインを使用して出力
□ ……テーマのPHPに直書き。

8-2 ナビゲーションの現在地表示設定を行う

グローバルナビゲーションに現在表示しているページ名の色を変更する設定をします。「お知らせ一覧ページ」ならば「class="current"」を追加する条件分岐コードをPHPの中に書きます。

●グローバルナビゲーション

条件分岐コードを書く

1 ［header.php］内に記載済みの「個別ページ」の条件分岐コード<?php if(is_single() || is_archive()) echo ' class="current"'; ?>に、コードを追記します。

```
<ul class="gnav-list">
  <li><a href="<?php echo esc_url(home_url('/')); ?>">ホーム</a></li>
  <li><a href="<?php echo esc_url(home_url('/')); ?>#about">私たちの取り組み</a></li>
  <li><a href="<?php echo esc_url(home_url('/')); ?>#service">事業内容</a></li>
  <li><a href="<?php echo esc_url(home_url('/')); ?>company/">会社概要</a></li>
  <li><a href="<?php echo esc_url(home_url('/')); ?>news/"<?php if(is_single() || is_archive() || is_home() ) echo ' class="current"'; ?>>お知らせ</a></li>
  <li><a href="<?php echo esc_url(home_url('/')); ?<?php if(is_page('contact')) echo ' class="current"'; ?>>contact/">お問い合わせ</a></li>
</ul>
```

■ 特定のページに内容を表示させる条件分岐コード

<?php if(is_single()|| is_archive()||is_home()) echo ' class="current"'; ?>

もし「個別ページもしくは（||）アーカイブページもしくは（||）お知らせ一覧ページ」ならば、「指定したクラス名」を表示

CHAPTER-8

8-3 home.phpにヘッダー、フッター、サイドバー、テンプレートパーツを読み込む

[home.php]にヘッダー・フッター・サイドバー・テンプレートパーツを読み込み、ページ本文のHTMLの一部をWordPressで使用するコードに書き換えます。

コードを書き換える

[home.php] に、[header.php]、[parts-archiveposts.php]、[sidebar.php]、[footer.php] を 読み込み、ページ内のHTMLの一部をWordPressで使用するコードに書き換えます。

元のコード

❶に変更

```
<!DOCTYPE html>
<html lang="ja">
<head>
  <meta charset="UTF-8">
  <meta http-equiv="X-UA-Compatible" content="IE=edge">
  <meta name="viewport" content="width=device-width, initial-scale=1.0">



  <link rel="stylesheet" href="./css/reset.css">
  <link rel="stylesheet" href="./style.css">
</head>
<body>
  <header class="header">
    <div id="header-nav" class="header-nav is-fixed">
      <div class="site-id-wrapper">
        <a href="./" class="site-id">
          <img src="./img/site-id-img.svg" alt="GOOD OCEAN 株式会社" class="site-id-img">
          <p class="site-id-text">GOOD OCEAN 株式会社</p>
        </a>
      </div>
    </div>
    <nav id="gnav" class="gnav">
      <ul class="gnav-list">
        <li><a href="./">ホーム</a></li>
        <li><a href="./#about">私たちの取り組み</a></li>
        <li><a href="./#service">事業内容</a></li>
        <li><a href="./company.html">会社概要</a></li>
        <li><a href="./news.html" class="current">お知らせ</a></li>
        <li><a href="./contact.html">お問い合わせ</a></li>
      </ul>
    </nav>
    <button id="btn-nav" class="btn-nav"></button>
  </header>
```

```
  <main class="main">

   <h1 data-title="News" class="page-title">お知らせ</h1>

   <div class="inner is-small">
     <ol class="c-breadcrumbs">
       <li><a href="./">ホーム</a></li>
       <li><span>お知らせ</span></li>
     </ol>
     <div class="news-wrapper">
       <div class="main-content">
         <div class="box-white">
           <h2 class="news-title">Latest News</h2>
           <ul class="news-list">

             <li>
               <a href="./single.html">
                 <div class="thumbnail"><img src="./img/news-thumbnail1.jpg" alt=""></div>
                 <div class="text">
                   <ul class="cat-list">
                     <li>重要</li>
                     <li>Topics</li>
                   </ul>
                   <time datetime="2055-03-05" class="date">2055.03.05</time>
                   <p class="title">阿諏訪株式会社との業務提携</p>
                 </div>
               </a>
             </li>



           </ul>

```

❷に変更

❸❹に変更

書き換え後のコード

```
<?php get_header(); ?>

  <main class="main">

    <h1 data-title="News" class="page-title">お知らせ</h1>

    <div class="inner is-small">
      <ol class="c-breadcrumbs">
       <?php if(function_exists('bcn_display')) bcn_display_list(); ?>
      </ol>

      <div class="news-wrapper">
      <div class="main-content">
        <div class="box-white">
          <h2 class="news-title">Latest News</h2>
        <?php if(have_posts()): ?><ul class="news-list">
          <?php
          while(have_posts()): the_post();
            get_template_part('parts', 'archiveposts');
          endwhile;
          ?>
        </ul><?php else: ?>
          <p>記事はありません。</p>
        <?php endif; ?>
```

❶ヘッダー部分を header.php に書き換え

タイトルは PHP に書き換えず、そのままにする

❷パンくずリストを WordPress で使用するコードに書き換え

❸記事を呼び出すメインループのコード

記事一覧の
テンプレートパーツの読み込み

❹投稿が 1 件もない場合は
テキストを表示

■ header.phpを読み込むコード

```
<?php get_header(); ?>
```

■ プラグインを使ったパンくずリストを出力するコード

```
<?php if(function_exists('bcn_display')) bcn_display_list(); ?>
```

■ WordPressで投稿している記事を呼び出すメインループコード

```
<?php if ( have_posts() ) : ?>
<?php while( have_posts() ) : the_post(); ?>
  <!-- 投稿がある場合は内容を表示 -->
<?php endwhile;?>
<?php else: ?>
<!-- 投稿がない場合はこの内容を表示 -->
<?php endif; ?>
```

■ テンプレートパーツを読み込むコード

```
<?php get_template_part(' パーツの名前 ');?>
```

元のコード（つづき）

❺に変更

```
            <div class="wp-pagenavi" role="navigation">
              <span aria-current="page" class="current">1</span>
              <a class="page larger" title="ページ 2" href="#">2</a>
              <a class="page larger" title="ページ 3" href="#">3</a>
              <a class="page larger" title="ページ 4" href="#">4</a>
              <a class="nextpostslink" rel="next" aria-label="次のページ" href="#">Next</a>
            </div>
```

```
          </div>
        </div>

```

❻に変更

```
        <aside class="sidebar">
          <div class="box-white">
            <div class="item">
              <h2 class="news-title">Archives</h2>
              <ul class="sidebar-list">
                <li><a href="#">2025</a></li>
                <li><a href="#">2024</a></li>
                <li><a href="#">2023</a></li>
                <li><a href="#">2022</a></li>
              </ul>
            </div>
            <div class="item">
              <h2 class="news-title">Categories</h2>
              <ul class="sidebar-list">
                <li><a href="./category.html">Topics</a></li>
                <li><a href="./category.html">Media</a></li>
              </ul>
            </div>
          </div>
        </aside>
```

```
      </div>
    </div>
  </main>

```

❼に変更

```
  <footer class="footer-a">
    <div class="inner">
      <div class="contact-box">
        <h2 data-title="Contact" class="content-title">お問い合わせ</h2>
        <div class="content-wrapper">
          <div class="item-left">
            <p>GOOD OCEAN株式会社へのお問い合わせは、お問い合わせフォーム、もしくは<a href="tel:+03-1234-5678" class="tel">TEL 03-1234-5678</a>までお気軽にお問い合わせください。</p>
          </div>
          <div class="item-right">
            <p class="text"><span class="business-hours">営業時間</span>平日 10:30-18:00(土・日・祝 休)</p>
            <a href="./contact.html" class="btn">お問い合わせフォーム</a>
          </div>
        </div>
      </div>
      <ul class="footer-nav">
        <li><a href="./privacy.html">プライバシーポリシー</a></li>
      </ul>
```

```
      <small class="copyright">&copy; GOOD OCEAN.inc</small>
    </div>
  </footer>

  <script src="https://code.jquery.com/jquery-3.6.4.min.js"></script>
  <script src="./js/script.js"></script>
</body>
</html>
```

書き換え後のコード

```
              <?php wp_pagenavi(); ?>

            </div>
          </div>

        <?php get_sidebar(); ?>

        </div>
      </div>
    </main>

<?php get_footer(); ?>
```

❺プラグインでページネーションの出力

❻サイドバー部分を sidebar.php に書き換え

❼ フッター部分を footer.php に書き換え

■ プラグインを使ったページネーションの出力

`<?php wp_pagenavi(); ?>`

■ sidebar.php読み込むコード

`<?php get_sidebar(); ?>`

■ footer.phpを読み込むコード

`<?php get_footer(); ?>`

8-4 固定ページに「お知らせ」ページを作成して home.phpと紐づける

固定ページに「お知らせ」ページをつくり、
「投稿一覧」を表示する[home.php]に紐づけて表示させます。

固定ページを作成する

1 WordPressの管理画面から［固定ページ］>❶［新規追加］をクリックします。

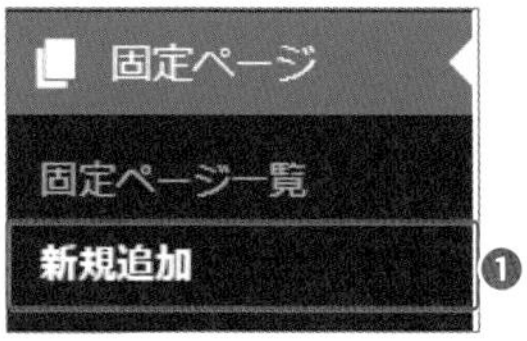

2 新しいページが作成されるので、［タイトル］に❷「お知らせ」と入力します。［URL］にある［パーマリンク］に❸「news」と入力し、❹［公開］ボタンをクリックします。

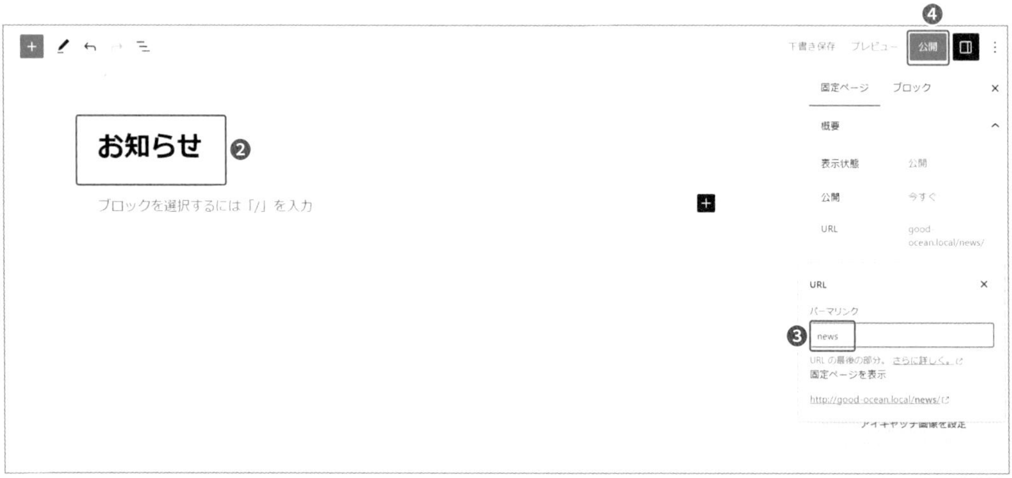

固定ページとhome.phpを紐づける

1 ［設定］>❶［表示設定］をクリックして、［表示設定］画面を表示します。

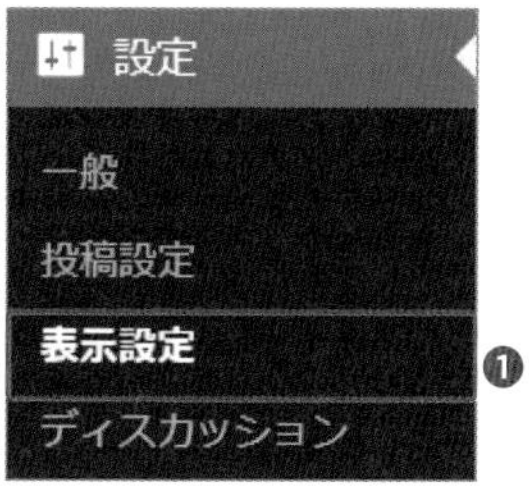
設定
一般
投稿設定
表示設定
ディスカッション
❶

2 ［ホームページの表示］で❷［固定ページ］を選択します。［投稿ページ］で❸［お知らせ］を選択し、❹［変更を保存］をクリックします。

表示設定
ホームページの表示
最新の投稿
固定ページ (以下で選択)
❷
ホームページ: — 選択 —
投稿ページ: お知らせ
❸
1ページに表示する最大投稿数
9
件
RSS/Atom フィードで表示する最新の投稿数
10
項目
フィードの各投稿に含める内容
全文を表示
抜粋
テーマによって、ブラウザーでのコンテンツの表示方法が決まります。フィードについてさらに詳しく。
検索エンジンでの表示
検索エンジンがサイトをインデックスしないようにする
このリクエストを尊重するかどうかは検索エンジンの設定によります。
変更を保存
❹

8-5 ページの表示を確認する

テストサイトのアドレスを開き、
お知らせのトップページが正しく表示されているかを確認します。

お知らせのトップページの表示を確認する

1 [固定ページ]>[固定ページ一覧]>「お知らせ」を開き、[URL]をクリックした後、表示されたリンクをクリックします。

2 ブラウザーの新しいタブにページが表示されるので、正しく表示されているかどうかを確認します。

●お知らせのトップページ

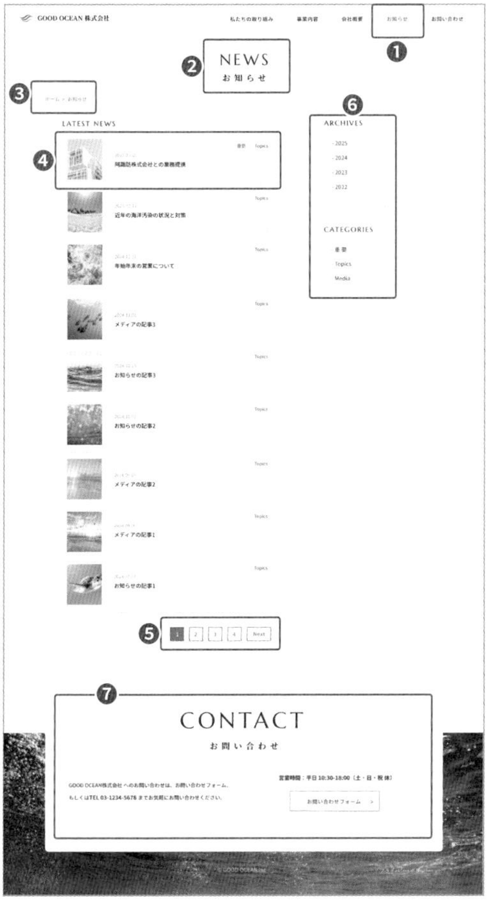

●お知らせの個別ページ

チェックリスト

❶グローバルナビゲーションの「お知らせ」が現在地表示（青文字）になっている
❷外観上のタイトルが「NEWS お知らせ」になっている
❸パンくずリストが「ホーム>お知らせ」になっている
❹本文にサムネイル付きのリストが表示され、カテゴリーとタイトルと日付が正しく出ている
❺ページネーションリンクが正しく機能している
❻サイドバーに年月アーカイブとカテゴリーのリストが表示されている
❼フッターにお問い合わせが表示されている
❽各投稿記事のパンくずリストが「ホーム>お知らせ>カテゴリー名>投稿名」になっている

ここもCHECK

プラグインを使わずに、ページネーションを表示する方法

本書では、プラグインを使ってページネーションを表示させましたが、プラグインを使わず、コードを書いて表示することも可能です。コードは、「<?php the_posts_pagination(); ?>」もしくは「<?php echo paginate_links(); ?>」を使い、[archive.php] や [home.php] に書きます。

●<?php the_posts_pagination(); ?>を使用した場合の見た目と、出力コード

・使用したコード

```
<?php the_posts_pagination(); ?>
```

・見た目

投稿ナビゲーション
前へ　1　2　3　次へ

・出力されるコード

```
<nav class="navigation pagination" aria-label="投稿">
  <h2 class="screen-reader-text">投稿ナビゲーション</h2>
  <div class="nav-links"><a class="prev page-numbers" href="http://good-ocean.local/news/">前へ</a>
  <a class="page-numbers" href="http://good-ocean.local/news/">1</a>
  <span aria-current="page" class="page-numbers current">2</span>
  <a class="page-numbers" href="http://good-ocean.local/news/page/3/">3</a>
  <a class="next page-numbers" href="http://good-ocean.local/news/page/3/">次へ</a></div>
</nav>
```

●<?php echo paginate_links(); ?>を使用した場合の見た目と、出力コード

・使用したコード

```
<?php echo paginate_links(); ?>
```

・見た目

«　前へ　1　2　3　次へ　»

・出力されるコード

```
<a class="prev page-numbers" href="http://good-ocean.local/news/">&laquo; 前へ</a>
<a class="page-numbers" href="http://good-ocean.local/news/">1</a>
<span aria-current="page" class="page-numbers current">2</span>
<a class="page-numbers" href="http://good-ocean.local/news/page/3/">3</a>
<a class="next page-numbers" href="http://good-ocean.local/news/page/3/">次へ&raquo;</a>
```

● <?php echo paginate_links(); ?>をカスタマイズした場合の見た目と、出力コード

・使用したコード

```
<?php
$args = array(
  'mid_size' => 2,  // 現在のページの左右にそれぞれ表示するページ番号の数
  'prev_text' => '前へ',  // 投稿の前のセットへのリンクテキスト
  'next_text' => '次へ',  // 投稿の次のセットへのリンクテキスト
    'type' => 'list',     // ul を使ったリストタグで出力したい場合に指定する
);
echo paginate_links( $args );
?>
```

・見た目

前へ
1
2
3
次へ

見た目は
CSSで調整が必要だよ！

・出力されるコード

```
<ul class='page-numbers'>
 <li><a class="prev page-numbers" href="http://good-ocean.local/news/">前へ</a></li>
 <li><a class="page-numbers" href="http://good-ocean.local/news/">1</a></li>
 <li><span aria-current="page" class="page-numbers current">2</span></li>
 <li><a class="page-numbers" href="http://good-ocean.local/news/page/3/">3</a></li>
 <li><a class="next page-numbers" href="http://good-ocean.local/news/page/3/">次へ</a></li>
</ul>
```

ここもCHECK

□ 固定ページにページネーションを表示するには

固定ページにページネーションを表示するには、少し複雑なコードを書く必要があります。ここでは、プラグイン「WP-PageNavi」を使った例を紹介します。
以下のコードは、固定ページ（page.php）に管理画面の［投稿］から登録された記事を10件表示し、それ以上になるとページネーションを表示させるコード例です。

●「固定ページ」page.phpの中の記事一覧を表示するソースコード

（例）本書のhome.phpを複製して固定ページの記事一覧ページ(page-newslist.php)を作成した場合

```
<div class="box-white">
  <h2 class="news-title">Latest News</h2>

<?php
$paged = (get_query_var('paged')) ? get_query_var('paged') : 1;
$args = array(
  'post_type' => 'post',     // 投稿タイプ：投稿
  'posts_per_page' =>'10',  // 表示件数：10 件
  'paged' => $paged,  // ページ番号の取得
  'post_status' => 'publish', // 投稿ステータス：公開済み
);
$the_query = new WP_Query($args);
if($the_query->have_posts()):
?>
  <ul class="news-list">
    <?php while($the_query->have_posts()) : $the_query->the_post();?>
    <?php // 記事一覧のテンプレートパーツを読み込む
      get_template_part('parts', 'archiveposts');
    ?>
    <?php endwhile;?>
  </ul>

<?php else: ?>
  <p>記事はありません。</p>
<?php endif; ?>

<?php
  if(function_exists('wp_pagenavi')):
    wp_pagenavi(array('query'=>$the_query));
  endif;
?>
  <?php wp_reset_postdata(); // 別ページのデータを取得した後にリセットするコード ?>
</div>
```

CHAPTER

会社概要ページを作成する

9

9-1 会社概要ページを作成する

会社概要のページを作成し、
プラグインを導入した「カスタムフィールド」の使い方を学んでいきましょう！

カスタムフィールドは、投稿や固定ページなどに
独自の入力欄を追加する機能だよ。
クライアントが希望した「デザインを崩さずに
項目を編集」するために導入するよ。

SAMPLE DATA

html01

ファイル移動の全体像

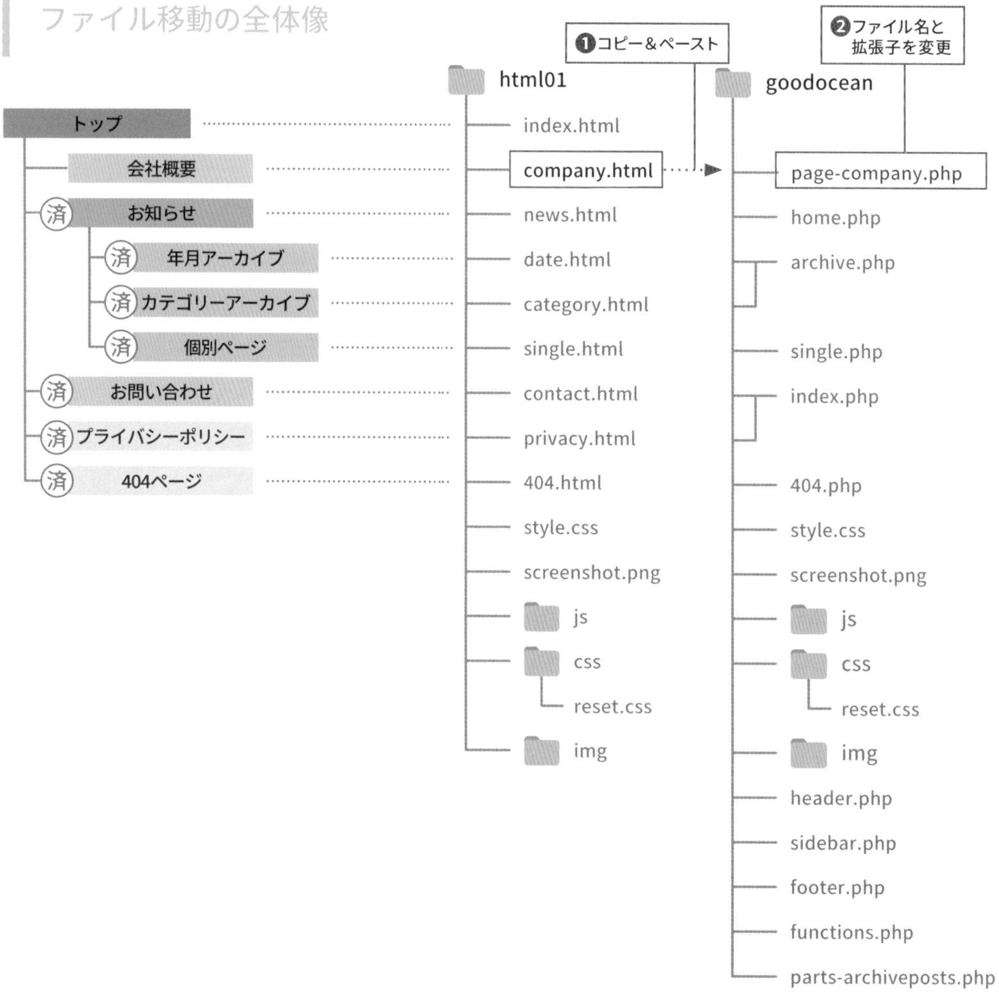

❶コピー＆ペースト
❷ファイル名と拡張子を変更
トップ
会社概要
済 お知らせ
済 年月アーカイブ
済 カテゴリーアーカイブ
済 個別ページ
済 お問い合わせ
済 プライバシーポリシー
済 404ページ
html01
index.html
company.html
news.html
date.html
category.html
single.html
contact.html
privacy.html
404.html
style.css
screenshot.png
js
css
reset.css
img
goodocean
page-company.php
home.php
archive.php
single.php
index.php
404.php
style.css
screenshot.png
js
css
reset.css
img
header.php
sidebar.php
footer.php
functions.php
parts-archiveposts.php

page-company.phpを作成する

1 ［html01］フォルダーの中から、［company.html］ファイルを❶［goodocean］フォルダー］へコピー＆ペーストし、名前を❷［page-company.php］に変更します（左ページの図参照)。

「ファイルが使えなくなる可能性があります～」の警告が出た場合は、無視して「はい」か「.phpを使用」を選択してください。

管理画面とテンプレートの紐づけを確認する

header.php

parts-companyinfo.phpを読み込み

footer.php

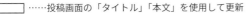

……投稿画面の「タイトル」「本文」を使用して更新
……プラグインを使用して出力
……「カスタムフィールド」を使用して更新
……テーマのPHPに直書き

9-2 固定ページに「会社概要」ページを作成する

管理画面の固定ページから「会社概要」ページを作成し、
[page-company.php]に紐づくよう、同じスラッグ名をパーマリンクに設定します

固定ページを作成する

1 WordPressの管理画面から[固定ページ]＞❶[新規追加]をクリックします。

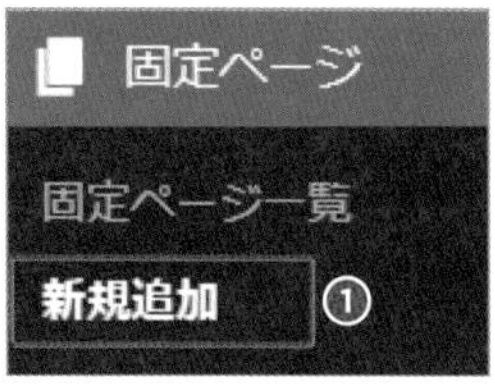

2 [タイトル]に❷「会社概要」、[URL]のパーマリンクに❸「company」と入力し、❹[公開]をクリックします。

9-3 カスタムフィールドのプラグインを有効化して項目を設定する

Smart Custom Fields

カスタムフィールドを利用して、
管理画面から文章や画像を変更できるように項目を追加します。

プラグイン「Smart Custom Fields」を有効化する

1 管理画面の［プラグイン］>❶［インストール済みプラグイン］をクリックし、❷［Smart Custom Fields］を有効化します。

カスタムフィールドを作成する

1 ［Smart Custom Fields］>❶［新規追加］をクリックします。

2 ［タイトル］に❷「会社概要」と入力します。右側のサイドバーメニュー内にある［表示条件（投稿）］で❸［固定ページ］を選択、❹［投稿 / 固定ページのID］で［会社概要］を選択します。

カスタムフィールドを設定する

続いて、❶「テキスト横の画像」❷「会社概要」❸「マップ」の3か所（右図参照）を固定ページの［会社概要］で編集できるようにしていきます。

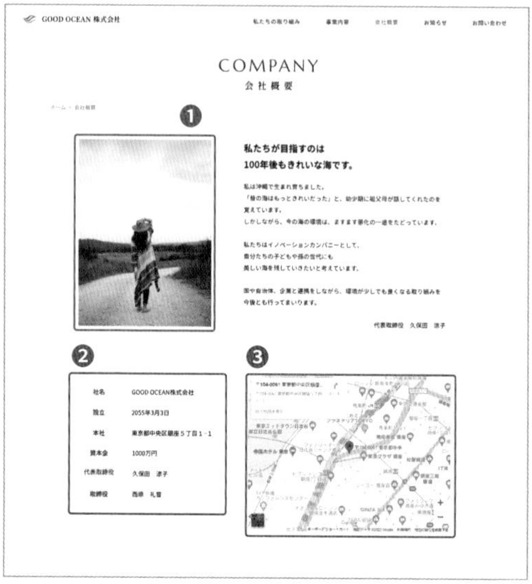

●「テキスト横の画像」の設定

1 ［カスタムフィールド］の❶［フィールド追加］をクリックします。

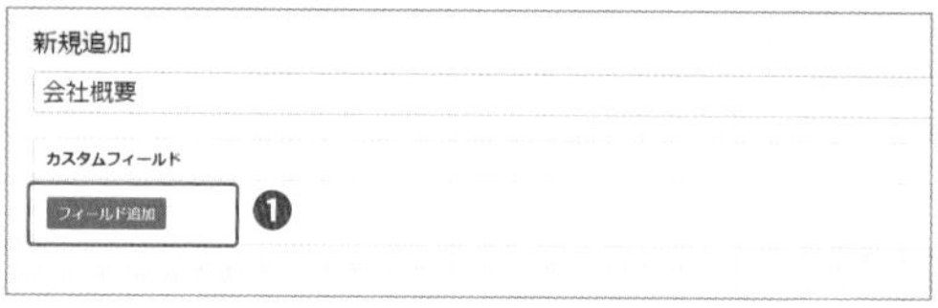

2 以下のとおりに設定します。

❷タイプ：［画像］を選択
❸ラベル：「テキスト横の画像」と入力
❹名前：「company-img」と入力
❺メモ：「354px×485pxサイズ推奨」と入力
❻プレビューサイズ：［full］を選択

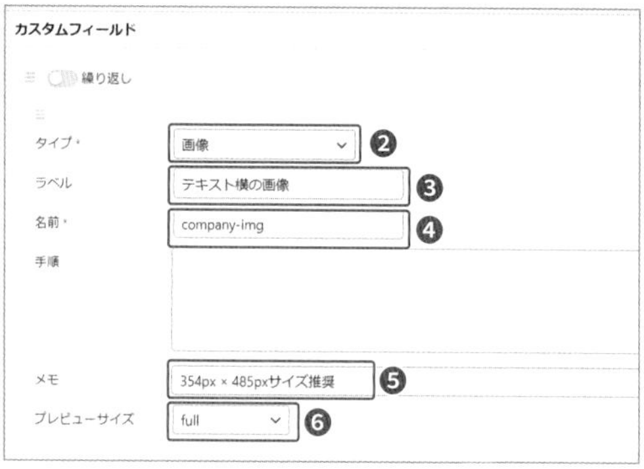

● 「会社概要」の設定

1 ［フィールド追加］をクリックし、以下のとおりに設定します。

❶繰り返し：ボタンON
❷グループ名：「company-info-group」と入力
❸タイプ：「テキスト」を選択
❹ラベル：「タイトル」と入力
❺名前：「info-title」と入力

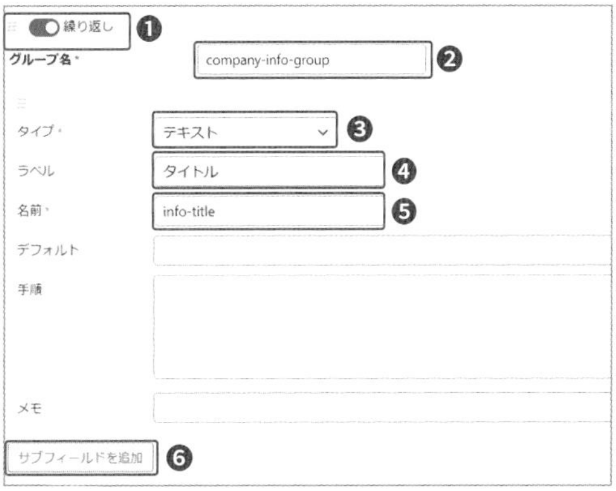

2 さらに❻［サブフィールドを追加］をクリックし、以下のとおりに設定します。

❼タイプ：「テキスト」を選択
❽ラベル：「内容」と入力
❾名前：「info-description」と入力

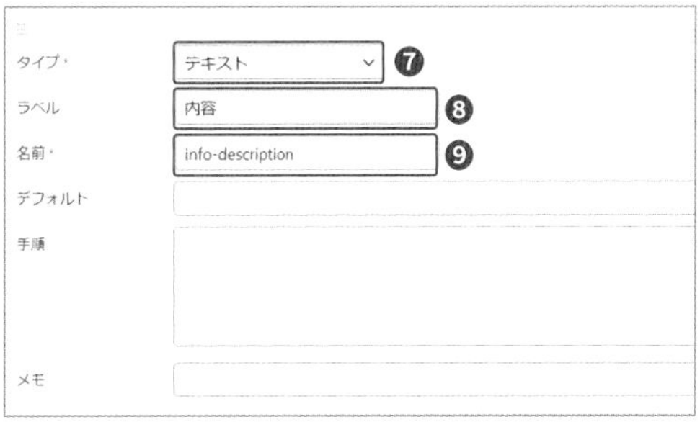

●「マップ」の設定

1 ［フィールド追加］をクリックし、以下のとおりに設定します。

❶タイプ：「テキスト」を選択
❷ラベル：「Map」と入力
❸名前：「company-map」と入力
❹メモ：「iframeを貼り付けてください」と入力

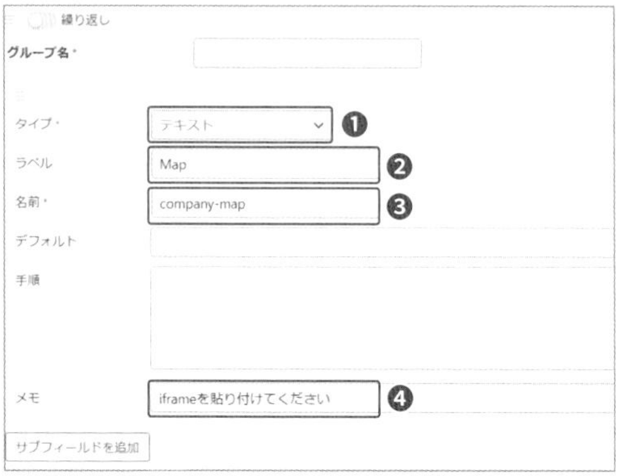

設定が終わったら❺［公開］をクリックします。

ここもCHECK

□ 多機能なカスタムフィールドプラグイン「Advanced Custom Fields」

本書では「Smart Custom Fields」を使用していますが、「Advanced Custom Fields（ACF）」もWordPressに独自の入力項目を追加するプラグインです。繰り返しフィールドなどの一部の機能を使用するには、年間のサブスクリプション契約が必要ですが、多機能で使いやすいため多くのユーザーから支持されています。

Advanced Custom Fields（ACF）
作者：WP Engine
https://www.advancedcustomfields.com/

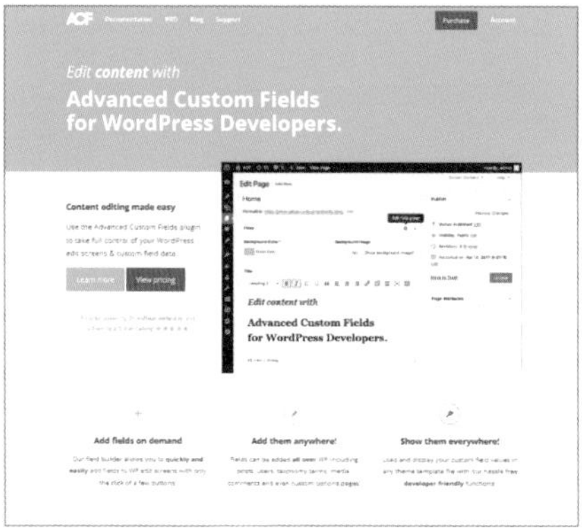

9-4 固定ページに会社概要の掲載内容を入力する

会社概要の掲載内容を
「固定ページ」の本文と「カスタムフィールド」に入力していきます。

「Smart Custom Fields」で設定した
カスタムフィールドの登録画面が
「会社概要」の固定ページに
反映されていることを確認して
掲載内容を登録しよう！

SAMPLE DATA
html01

投稿画面の本文に「代表メッセージ」をコピー＆ペーストする

1. ［固定ページ］＞［固定ページ一覧］＞［会社概要］を開き、右上の❶⋮をクリックし、❷「コードエディター」を選択します。

2. ［goodocean］フォルダー＞［page-company.php］を開き、❸「代表メッセージ」の<div class="text-wrapper">から</div>の中にあるコードを、投稿画面の本文に❹コピー＆ペーストします。ペースト後、❺［コードエディターを終了］をクリックします。

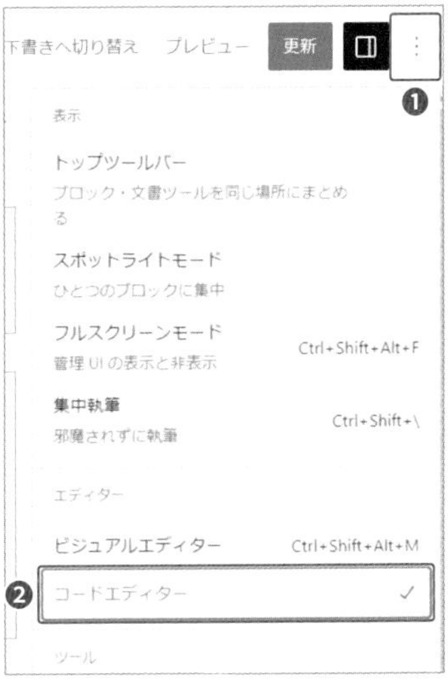

page-company.php

❸

```
<div class="text-wrapper">
  <h2>私たちが目指すのは<br>100年後もきれいな海です。</h2>
  <p>私は沖縄で生まれ育ちました。<br>
  「昔の海はもっときれいだった」と、幼少期に祖父母が話してくれたのを覚えています。<br>
  しかしながら、今の海の環境は、ますます悪化の一途をたどっています
  </p>
  <p>私たちはイノベーションカンパニーとして、<br>
  自分たちの子どもや孫の世代にも<br>
  美しい海を残していきたいと考えています。
  </p>
  <p>国や自治体、企業と連携をしながら、環境が少しでも良くなる取り組みを今後とも行ってまいります。</p>
  <p class="text-right">代表取締役　久保田　涼子</p>
</div>
```

コードを編集
コードエディターを終了
❺
会社概要
❹
<h2>私たちが目指すのは
100年後もきれいな海です。</h2>
私は沖縄で生まれ育ちました。
「昔の海はもっときれいだった」と、幼少期に祖父母が話してくれたのを覚えています。
しかしながら、今の海の環境は、ますます悪化の一途をたどっています。
私たちはイノベーションカンパニーとして、
自分たちの子どもや孫の世代にも
美しい海を残していきたいと考えています。
国や自治体、企業と連携をしながら、環境が少しでも良くなる取り組みを今後とも行ってまいります。
<p class="text-right">代表取締役 久保田 涼子</p>

※ビジュアルエディターに戻ると、「クラシック」と書かれたエリアが表示されます。

カスタムフィールドで設定した項目に掲載内容を登録・入力する

カスタムフィールドの入力エリアは、固定ページの本文入力エリアの下にあるので、スクロールしてね。

●「テキスト横の画像」の登録

1 ❶[画像選択]をクリックして、サンプルデータの［html01］フォルダー＞［img］＞［company-img.jpg］を選択し、［画像設定］ボタンをクリックします。登録時に［代替テキスト］へ代表者名の「久保田涼子」を入力します。

会社概要
テキスト横の画像
❶
画像選択

添付ファイルの詳細
company-img.jpg
2022年9月25日
115 KB
354 x 485 ピクセル
画像を編集
完全に削除する
代替テキスト
久保田涼子
画像の目的を説明する方法について、詳しくはこちらをご覧ください。装飾のみが目的の画像であれば、空欄にしてください。

●「会社概要」の入力

1 ❶[+]をクリックして入力欄を増やします。[タイトル]と[内容]に、[goodocean]フォルダー>[page-company.php]の❷会社情報<dt>と<dd>の内容を入力します。

必要数以上に入力欄を増やしてしまった場合は、[×]をクリックして入力欄を削除しましょう。

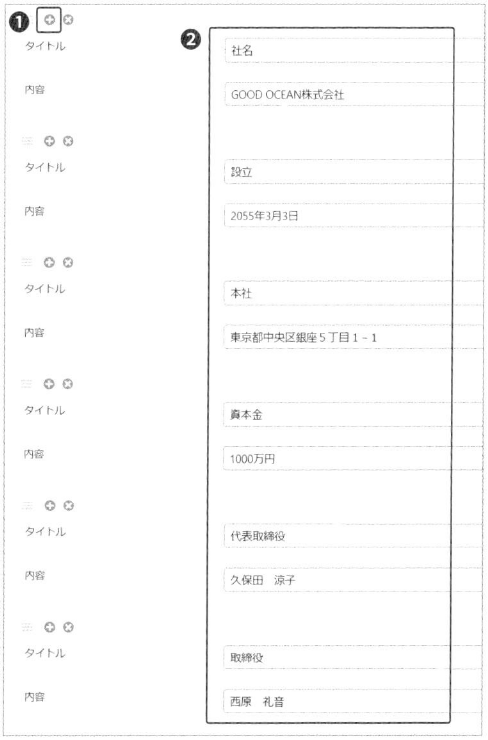
❶
❷
タイトル
社名
内容
GOOD OCEAN株式会社
タイトル
設立
内容
2055年3月3日
タイトル
本社
内容
東京都中央区銀座５丁目１－１
タイトル
資本金
内容
1000万円
タイトル
代表取締役
内容
久保田　涼子
タイトル
取締役
内容
西原　礼音

●「マップ」の入力

1 [goodocean]フォルダー>[page-company.php]内のマップにあたるコードの❶<iframe>～</iframe>をカスタムフィールドの[Map]にコピー＆ペーストします。

すべての入力が終わったら右側サイドメニューの[更新]をクリックします。

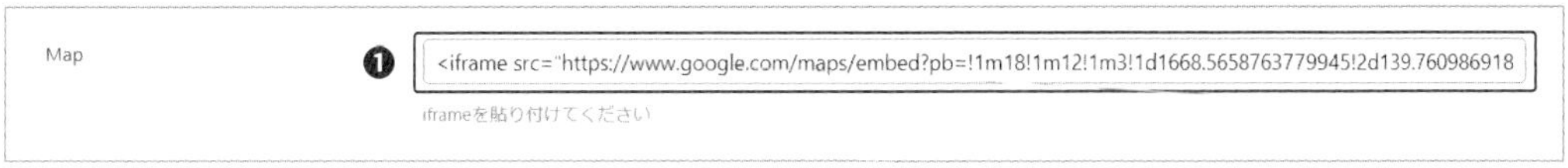
Map
❶
<iframe src="https://www.google.com/maps/embed?pb=!1m18!1m12!1m3!1d1668.5658763779945!2d139.760986918
iframeを貼り付けてください

9-5 会社概要のページで使うCSSを条件分岐で読み込む

条件分岐を使い、会社概要ページでのみ使うCSSを
header.phpへ読み込みます。

条件分岐コードを書く

1 ［header.php］の<head>の中に、会社概要ページでのみ使うCSSを条件分岐を使って読み込みます。［goodocean］フォルダー］＞［page-company.php］をエディターで開き、<head>内の❶をコピーします。

2 ［header.php］をエディターで開き、❷に貼り付けます。

3 貼り付けたコードの前後に、会社概要ページのみに表示させる条件分岐コードを入力します❸。

page-company.php の <head> タグ

```
  <link rel="stylesheet" href="./css/reset.css">
  <link rel="stylesheet" href="https://cdnjs.cloudflare.com/ajax/libs/animate.css/4.1.1/animate.min.css">
  <link rel="stylesheet" href="./style.css">
</head>
  <meta http-equiv="X-UA-Compatible" content="IE=edge">
  <meta name="viewport" content="width=device-width, initial-scale=1.0">
```

❶コピー（2行目）

header.php に読み込んで条件分岐のコードを書く

```
<link rel="stylesheet" href="<?php echo get_stylesheet_directory_uri(); ?>/css/reset.css">
<?php if(is_single()): ?>
<link rel="stylesheet" href="https://cdnjs.cloudflare.com/ajax/libs/lightbox2/2.11.4/css/lightbox.min.css">
<?php endif; ?>
<?php if(is_page('company')): ?>
<link rel="stylesheet" href="https://cdnjs.cloudflare.com/ajax/libs/animate.css/4.1.1/animate.min.css">
<?php endif; ?>
<link rel="stylesheet" href="<?php echo get_stylesheet_directory_uri(); ?>/style.css">
<?php wp_head(); ?>
</head>
```

❸入力（5行目・7行目）　❷貼り付け（6行目）

■ 特定のページに内容を表示させる条件分岐コード

<?php if(is_page('company')): ?>
<!-- もし「固定ページの」「company」というスラッグが付いているページならば、この内容を表示 -->
<?php endif; ?>

9-6 ナビゲーションの現在地表示設定を行う

グローバルナビゲーションに現在表示しているページ名の色を変更する設定をします。「会社概要ページ」ならば「class="current"」を追加する条件分岐コードをPHPの中に書きます。

●グローバルナビゲーション

条件分岐コードを書く

■ 特定のページに内容を表示させる条件分岐コード
<?php if(is_page('company')) echo ' class="current"'; ?>
もし「固定ページの」「company」というスラッグが付いているページならば、「指定したクラス名」を表示

1 [header.php] に条件分岐コードを書きます。

```
<ul class="gnav-list">
  <li><a href="<?php echo esc_url(home_url('/')); ?>"> ホーム </a></li>
  <li><a href="<?php echo esc_url(home_url('/')); ?>#about"> 私たちの取り組み </a></li>
  <li><a href="<?php echo esc_url(home_url('/')); ?>#service"> 事業内容 </a></li>
  <li><a href="<?php echo esc_url(home_url('/')); ?>company/"<?php if(is_page('company')) echo ' class="current"'; ?>> 会社概要 </a></li>
  <li><a href="<?php echo esc_url(home_url('/')); ?>news/"<?php if(is_single() || is_archive() || is_home('')  ) echo ' class="current"'; ?>> お知らせ </a></li>
  <li><a href="<?php echo esc_url(home_url('/')); ?>contact/"<?php if(is_page('contact')) echo ' class="current"'; ?>> お問い合わせ </a></li>
</ul>
```

classの前に半角スペースを入れるのを忘れずに！

9-7 会社概要のページで使うJavaScriptを条件分岐で読み込む

[footer.php]の中に、会社概要ページでのみ使うJavaScriptを
条件分岐を使って読み込みます。

条件分岐コードを書く

1 ［goodocean］フォルダー］＞［page-company.php］をエディターで開き、❶をコピーします。

2 ［footer.php］をエディターで開き、❷にコピーします。

3 貼り付けたコードの前後に、会社概要ページのみに表示させる条件分岐コードを入力します❸。

■ 特定のページに内容を表示させる条件分岐コード

```
<?php if(is_page('company')): ?>
<!-- もし「固定ページの」「company」というスラッグが付いているページならば、この内容を表示 -->
<?php endif; ?>
```

page-company.php の <script> タグ

```
<script src="https://code.jquery.com/jquery-3.6.4.min.js"></script>
<script src="https://cdnjs.cloudflare.com/ajax/libs/protonet-jquery.inview/1.1.2/jquery.inview.min.js"></script>
<script src="./js/script.js"></script>
</body>
```

❶

footer.php に読み込んで条件分岐のコードを書く

```
<?php wp_footer(); ?>
<script src="https://code.jquery.com/jquery-3.6.4.min.js"></script>
<?php if(is_single()): ?>
<script src="https://cdnjs.cloudflare.com/ajax/libs/lightbox2/2.11.4/js/lightbox.min.js"></script>
<script src="<?php echo get_stylesheet_directory_uri(); ?>/js/custom-lightbox.js"></script>
<?php endif; ?>
<?php if(is_page('company')): ?>
<script src="https://cdnjs.cloudflare.com/ajax/libs/protonet-jquery.inview/1.1.2/jquery.inview.min.js"></script>
<?php endif; ?>
<script src="<?php echo get_stylesheet_directory_uri(); ?>/js/script.js"></script>
</body>
```

❸入力

❷貼り付け

❸

9-8 会社概要のコードをparts-companyinfo.phpにまとめる

会社概要のコードをWordPressのコードに書き換え、[parts-companyinfo.php]にまとめます。

会社概要ページとトップページに共通で表示される「会社概要」のコードを一つのPHPファイルにまとめるよ！

parts-companyinfo.phpを作成する

1 [goodocean] フォルダー内に[parts-companyinfo.php] を作成します。

[goodocean] フォルダー内のファイルをコピー＆ペーストし、名前を変更しても作成できます。

2 [goodocean] フォルダー＞ [page-company.php] をエディターで開き、❶をコピーします。

page-company.php のソースコード

❶

```
<div class="company-info">
  <dl>
    <dt>社名</dt>
    <dd>GOOD OCEAN 株式会社</dd>
  </dl>
  <dl>
    <dt>設立</dt>
    <dd>2055年3月3日</dd>
  </dl>
  <dl>


  </dl>
  <dl>
    <dt>代表取締役</dt>
    <dd>久保田　涼子</dd>
  </dl>
  <dl>
    <dt>取締役</dt>
    <dd>西原　礼音</dd>
  </dl>
</div>
```

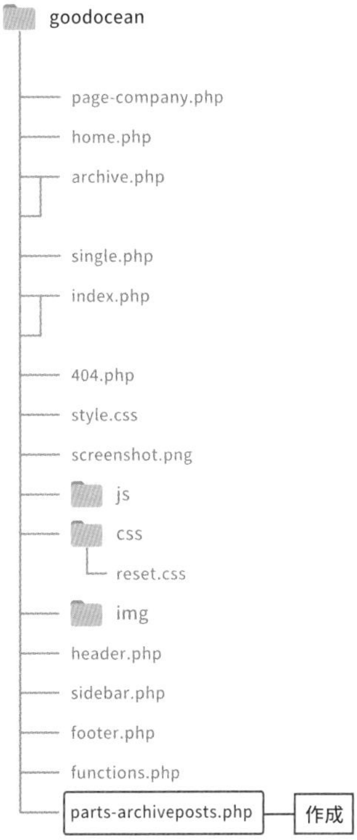
goodocean
page-company.php
home.php
archive.php
single.php
index.php
404.php
style.css
screenshot.png
js
css
reset.css
img
header.php
sidebar.php
footer.php
functions.php
parts-archiveposts.php
作成

3 先ほど作成した［parts-companyinfo.php］をエディターで開き、❶をペーストします。ペーストしたコードをWordPressで使用するコードに書き換えます❷。

```
■ 指定した固定ページからカスタムフィールドの値(繰り返しフィールド)を読み込む
<?php
  $グループ用の変数名 = SCF::get('グループ名', get_page_by_path('固定ページのスラッグ名')->ID);
 foreach($グループ用の変数名 as $fields):
 ?>
<?php echo $fields['カスタムフィールドの名前']; ?>
<?php endforeach; ?>
```

parts-companyinfo.php に貼り付けて WordPress で使用するコードに書き換え

❷

```
<div class="company-info">
  <?php
  $company_info_group = SCF::get('company-info-group', get_page_by_path('company')->ID);
  foreach($company_info_group as $fields):
  ?>
  <dl>
    <dt><?php echo $fields['info-title']; ?></dt>
    <dd><?php echo $fields['info-description']; ?></dd>
  </dl>
  <?php endforeach; ?>
</div>
```

9-9 page-company.phpにヘッダー、フッター、テンプレートパーツを読み込む

[page-company.php]に
[header.php]、[parts-companyinfo.php]、[footer.php]を読み込み、
ページ内のHTMLの一部をWordPressで使用するコードに書き換えます。

コードを書き換える

[page-company.php]にヘッダー、フッター、テンプレートパーツを読み込み、ページ本文のHTMLの一部をWordPressで使用するコードに書き換えます。

■ header.phpを読み込むコード

```
<?php get_header(); ?>
```

■ WordPressで投稿している記事を呼び出すメインループのコード

```
<?php if ( have_posts() ) : ?>
<?php while( have_posts() ) : the_post(); ?>
  <!-- 投稿がある場合は内容を表示 -->
<?php endwhile;?>
<?php endif; ?><
```

■ ページのスラッグを出力するコード

```
<?php echo ucwords($post->post_name); ?>
```

■ タイトルを表示するコード

```
<?php the_title(); ?>
```

■ プラグインを使ったパンくずリストを出力するコード

```
<?php if(function_exists('bcn_display')) bcn_display_list(); ?>
```

■ 本文を出力するコード

```
<?php the_content(); ?>
```

■ カスタムフィールドで登録した画像を読み込むコード

```
<?php
  $定義する変数名 = SCF::get('カスタムフィールドの名前');
  echo wp_get_attachment_image( $定義する変数名, '画像のサイズ' );
?>
```

■ テンプレートパーツを読み込むコード

```
<?php get_template_part(' パーツの名前 '); ?>
```

■ カスタムフィールドで登録したテキストを読み込むコード

```
<?php  echo SCF::get('カスタムフィールドの名前 ');?>
```

■ footer.phpを読み込むコード

```
<?php get_footer(); ?>
```

元のコード

```
<html lang="ja">
<head>
  <meta charset="UTF-8">
  <meta http-equiv="X-UA-Compatible" content="IE=edge">
  <meta name="viewport" content="width=device-width, initial-scale=1.0">
  <link rel="stylesheet" href="./css/reset.css">
   <link rel="stylesheet" href="https://cdnjs.cloudflare.com/ajax/libs/animate.css/4.1.1/
animate.min.css">
  <link rel="stylesheet" href="./style.css">
</head>
<body>
  <header class="header">
    <div id="header-nav" class="header-nav is-fixed">
      <div class="site-id-wrapper">
```

```
        <a href="./" class="site-id">
          <img src="./img/site-id-img.svg" alt="GOOD OCEAN 株式会社 " class="site-id-img">
          <p class="site-id-text">GOOD OCEAN 株式会社 </p>
        </a>
      </div>
    </div>
    <nav id="gnav" class="gnav">                                    ❶に書き換え
      <ul class="gnav-list">
        <li><a href="./"> ホーム </a></li>
        <li><a href="./#about"> 私たちの取り組み </a></li>
        <li><a href="./#service"> 事業内容 </a></li>
        <li><a href="./company.html" class="current"> 会社概要 </a></li>
        <li><a href="./news.html"> お知らせ </a></li>
        <li><a href="./contact.html"> お問い合わせ </a></li>
      </ul>
    </nav>
    <button id="btn-nav" class="btn-nav"></button>
  </header>
    <main class="main">
    <h1 data-title="Company" class="page-title"> 会社概要 </h1>     ❸❹に書き換え
    <div class="inner is-small">
      <ol class="c-breadcrumbs">
        <li><span> 会社概要 </span></li>
      </ol>                                                          ❺に書き換え
      <div class="box-white">
        <div class="company-about">
          <div class="text-wrapper">
            <h2> 私たちが目指すのは <br>100 年後もきれいな海です。</h2>
            <p> 私は沖縄で生まれ育ちました。<br>
              「昔の海はもっときれいだった」と、幼少期に祖父母が話してくれたのを覚えています。<br>
              しかしながら、今の海の環境は、ますます悪化の一途をたどっています。
            </p>
            <p> 私たちはイノベーションカンパニーとして、<br>
              自分たちの子どもや孫の世代にも <br>                          ❻に書き換え
              美しい海を残していきたいと考えています。
            </p>
             <p> 国や自治体、企業と連携をしながら、環境が少しでも良くなる取り組みを今後とも行ってまいります。</p>
            <p class="text-right"> 代表取締役　久保田　涼子 </p>
          </div>
          <div class="images-wrapper">
            <figure class="js-fadein-trigger">
              <img src="./img/company-img.jpg" alt=" 久保田涼子 ">      ❼に書き換え
            </figure>
          </div>
        </div>
```

書き換え後のコード

```
<?php get_header(); ?>
  <main class="main">
  <?php if(have_posts()): ?>
  <?php while(have_posts()): the_post(); ?>

    <h1 data-title="<?php echo ucwords($post->post_name); ?>" class="page-title"><?php the_title(); ?></h1>

    <div class="inner is-small">
      <ol class="c-breadcrumbs">
        <?php if(function_exists('bcn_display')) bcn_display_list(); ?>
      </ol>

      <div class="box-white">
        <div class="company-about">
          <div class="text-wrapper">
            <?php the_content(); ?>
          </div>
          <div class="images-wrapper">
            <figure class="js-fadein-trigger">
            <?php echo wp_get_attachment_image(SCF::get('company-img'), 'large'); ?>
            </figure>
          </div>
        </div>
```

❶ヘッダー部分を header.php に書き換え

❷記事を呼び出すメインループの開始コードを書く

❸ページのスラッグを出力するコードに書き換え

❹タイトル表示するコードに書き換え

❺パンくずリストを WordPress で使用するコードに書き換え

❻本文を出力するコードに書き換え

❼カスタムフィールドで登録した画像を出力するコードに書き換え

元のコード（つづき）

```
        <div class="company-info-wrapper">
          <div class="company-info">
            <dl>
              <dt>社名</dt>
              <dd>GOOD OCEAN 株式会社</dd>
            </dl>
            <dl>
              <dt>設立</dt>
              <dd>2055年3月3日</dd>
            </dl>
            <dl>
              <dt>本社</dt>
              <dd>東京都中央区銀座5丁目1－1</dd>
            </dl>
            <dl>
              <dt>資本金</dt>
              <dd>1000万円</dd>
            </dl>
            <dl>
              <dt>代表取締役</dt>
              <dd>久保田　涼子</dd>
            </dl>
            <dl>
              <dt>取締役</dt>
```

❽に書き換え

```
              <dd>西原　礼音</dd>
            </dl>
          </div>

          <div class="map">
            <iframe src="https://www.google.com/maps/embed?pb=!1m18!1m12!1m3!1d1668.5658763779945!2d139.7609869180394!3d35.67249811340209!2m3!1f0!2f0!3f0!3m2!1i1024!2i768!4f13.1!3m3!1m2!1s0x60188bef7abe6d7f%3A0x7c12dce58bb5263f!2z44CSMTA0LTAwNjEg5p2x5Lqs6YO95Lit5aSu5Yy66YqA5bqn77yV5LiB55uu77yR4oiS77yR!5e0!3m2!1sja!2sjp!4v1654481209818!5m2!1sja!2sjp" allowfullscreen="" loading="lazy" referrerpolicy="no-referrer-when-downgrade"></iframe>
          </div>
        </div>
      </div>
    </div>
  </main>

  <footer class="footer-a">
    <div class="inner">
      <div class="contact-box">
        <h2 data-title="Contact" class="content-title">お問い合わせ</h2>
        <div class="content-wrapper">
          <div class="item-left">
            <p>GOOD OCEAN株式会社へのお問い合わせは、お問い合わせフォーム、もしくは<a href="tel:+03-1234-5678" class="tel">TEL 03-1234-5678</a>までお気軽にお問い合わせください。</p>
          </div>
          <div class="item-right">
            <p class="text"><span class="business-hours">営業時間</span>平日 10:30-18:00（土・日・祝 休）</p>
            <a href="./contact.html" class="btn">お問い合わせフォーム</a>
          </div>
        </div>
      </div>
      <ul class="footer-nav">
        <li><a href="./privacy.html">プライバシーポリシー</a></li>
      </ul>
      <small class="copyright">&copy; GOOD OCEAN.inc</small>
    </div>
  </footer>

  <script src="https://code.jquery.com/jquery-3.6.4.min.js"></script>
  <script src="https://cdnjs.cloudflare.com/ajax/libs/protonet-jquery.inview/1.1.2/jquery.inview.min.js"></script>
  <script src="./js/script.js"></script>
</body>
</html>
```

❾に書き換え

❿に書き換え

書き換え後のコード

```
        <div class="company-info-wrapper">
          <?php get_template_part('parts','companyinfo'); ?>

          <div class="map">
           <?php echo SCF::get('company-map'); ?>
          </div>
        </div>
      </div>
    </div>

  <?php endwhile; ?>
  <?php endif; ?>
  </main>

<?php get_footer(); ?>
```

❽カスタムフィールドで登録したテキストを出力するコードに書き換え

❾カスタムフィールドで登録したマップのコードを出力するコードに書き換え

❷記事を呼び出すメインループの終了コード

❿フッター部分を footer.php に書き換え

9-10 ページの表示を確認する

会社概要のページを表示して、
記事本文やカスタムフィールドに置き換えた場所が
正しく表示されているかを確認します。

会社概要のページの表示を確認する

1 管理画面から［固定ページ］＞［固定ページ一覧］＞［会社概要］をクリックします。［URL］＞［固定ページを表示］のURLをクリックして、ブラウザーの新しいタブを開き、ページが表示されているかを確認します。

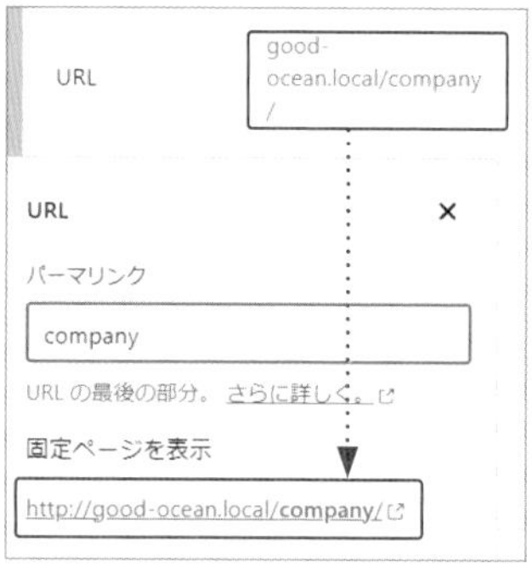

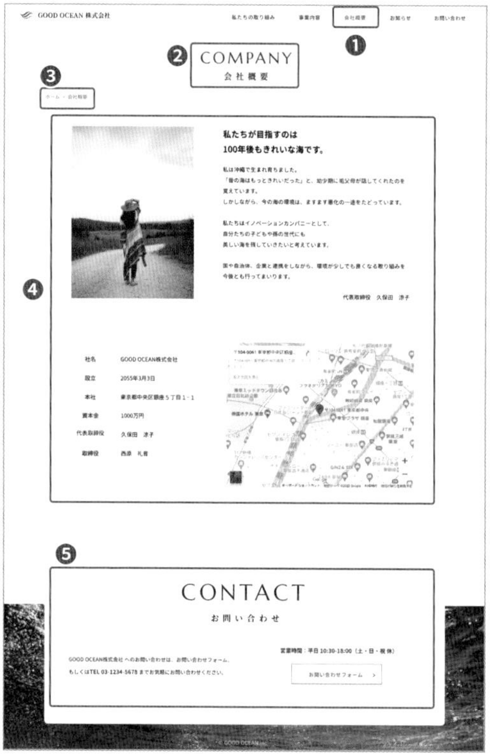

チェックリスト

❶グローバルナビゲーションの「会社概要」が現在地表示（青文字）になっている

❷外観上のタイトルが「COMPANY 会社概要」になっている

❸パンくずリストが「ホーム＞会社概要」になっている

❹本文に正しくテキスト、画像、Google Mapが表示されている

❺フッターにお問い合わせが表示されている

CHAPTER

トップページを作成する

10

10-1 トップページを作成する

トップページを作成し、事業内容やフッターの一部を
カスタムフィールドを使って出力しましょう。

いよいよ最後のページです！
トップページに関わるカスタムフィールドの設定や出力、
テンプレートパーツの読み込みをしていこう！

SAMPLE DATA

html01

ファイル移動の全体像

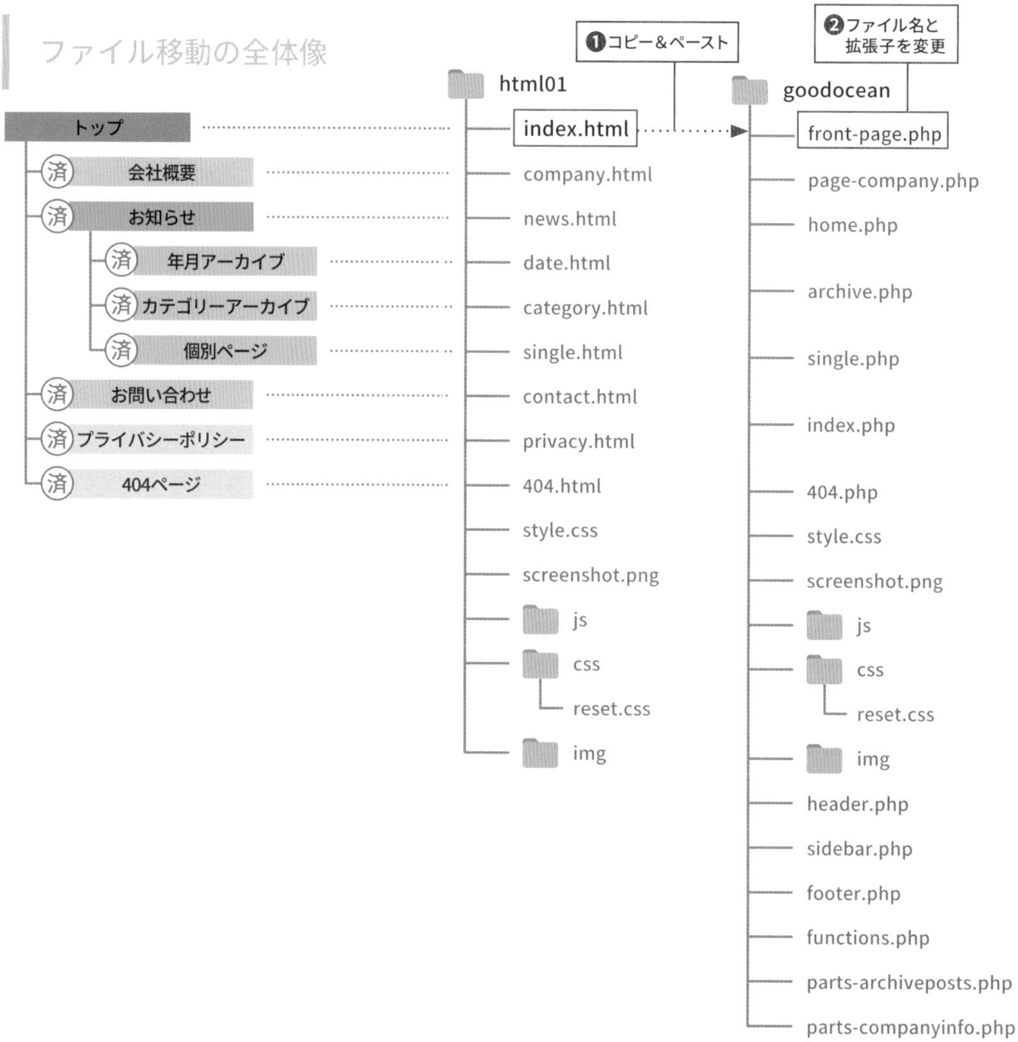

front-page.php を作成する

1 ［html01］フォルダーの中から、［index.html］ファイルを❶［goodocean］フォルダーへコピー＆ペーストし、名前を❷［front-page.php］に変更します（左ページの図参照）。

「ファイルが使えなくなる可能性があります～」の警告が出た場合は、無視して「はい」か「.php を使用」を選択してください。

管理画面とテンプレートの紐づけを確認する

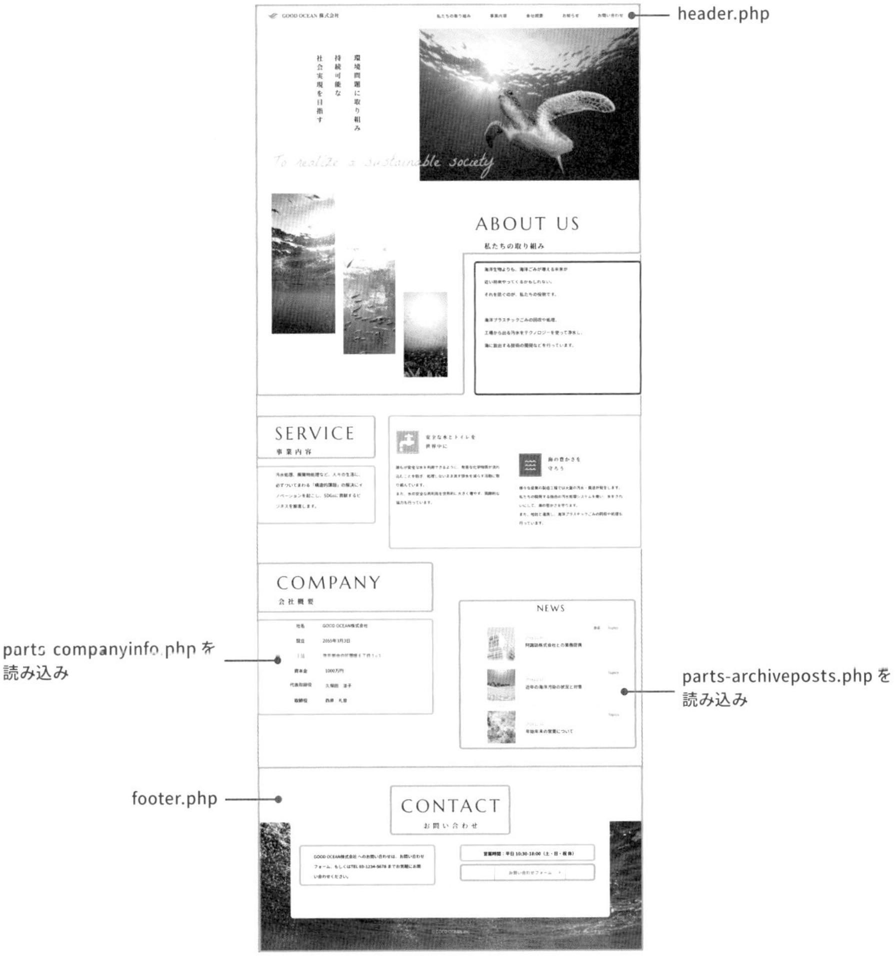
header.php
parts-companyinfo.php を読み込み
parts-archiveposts.php を読み込み
footer.php
ABOUT US
私たちの取り組み
SERVICE
事業内容
COMPANY
会社概要
NEWS
CONTACT
お問い合わせ

……投稿画面の「タイトル」「本文」を使用して更新
……「カスタムフィールド」を使用して更新
……テーマのPHPに直書き。

10-2 固定ページに「トップページ」を作成する

固定ページに「ホーム」という名前でトップページを作成し、
[front-page.php]と紐付けます。

固定ページを作成する

1 WordPressの管理画面から［固定ページ］＞❶［新規追加］をクリックします。

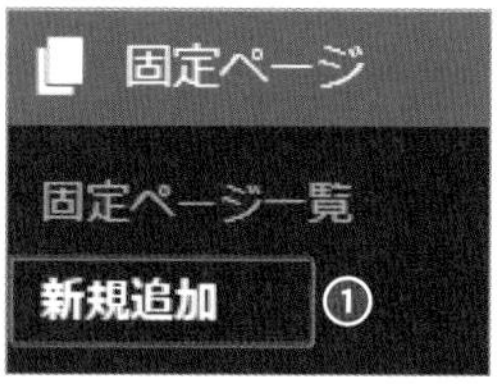

2 ［タイトル］に❷「ホーム」、［URL］のパーマリンクに❸「home」と入力し、❹［公開］をクリックします。

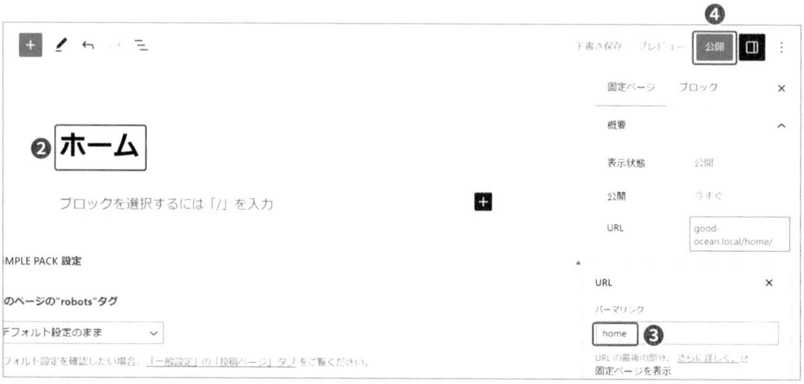

固定ページとfront-page.phpを紐づける

1 ［設定］＞❶［表示設定］をクリックして、［表示設定］画面を表示します。

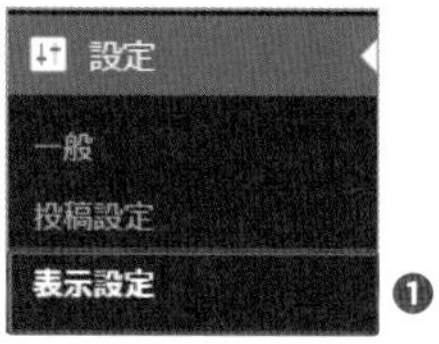

2 ［ホームページの表示］で❷［固定ページ］が選択されていることを確認します。

3 ［ホームページ］のプルダウンを❸［ホーム］に設定して［変更を保存］をクリックします。

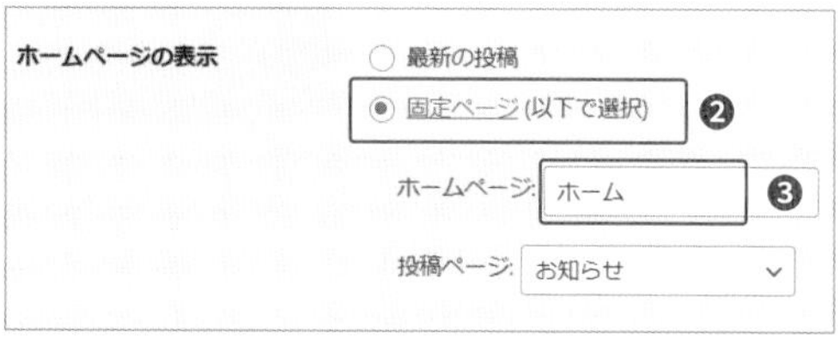

10-3 カスタムフィールドを作成して項目を設定する Smart Custom Fields

カスタムフィールドを利用して、
管理画面から文章と画像を変更できるように項目を追加していきます。

カスタムフィールドを作成する

1 ［Smart Custom Fields］＞❶［新規追加］をクリックします。

2 ［タイトル］に❷「ホーム」と入力します。［表示条件（投稿）］で❸［固定ページ］を選択、❹［投稿/固定ページのID］で［ホーム］を選択します。

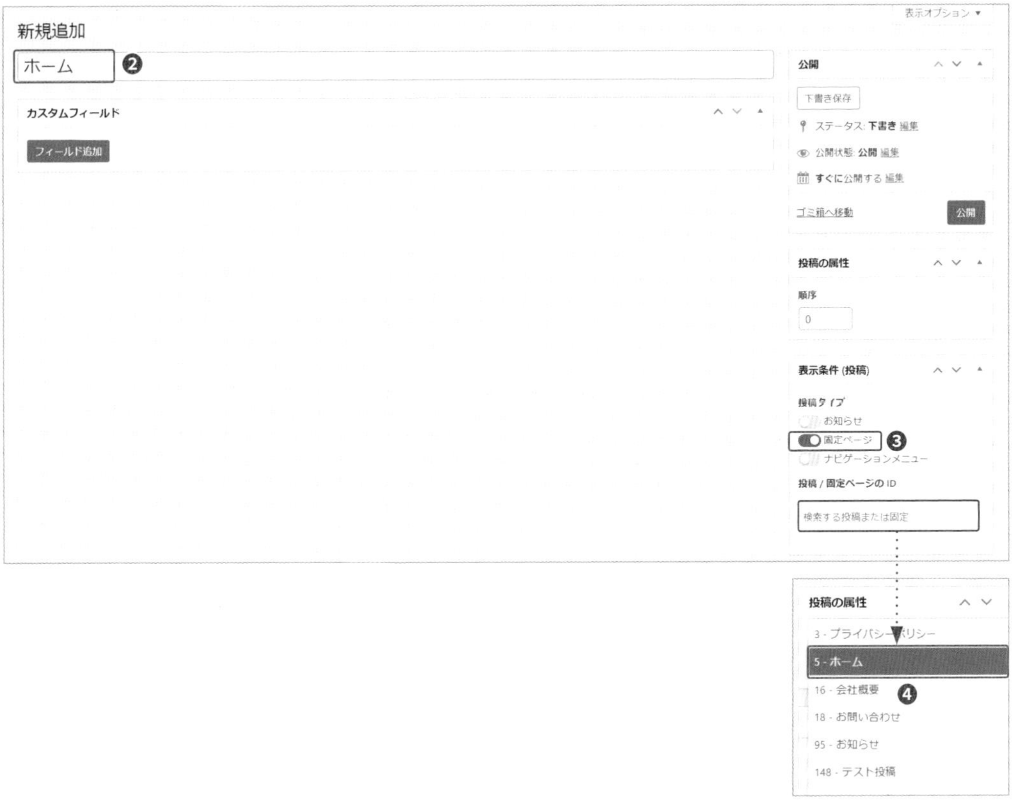

カスタムフィールドを設定する

続いて、トップページ内にある❶「事業内容」❷「サービス詳細」、フッターにある❸「左側テキスト」❹「右側テキスト」の4か所を編集できるように設定していきます。

● 「事業内容」の設定

1 ［フィールド追加］をクリックし、
以下のとおりに設定します。
❶タイプ：「テキストエリア」を選択
❷ラベル：「事業内容」と入力
❸名前：「service」と入力
❹行：「3」と入力

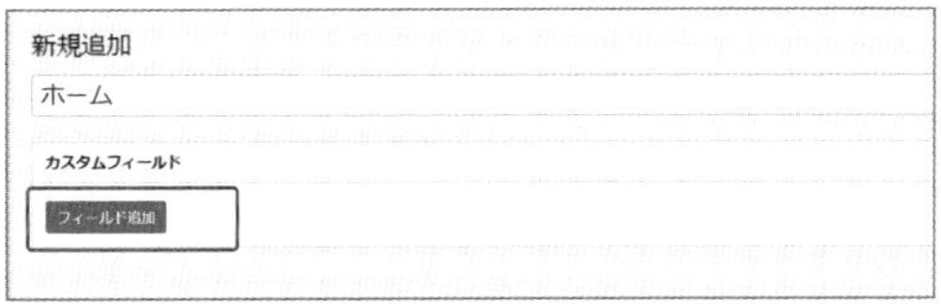

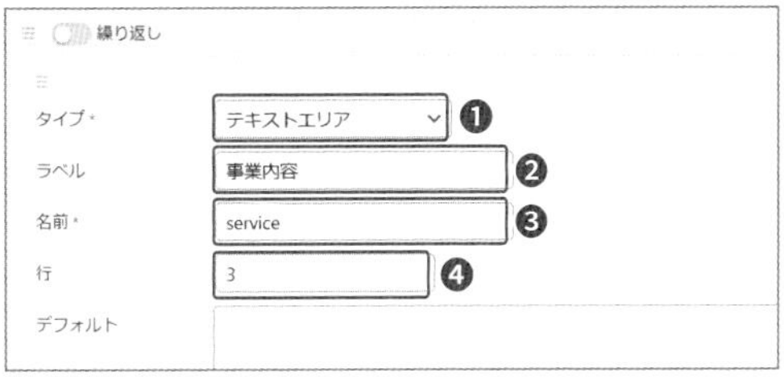

繰り返しボタンをONにすると、
投稿画面から任意の項目を
繰り返して入力ができるよ！

● 「サービス詳細」の設定

1 ［フィールド追加］をクリックし、
以下のとおりに設定します。
❶繰り返し：ボタンON
❷グループ名：「service-item」と入力
❸タイプ：「画像」を選択
❹ラベル：「サービスタイトル横の画像」
と入力
❺名前：「service-item-img」と入力
❻プレビューサイズ：「full」を選択

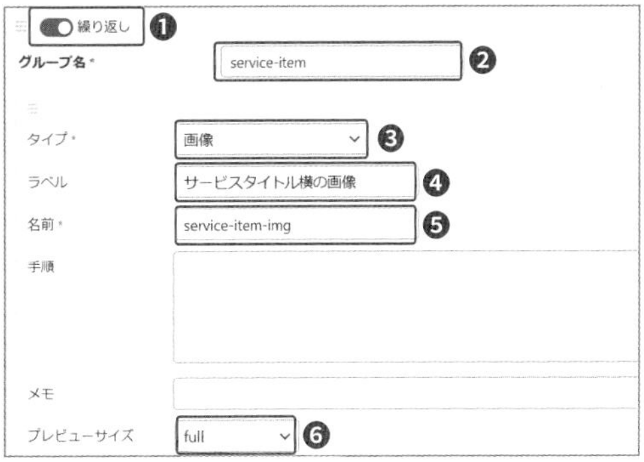

2 ［サブフィールドを追加］をクリックし、
以下のとおりに設定します。
❼タイプ：「テキストエリア」を選択
❽ラベル：「タイトル」と入力
❾名前：「service-item-title」と入力
❿行：「3」と入力

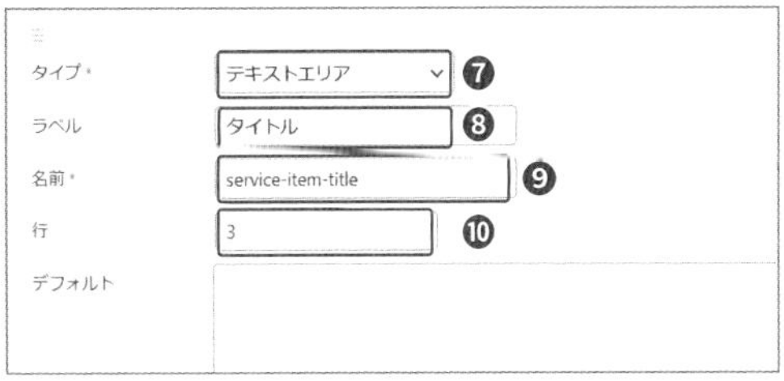

3 さらに［サブフィールドを追加］をクリックし、
以下のとおりに設定します。
⓫タイプ：「テキストエリア」を選択
⓬ラベル：「テキスト」と入力
⓭名前：「service-item-text」と入力
⓮行：「3」と入力

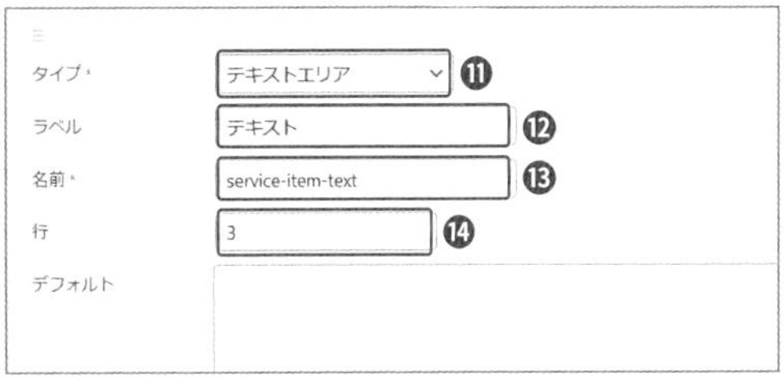

●「フッターの左右テキスト」の設定

1 ［フィールド追加］をクリックし、以下のとおりに設定します。
❶タイプ：「テキストエリア」を選択
❷ラベル：「フッター左側テキスト」と入力
❸名前：「footer-left-area」をと入力
❹行：「3」と入力

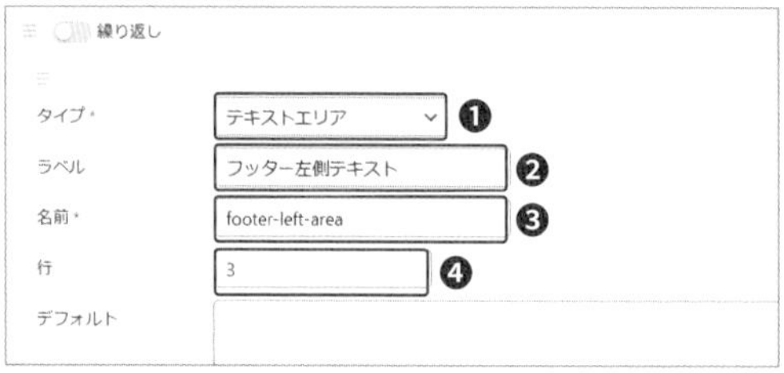

2 ［フィールド追加］をクリックし、以下のとおりに設定します。
❺タイプ：「テキストエリア」を選択
❻ラベル：「フッター右側テキスト」と入力
❼名前：「footer-right-area」をと入力
❽行：「3」と入力

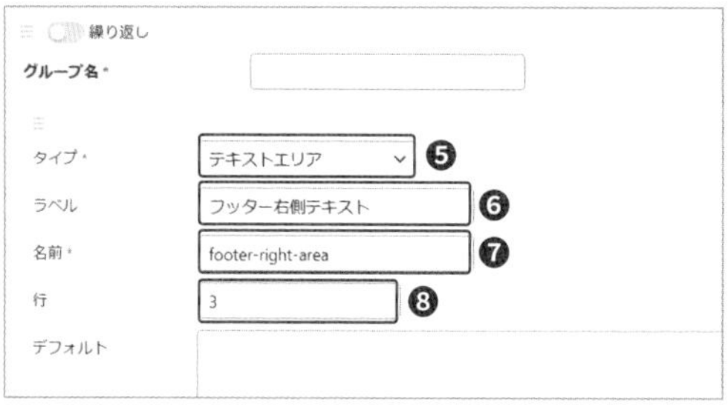

3 設定が終わったら［公開］をクリックします。

10-4 固定ページに「トップページ」の掲載内容を入力する

トップページの掲載内容を「固定ページ」の本文と「カスタムフィールド」に入力していきます。

[Smart Custom Fields]で設定したカスタムフィールドの登録画面が固定ページに反映されていることを確認して掲載内容を登録しよう！

SAMPLE DATA

html01

投稿画面の本文に「ABOUT US」の本文をコピー＆ペーストする

1 WordPressの管理画面から［固定ページ］＞［固定ページ一覧］＞［ホーム］を開き、投稿画面右上の❶⋮をクリックし、❷「コードエディター」を選択します。

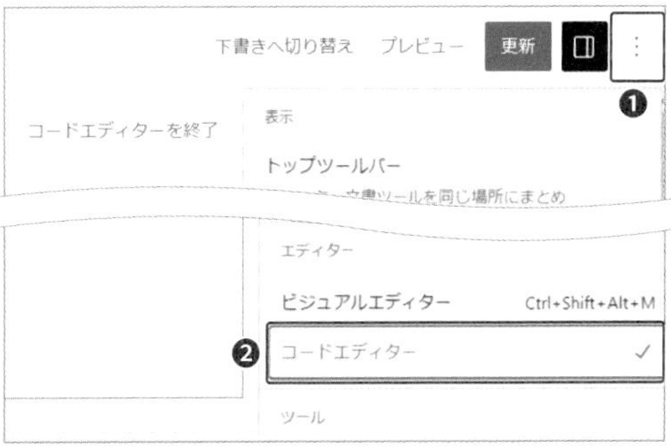

2 ［goodocean］フォルダー＞［front-page.php］を開き、❸のコードを❹投稿画面の本文にコピー＆ペーストします。ペースト後、❺［コードエディターを終了］をクリックします。

元のコード

```
<div class="content-text">
  <p> 海洋生物よりも、海洋ごみが増える未来が <br>
    近い将来やってくるかもしれない。<br>
    それを防ぐのが、私たちの役割です。</p>
  <p> 海洋プラスチックごみの回収や処理、<br>
    工場から出る汚水をテクノロジーを使って浄水し、<br>
    海に放出する技術の開発などを行っています。</p>
</div>
```

❸

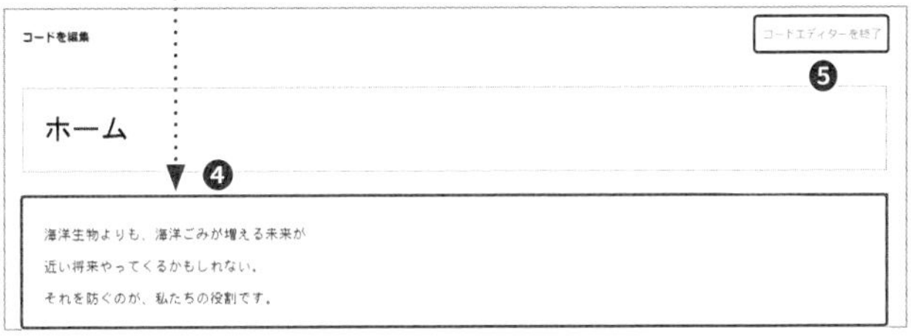

※ビジュアルエディターに戻ると、「クラシック」と書かれたエリアが表示されます。

カスタムフィールドで設定した項目に掲載内容を登録・入力する

●「事業内容」の登録

1 ［goodocean］フォルダー＞［front-page.php］内の「事業内容」を❶<p>タグを外した状態で入力します。

カスタムフィールドの入力エリアは、固定ページの本文入力エリアの下にあるので、スクロールしてね。

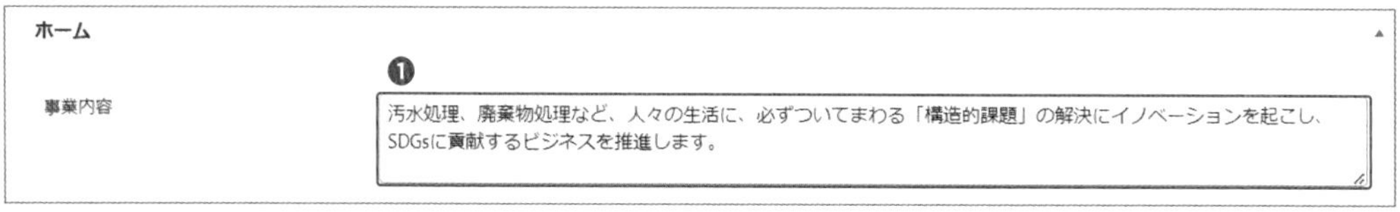

ホーム
❶
事業内容
汚水処理、廃棄物処理など、人々の生活に、必ずついてまわる「構造的課題」の解決にイノベーションを起こし、
SDGsに貢献するビジネスを推進します。

●「サービス詳細」の登録

1 カスタムフィールドの❶➕をクリックして入力フィールドを追加します。

2 画像を登録します。❷［画像選択］をクリックして［html01］フォルダー＞［img］＞［top-service-img1.jpg］を選択し、［画像設定］ボタンをクリックします。登録時に［代替テキスト］へ「安全な水とトイレを世界中に」と入力します。

3 タイトルを入力します。［goodocean］フォルダー＞［front-page.php］の<h3 class="item-title">タグと
タグを外し、代わりにエンターキーで改行して❸［タイトル］に入力します。

4 説明文を入力します。<p>タグと
タグを外し、代わりにエンターキーで改行して❹［テキスト］に入力します。インデントの半角スペースも削除して整えます。

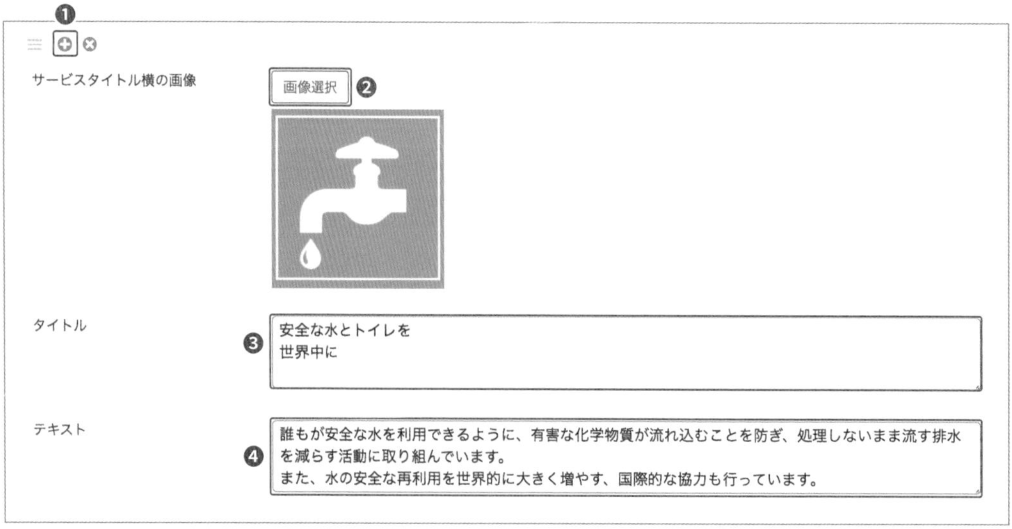

❶
サービスタイトル横の画像
画像選択
❷
タイトル
❸
安全な水とトイレを
世界中に
テキスト
❹
誰もが安全な水を利用できるように、有害な化学物質が流れ込むことを防ぎ、処理しないまま流す排水
を減らす活動に取り組んでいます。
また、水の安全な再利用を世界的に大きく増やす、国際的な協力も行っています。

5 追加した入力フィールドに、もう一つの内容も登録・入力します。

画像は［top-service-img2.jpg］を選択。登録時に［代替テキスト］へ「海の豊かさを守ろう」と入力してください。

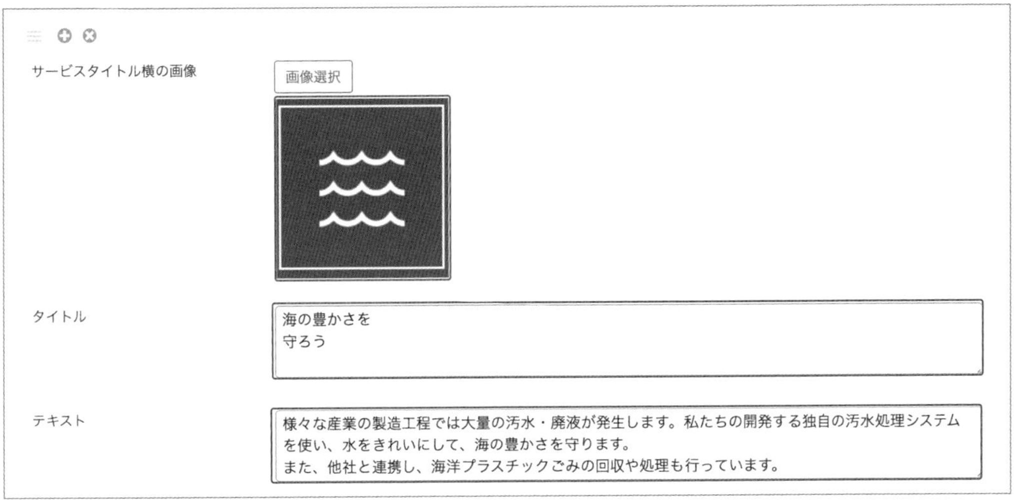
サービスタイトル横の画像
画像選択
タイトル
海の豊かさを
守ろう
テキスト
様々な産業の製造工程では大量の汚水・廃液が発生します。私たちの開発する独自の汚水処理システムを使い、水をきれいにして、海の豊かさを守ります。
また、他社と連携し、海洋プラスチックごみの回収や処理も行っています。

必要数以上に入力欄を増やしてしまった場合は⊕の隣にある、⊗をクリックして入力欄を削除しましょう。

● 「フッターの左右テキスト」の登録

1 ［goodocean］フォルダー＞［front-page.php］にあるコードを左右それぞれのエリアに入力します。入力の際、<p>タグ（右コードの赤字部分）を外して入力します（<span>タグと<a>タグは残します）。

元のコード

<p>GOOD OCEAN株式会社へのお問い合わせは、～お気軽にお問い合わせください。</p>
<p class="text"><span class="business-hours">営業時間～（土・日・祝休）</p>

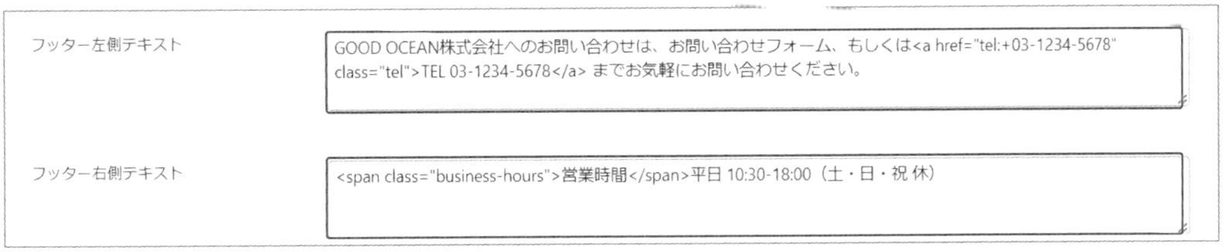
フッター左側テキスト
GOOD OCEAN株式会社へのお問い合わせは、お問い合わせフォーム、もしくは<a href="tel:+03-1234-5678" class="tel">TEL 03-1234-5678</a> までお気軽にお問い合わせください。
フッター右側テキスト
<span class="business-hours">営業時間</span>平日 10:30-18:00（土・日・祝休）

2 すべての入力が終わったら右側サイドメニューの［更新］をクリックします。

下書きへ切り替え
プレビュー
更新

10-5 トップページで使うCSSを条件分岐で読み込む

条件分岐を使い、トップページでのみ使うCSSをheader.phpへ読み込みます。

条件分岐コードを書く

1 ［front-page.php］の<head>の中に、トップページでのみ使うCSSを条件分岐を使って読み込みます。
［goodocean］フォルダー］＞［front-page.php］をエディターで開き、<head>内の❶をコピーします。

2 ［header.php］をエディターで開き、❷（次ページ参照）に貼り付けます。貼り付けたコードの前後に、トップページのみに表示させる条件分岐コードを入力します❸。その後、会社概要ページでも読み込んだ[animate.css]をトップページにも表示する条件分岐を付け加えます❹。

front-page.php の <head> タグ

```
  <link rel="stylesheet" href="./css/reset.css">
  <link rel="stylesheet" href="https://cdn.jsdelivr.net/npm/slick-carousel@1.8.1/slick/slick.css">
  <link rel="stylesheet" href="https://cdnjs.cloudflare.com/ajax/libs/animate.css/4.1.1/animate.min.css">
  <link rel="stylesheet" href="./style.css">
</head>
```

❶コピー

header.php に読み込んで条件分岐のコードを書く

```
<link rel="stylesheet" href="<?php echo get_stylesheet_directory_uri(); ?>/css/reset.css">
<?php if(is_single()): ?>
<link rel="stylesheet" href="https://cdnjs.cloudflare.com/ajax/libs/lightbox2/2.11.4/css/lightbox.min.css">
<?php elseif(is_front_page()): ?>
<link rel="stylesheet" href="https://cdn.jsdelivr.net/npm/slick-carousel@1.8.1/slick/slick.css">
<?php endif; ?>
<?php if(is_page('company')||is_front_page()): ?>
<link rel="stylesheet" href="https://cdnjs.cloudflare.com/ajax/libs/animate.css/4.1.1/animate.min.css">
<?php endif; ?>
<link rel="stylesheet" href="<?php echo get_stylesheet_directory_uri(); ?>/style.css">
<?php wp_head(); ?>
</head>
```

❸入力
❸
❷貼り付け
❹
❸

■ 複数の特定のページに内容を表示させる条件分岐コード

```
<?php if(is_single()): ?>
<!--もし「個別ページ」ならば、この内容を表示-->
<?php elseif(is_front_page()): ?>
<!--もし「フロントページ」ならば、この内容を表示-->
<?php endif; ?>
```

```
<?php if(is_page('company')||is_front_page()): ?>
<!--もし「会社概要」ページもしくは「フロントページ」ならば、この内容を表示-->
<?php endif; ?>
```

10-6 header.phpにサイト名をトップページだけ<h1>タグにする条件分岐コードを書く

条件分岐を使い、トップページのみサイト名を<h1>タグにします。

条件分岐コードを書く

1 トップページだけサイト名を❶<h1>タグにする条件分岐コードを［header.php］に書きます。

元のコード（header.php）

```
<div class="site-id-wrapper">
  <a href="<?php echo esc_url(home_url('/')); ?>" class="site-id">
    <img src="<?php echo get_stylesheet_directory_uri(); ?>/img/site-id-img.svg" alt="<?php bloginfo('name'); ?>" class="site-id-img">
    <p class="site-id-text"><?php bloginfo('name'); ?></p>
  </a>
</div>
```

header.php に条件分岐コード追加

```
<div class="site-id-wrapper">
  <a href="<?php echo esc_url(home_url('/')); ?>" class="site-id">
    <img src="<?php echo get_stylesheet_directory_uri(); ?>/img/site-id-img.svg" alt="<?php bloginfo('name'); ?>" class="site-id-img">
  <?php if(is_front_page()): ?>
    <h1 class="site-id-text"><?php bloginfo('name'); ?></h1>
  <?php else: ?>
    <p class="site-id-text"><?php bloginfo('name'); ?></p>
  <?php endif; ?>
  </a>
</div>
```

❶

フロントページのみに内容を表示させる条件分岐コード

```
<?php if(is_front_page()): ?>
<!-- もし「フロントページ」ならば、この内容を表示 -->
<?php else: ?>
<!-- それ以外のページならば、この内容を表示 -->
<?php endif; ?>
```

10-7 トップページで使うJavaScriptを条件分岐で読み込む

[footer.php]の中に、
トップページでのみ使うJavaScriptを条件分岐を使って読み込みます。

条件分岐コードを書く

1. [front-page.php] をエディターで開き、❶をコピーします。

2. [footer.php] をエディターで開き、会社概要ページの条件分岐コード（<?php if(is_page('company')): ?>）の上に❶をペーストします❷。

3. 条件分岐コード（次のページのコードの赤字部分）を [footer.php] に入力します。

4. [slider.js] の読み込みコードは、テーマフォルダーのURLを表示するコード（次のページのコードの緑字部分）に修正します。

front-page.php のソースコード

```
<script src="https://code.jquery.com/jquery-3.6.4.min.js"></script>
  <script src="https://cdn.jsdelivr.net/npm/slick-carousel@1.8.1/slick/slick.min.js"></script>
  <script src="./js/slider.js"></script>
  <script src="https://cdnjs.cloudflare.com/ajax/libs/protonet-jquery.inview/1.1.2/jquery.inview.min.js"></script>
    <script src="./js/script.js"></script>
</body>
```

❶コピー

footer.phpに読み込んで条件分岐のコードを書く

```
  <?php wp_footer(); ?>
  <script src="https://code.jquery.com/jquery-3.6.4.min.js"></script>
  <?php if(is_single()): ?>
  <script src="https://cdnjs.cloudflare.com/ajax/libs/lightbox2/2.11.4/js/lightbox.min.js"></script>
  <script src="<?php echo get_stylesheet_directory_uri(); ?>/js/custom-lightbox.js"></script>
  <?php elseif(is_front_page()): ?>
  <script src="https://cdn.jsdelivr.net/npm/slick-carousel@1.8.1/slick/slick.min.js"></script>
  <script src="<?php echo get_stylesheet_directory_uri(); ?>/js/slider.js"></script>
  <?php endif; ?>
  <?php if(is_page('company') || is_front_page()): ?>
  <script src="https://cdnjs.cloudflare.com/ajax/libs/protonet-jquery.inview/1.1.2/jquery.inview.min.js"></script>
  <?php endif; ?>
  <script src="<?php echo get_stylesheet_directory_uri(); ?>/js/script.js"></script>
</body>
```

❷貼り付け

■ 複数の特定のページに内容を表示させる条件分岐コード

```
<?php if(is_single()): ?>
<!-- もし「個別ページ」ならば、この内容を表示 -->
<?php elseif(is_front_page()): ?>
<!-- もし「フロントページ」ならば、この内容を表示 -->
<?php endif; ?>

<?php if(is_page('company')||is_front_page()): ?>
<!-- もし「会社概要」ページもしくは「フロントページ」ならば、この内容を表示 -->
<?php endif; ?>
```

■ テーマフォルダーのURLを表示するコード

```
src="./js/  →  src="<?php echo get_stylesheet_directory_uri(); ?>/js/
```

10-8 footer.phpの一部をカスタムフィールドで出力するコードに書き換える

[footer.php]のHTMLの一部を、管理画面で入力したカスタムフィールドの内容を出力するコードに書き換えます。

カスタムフィールドで出力するコードに書き換える

1 カスタムフィールドで出力するコードを反映します。

元のコード（footer.php）

❶に変更

```
<?php if(is_page('privacy') || is_404() || is_page('contact') || is_single()): ?>
  <footer class="footer-b">
    <div class="inner">
      <ul class="footer-nav">
        <li><a href="<?php echo esc_url(home_url('/')); ?>privacy/">プライバシーポリシー</a></li>
      </ul>
      <small class="copyright">&copy; GOOD OCEAN.inc</small>
    </div>
  </footer>
<?php else: ?>
  <footer class="footer-a">
    <div class="inner">
      <div class="contact-box">
        <h2 data-title="Contact" class="content-title">お問い合わせ</h2>
        <div class="content-wrapper">
          <div class="item-left">
            <p>GOOD OCEAN株式会社 へのお問い合わせは、お問い合わせフォーム、もしくは<a href="tel:+03-1234-5678" class="tel">TEL 03-1234-5678</a> までお気軽にお問い合わせください。</p>
          </div>
          <div class="item-right">
            <p class="text"><span class="business-hours">営業時間</span>平日 10:30-18:00(土・日・祝 休)</p>
            <a href="<?php echo esc_url(home_url('/')); ?>contact/" class="btn">お問い合わせフォーム</a>
          </div>
        </div>
      </div>
      <ul class="footer-nav">
        <li><a href="<?php echo esc_url(home_url('/')); ?>privacy/">プライバシーポリシー</a></li>
      </ul>
      <small class="copyright">&copy; GOOD OCEAN.inc</small>
    </div>
  </footer>
<?php endif; ?>
```

■ フロントページからカスタムフィールドの値を読み込む

```
<?php echo nl2br(SCF::get('カスタムフィールド名', get_option('page_on_front'))); ?>
```

書き換え後のコード（footer.php）

```
<?php if(is_page('privacy') || is_404() || is_page('contact') || is_single()): ?>
  <footer class="footer-b">
    <div class="inner">
      <ul class="footer-nav">
        <li><a href="<?php echo esc_url(home_url('/')); ?>privacy/">プライバシーポリシー</a></li>
      </ul>
      <small class="copyright">&copy; GOOD OCEAN.inc</small>
    </div>
  </footer>
<?php else: ?>
  <footer class="footer-a">
    <div class="inner">
      <div class="contact-box">
        <h2 data-title="Contact" class="content-title">お問い合わせ</h2>
        <div class="content-wrapper">
          <div class="item-left">
            <p><?php echo nl2br(SCF::get('footer-left-area', get_option('page_on_front'))); ?></p>
          </div>
          <div class="item-right">
            <p class="text"><?php echo nl2br(SCF::get('footer-right-area', get_option('page_on_front'))); ?></p>
            <a href="<?php echo esc_url(home_url('/')); ?>contact/" class="btn">お問い合わせフォーム</a>
          </div>
        </div>
      </div>
      <ul class="footer-nav">
        <li><a href="<?php echo esc_url(home_url('/')); ?>privacy/">プライバシーポリシー</a></li>
      </ul>
      <small class="copyright">&copy; GOOD OCEAN.inc</small>
    </div>
  </footer>
<?php endif; ?>
```

❶カスタムフィールドで登録したテキストを出力するコードに書き換え

10-9 front-page.phpにヘッダー、フッター、テンプレートパーツを読み込む

[front-page.php] に [header.php] [parts-companyinfo.php] [parts-archiveposts.php] [footer.php] を読み込み、WordPressで使用するコードに書き換えます。

front-page.phpをWordPressのコードに書き換える

[front-page.php] にヘッダー、フッター、テンプレートパーツを読み込み、ページ本文のHTMLの一部をWordPressで使用するコードに書き換えます。

元のコード（front-page.php）

❶に変更

```
<!DOCTYPE html>
<html lang="ja">
<head>
  <meta charset="UTF-8">
  <meta http-equiv="X-UA-Compatible" content="IE=edge">
  <meta name="viewport" content="width=device-width, initial-scale=1.0">
```

```
        <li><a href="./company.html">会社概要</a></li>
        <li><a href="./news.html">お知らせ</a></li>
        <li><a href="./contact.html">お問い合わせ</a></li>
      </ul>
    </nav>
    <button id="btn-nav" class="btn-nav"></button>
  </header>

  <main class="home-main">
    <div class="mv">
      <div class="inner">
        <p class="mv-text"><span class="inner-text">環境問題に取り組み</span><span class="inner-text">持続可能な</span><span class="inner-text">社会実現を目指す</span></p>
        <p class="mv-en">To realize a sustainable society</p>
```

❷に変更

```
        <div class="img-box js-slider">
          <div class="img-box-item">
            <picture>
              <source srcset="./img/top-mv1-sp.jpg" media="(max-width: 768px)">
              <img src="./img/top-mv1.jpg" alt="">
            </picture>
          </div>
          <div class="img-box-item">
            <picture>
              <source srcset="./img/top-mv2-sp.jpg" media="(max-width: 768px)">
              <img src="./img/top-mv2.jpg" alt="">
            </picture>
          </div>
          <div class="img-box-item">
```

```
            <picture>
              <source srcset="./img/top-mv3-sp.jpg" media="(max-width: 768px)">
              <img src="./img/top-mv3.jpg" alt="">
            </picture>
          </div>
        </div>
      </div>
    </div>
```

■ header.phpを読み込むコード

<?php get_header(); ?>

■ テーマフォルダーのURLを表示するコード

src="./ →
src="<?php echo get_stylesheet_directory_uri(); ?>/

書き換え後のコード（front-page.php）

```
<?php get_header(); ?>

 <main class="home-main">

    <div class="mv">
      <div class="inner">
        <p class="mv-text"><span class="inner-text">環境問題に取り組み</span><span class="inner-text">持続可能な</span><span class="inner-text">社会実現を目指す</span></p>
        <p class="mv-en">To realize a sustainable society</p>
        <div class="img-box js-slider">
          <div class="img-box-item">
            <picture>
              <source srcset="<?php echo get_stylesheet_directory_uri(); ?>/img/top-mv1-sp.jpg" media="(max-width: 768px)">
              <img src="<?php echo get_stylesheet_directory_uri(); ?>/img/top-mv1.jpg" alt="">
            </picture>
          </div>
          <div class="img-box-item">
            <picture>
              <source srcset="<?php echo get_stylesheet_directory_uri(); ?>/img/top-mv2-sp.jpg" media="(max-width: 768px)">
              <img src="<?php echo get_stylesheet_directory_uri(); ?>/img/top-mv2.jpg" alt="">
            </picture>
          </div>
          <div class="img-box-item">
            <picture>
              <source srcset="<?php echo get_stylesheet_directory_uri(); ?>/img/top-mv3-sp.jpg" media="(max-width: 768px)">
              <img src="<?php echo get_stylesheet_directory_uri(); ?>/img/top-mv3.jpg" alt="">
            </picture>
          </div>
        </div>
      </div>
    </div>
```

❶ヘッダー部分をheader.phpに書き換え

❷./（赤ドットスラッシュ）をテーマフォルダーのURLに変更して画像を読み込み

■ 本文を出力するコード

```
<?php the_content(); ?>
```

■ 記事を呼び出すメインループのコード

```
<?php if ( have_posts() ) : ?>
 <?php while( have_posts() ) : the_post(); ?>
  <!-- 投稿がある場合の処理を記載 -->
 <?php endwhile;?>
<?php endif; ?>
```

■ カスタムフィールドで登録したテキストを読み込むコード

```
<?php echo nl2br(SCF::get('カスタムフィールドの名前')); ?>
```

■ テーマフォルダーのURLを表示するコード

```
src="./  →
src="<?php echo get_stylesheet_directory_uri(); ?>/
```

元のコード（front-page.php）（つづき）

```
<section id="about" class="about">
      <div class="inner">
        <div class="content-wrapper">
          <div class="text-wrapper">
            <h2 data-title="About Us" class="content-title">私たちの取り組み</h2>
            <div class="content-text">
```

❸に変更

```
              <p>海洋生物よりも、海洋ごみが増える未来が<br>
                近い将来やってくるかもしれない。<br>
                それを防ぐのが、私たちの役割です。</p>
              <p>海洋プラスチックごみの回収や処理、<br>
                工場から出る汚水をテクノロジーを使って浄水し、<br>
                海に放出する技術の開発などを行っています。</p>
            </div>
          </div>
          <div class="images-wrapper">
```

❹に変更

```
            <picture class="item1 js-fadeinup-trigger">
              <source srcset="./img/top-about-img1-sp.jpg" media="(max-width: 768px)">
              <img src="./img/top-about-img1.jpg" alt="取り組みイメージ">
            </picture>
            <picture class="item2 js-fadeinup-trigger">
              <source srcset="./img/top-about-img2-sp.jpg" media="(max-width: 768px)">
              <img src="./img/top-about-img2.jpg" alt="取り組みイメージ">
            </picture>
            <picture class="item3 js-fadeinup-trigger">
              <source srcset="./img/top-about-img3-sp.jpg" media="(max-width: 768px)">
              <img src="./img/top-about-img3.jpg" alt="取り組みイメージ">
            </picture>
          </div>
        </div>
      </div>
 </section>

    <section id="service" class="service">
      <div class="inner">
        <div class="content-wrapper">
          <div class="box-left">
            <h2 data-title="Service" class="content-title">事業内容</h2>
            <div class="content-text">
              <p>汚水処理、廃棄物処理など、人々の生活に、必ずついてまわる「構造的課題」の解決にイノベーションを起こし、SDGsに貢献するビジネスを推進します。</p>
```

❺に変更

```
            </div>
          </div>
          <div class="box-right">
```

書き換え後のコード（front-page.php）（つづき）

```
<section id="about" class="about">
      <div class="inner">
        <div class="content-wrapper">
          <div class="text-wrapper">
            <h2 data-title="About Us" class="content-title">私たちの取り組み</h2>
            <div class="content-text">
            <?php if(have_posts()): ?>
            <?php while(have_posts()): the_post(); ?>
              <?php the_content(); ?>
            <?php endwhile; ?>
            <?php endif; ?>
            </div>
          </div>
          <div class="images-wrapper">
            <picture class="item1 js-fadeinup-trigger">
              <source srcset="<?php echo get_stylesheet_directory_uri(); ?>/img/top-about-img1-sp.jpg" media="(max-width: 768px)">
              <img src="<?php echo get_stylesheet_directory_uri(); ?>/img/top-about-img1.jpg" alt="取り組みイメージ">
            </picture>
            <picture class="item2 js-fadeinup-trigger">
              <source srcset="<?php echo get_stylesheet_directory_uri(); ?>/img/top-about-img2-sp.jpg" media="(max-width: 768px)">
              <img src="<?php echo get_stylesheet_directory_uri(); ?>/img/top-about-img2.jpg" alt="取り組みイメージ">
            </picture>
            <picture class="item3 js-fadeinup-trigger">
              <source srcset="<?php echo get_stylesheet_directory_uri(); ?>/img/top-about-img3-sp.jpg" media="(max-width: 768px)">
              <img src="<?php echo get_stylesheet_directory_uri(); ?>/img/top-about-img3.jpg" alt="取り組みイメージ">
            </picture>
          </div>
        </div>
      </div>
</section>

    <section id="service" class="service">
      <div class="inner">
        <div class="content-wrapper">
          <div class="box-left">
            <h2 data-title="Service" class="content-title">事業内容</h2>
            <div class="content-text">
              <p><?php echo nl2br(SCF::get('service')); ?></p>
            </div>
          </div>
          <div class="box-right">
```

❸メインループのコードを使用して本文を出力する

❹./（赤ドットスラッシュ）をテーマフォルダーのURLに変更して画像を読み込み

❺カスタムフィールドを読み込むコードに書き換え

カスタムフィールド（繰り返しフィールド）で登録したテキストや画像を読み込むコード

```
<?php
$定義する変数名 = SCF::get('カスタムフィールドの名前');
foreach($定義する変数名 as $fields):
?>
 <?php echo wp_get_attachment_image($fields['カスタムフィールドの名前'], '画像サイズ'); ?>
 <?php echo nl2br($fields['カスタムフィールドの名前']); ?>
<?php endforeach; ?>
```

元のコード（front-page.php）（つづき）

❻に変更

```
            <div class="item js-fadeinup-trigger">
              <div class="item-title-wrapper">
                <div class="item-title-img"><img src="./img/top-service-img1.jpg" alt="安全な水とトイレを世界中に"></div>
                <h3 class="item-title">安全な水とトイレを<br>世界中に</h3>
              </div>
              <div class="content-text">
                <p>誰もが安全な水を利用できるように、有害な化学物質が流れ込むことを防ぎ、処理しないまま流す排水を減らす活動に取り組んでいます。<br>
                また、水の安全な再利用を世界的に大きく増やす、国際的な協力も行っています。</p>
              </div>
            </div>
            <div class="item js-fadeinup-trigger">
              <div class="item-title-wrapper">
                <div class="item-title-img"><img src="./img/top-service-img2.jpg" alt="海の豊かさを守ろう"></div>
                <h3 class="item-title">海の豊かさを<br>守ろう</h3>
              </div>
              <div class="content-text">
                <p>様々な産業の製造工程では大量の汚水・廃液が発生します。私たちの開発する独自の汚水処理システムを使い、水をきれいにして、海の豊かさを守ります。<br>
                また、他社と連携し、海洋プラスチックごみの回収や処理も行っています。</p>
              </div>
            </div>
          </div>
        </div>
      </div>
    </section>
```

書き換え後のコード（front-page.php）（つづき）

❻カスタムフィールド（赤字部分）を読み込むコードに書き換え

```
     <?php
      $service_item = SCF::get('service-item');
      foreach ( $service_item as $fields ):
     ?>
      <div class="item js-fadeinup-trigger">
       <div class="item-title-wrapper">
        <div class="item-title-img">
        <?php echo wp_get_attachment_image($fields['service-item-img'], 'large'); ?>
        </div>
        <h3 class="item-title"><?php echo nl2br( $fields['service-item-title'] ); ?></h3>
       </div>
       <div class="content-text">
        <p><?php echo nl2br( $fields['service-item-text'] ); ?></p>
       </div>
      </div>
     <?php endforeach; ?>
     </div>
    </div>
   </div>
  </section>
```

元のコード（front-page.php）（つづき）

```
    <div class="company-news-wrapper">
      <div class="inner">
        <section class="home-company">
          <h2 data-title="Company" class="content-title">会社概要</h2>
```

❼に変更

```
          <div class="company-info">
            <dl>
              <dt class="even-allocation is-center">社名</dt>
              <dd>GOOD OCEAN 株式会社</dd>

            <dl>
              <dt>取締役</dt>
              <dd>西原　礼音</dd>
            </dl>
          </div>
```

```
        </section>
      </div>

      <section class="home-news">
        <h2 class="home-news-title">News</h2>
```

❽に変更

```
        <ul class="news-list">
          <li>
            <a href="./single.html">
              <div class="thumbnail"><img src="./img/news-thumbnail1.jpg" alt=""></div>
              <div class="text">
                <ul class="cat-list">
                  <li>重要</li>
                  <li>Topics</li>
                </ul>
                <time datetime="2055-03-05" class="date">2055.03.05</time>
                <p class="title">阿諏訪株式会社との業務提携</p>
              </div>
            </a>
          </li>


        </ul>
```

```
      </section>
    </div>
  </main>

```

❾に変更

```
  <footer class="footer-a">
    <div class="inner">
      <div class="contact-box">
        <h2 data-title="Contact" class="content-title">お問い合わせ</h2>

  </footer>
  <script src="https://code.jquery.com/jquery-3.6.4.min.js"></script>
  <script src="https://cdn.jsdelivr.net/npm/slick-carousel@1.8.1/slick/slick.min.js"></script>
  <script src="./js/slider.js"></script>
  <script src="https://cdnjs.cloudflare.com/ajax/libs/protonet-jquery.inview/1.1.2/jquery.inview.min.js"></script>
  <script src="./js/script.js"></script>
</body>
</html>
```

■ テンプレートパーツを読み込むコード

```
<?php get_template_part(' パーツの名前 '); ?>
```

■ footer.phpを読み込むコード

```
<?php get_footer(); ?>
```

■ 特定の投稿タイプの記事一覧を取得するコード

```
<?php
 $args = array(
'post_type' => 'post',// 投稿タイプ：投稿
'posts_per_page' => 3,// 表示件数
'post_status' => 'publish',// 投稿ステータス：公開済み
);
 $the_query = new WP_Query($args);
 if($the_query->have_posts()):
?>
<?php while($the_query->have_posts()): $the_query->the_
post();
// ここに繰り返すテンプレートパーツなどを読み込む
endwhile; ?>
<?php else: ?>
    <p> 記事はありません。</p>
<?php endif; ?>
<?php wp_reset_postdata(); ?>
```

変換後のコード（front-page.php）（つづき）

```
      <div class="company-news-wrapper">
        <div class="inner">
          <section class="home-company">
            <h2 data-title="Company" class="content-title"> 会社概要 </h2>
            <?php get_template_part('parts', 'companyinfo');  ?>
          </section>
        </div>

        <section class="home-news">
          <h2 class="home-news-title">News</h2>
        <?php
          $args = array(
            'post_type' => 'post',
            'posts_per_page' => 3,
            'post_status' => 'publish',
          );
          $the_query = new WP_Query($args);
          if($the_query->have_posts()):
        ?>
          <ul class="news-list">
          <?php
            while($the_query->have_posts()): $the_query->the_post();
              get_template_part('parts', 'archiveposts');
            endwhile;
          ?>
          </ul>
          <?php else: ?>
            <p> 記事はありません。</p>
          <?php endif; ?>
          <?php wp_reset_postdata(); ?>
        </section>
      </div>
    </main>

<?php get_footer(); ?>
```

❼会社概要のテンプレートパーツを読み込むコードに書き換え

❽記事一覧のテンプレートパーツを読み込むコードに書き換え

❾フッター部分を［footer.php］に書き換え

10-10 ページの表示を確認する

トップページを表示して、記事本文やカスタムフィールド、
パーツファイルに置き換えた部分が
正しく表示されているかを確認します。

ページの表示を確認する

1 管理画面から［固定ページ］＞［固定ページ一覧］＞［ホーム］をクリックします。［URL］＞［固定ページを表示］のURLをクリックして、ブラウザーの新しいタブを開き、ページが表示されているかを確認します。

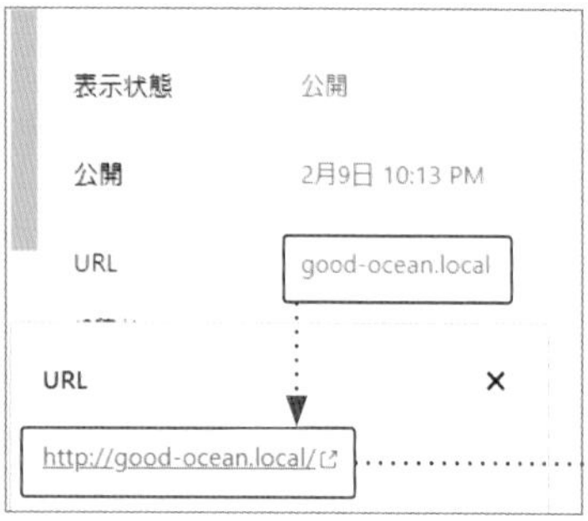

チェックリスト

❶ABOUT USに管理画面から投稿した本文が表示されている

❷SERVICEの画像、テキストが正しく表示されている

❸COMPANYの会社概要が正しく表示されている

❹NEWSの記事が最新3件表示されている

❺フッターにお問い合わせが表示され、カスタムフィールドに入力した内容が反映されている

サイトが完成したら、
次は、本番サーバーに移行しよう！

Advice メニュー項目を追加・編集・削除できる「カスタムメニュー」の作り方

今回のオリジナルテーマ制作では、ヘッダーやフッターに更新性を持たせず、PHPファイルにナビゲーションのコードを書いています。しかし、クライアントによっては、運用時にメニュー項目を追加・編集・削除したいという要望があるかもしれません。そんなときに活躍する「カスタムメニュー」の作り方をご紹介します。

管理画面に「カスタムメニュー」機能を表示する

1 [functions.php] に以下のソースコードを記述します。

```
// カスタムメニューを追加
function register_my_menus() {
  register_nav_menus( array( // 複数のナビゲーションメニューを登録する時の関数
  //「メニューの位置」の識別子 => メニューの説明の文字列 ,
  'main-menu' => 'Main Menu',// グローバルナビゲーション用
  'footer-menu'  => 'Footer Menu',// フッターナビゲーション用
  ));
}
add_action( 'after_setup_theme', 'register_my_menus' );
```

カスタムメニューを作成する

1 WordPressの管理画面に［外観］>❶［メニュー］という項目が現れるのでクリックします。

表示されない場合は、管理画面を更新してください。

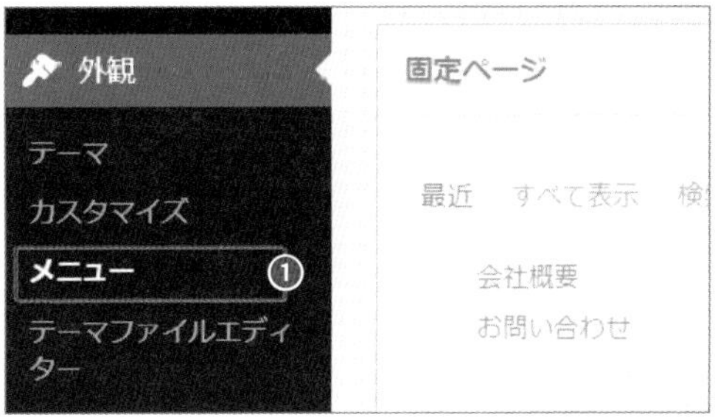

2 ❷メニュー名に「globalnavi」など管理しやすい名前を付けます。[メニューの位置]は❸［Main Menu］にチェックを入れ、❹［メニューを作成］ボタンをクリックします。

3 ❺メニューに追加したい項目にチェックを入れます。今回は「お知らせ」「お問い合わせ」「会社概要」を選択した後、❻［メニューに追加］をクリックします。

4 選択したメニュー項目が［メニュー構造］の中に追加されます。❼項目は上下にドラッグして順番を変更することができます。順番を整えたら［メニューを保存］をクリックします。

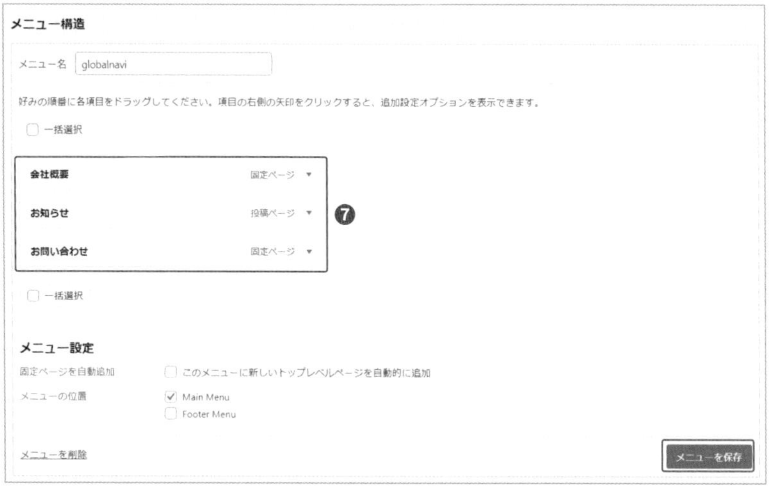

カスタムメニューをサイトに表示させる

1 カスタムメニューを表示させたいPHPファイルに以下のソースコードを記述します。

```
<?php
  wp_nav_menu( array(
    'theme_location' => 'main-menu',// グローバルナビゲーション用の main-menu を表示
    'container' => 'nav',// ※必要なら追加 <div> で出力されるソースコードを <nav> に変更
  ));
?>
```

フッターにメニューを追加する

1 続けてフッターリンク用のカスタムメニューを作りたい場合は、WordPressの管理画面から［外観］＞［メニュー］を表示し、❶［新しいメニューを作成しましょう］をクリックします。

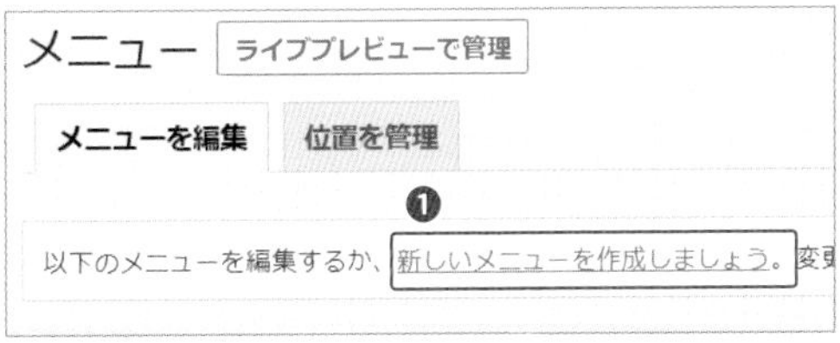

2 ［メニュー名］に名前を付けます（ここでは❷「footerlink」としました）。［メニューの位置］で❸［Footer Menu］にチェックを入れ、［メニューを作成］をクリックします。

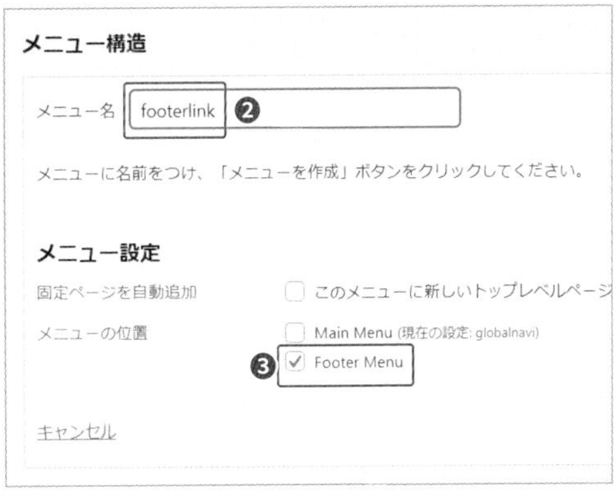

3 ヘッダーのとき同様、メニューに追加したい項目を追加し、保存します。メニューを追加したら、フッターリンクを表示させたいPHPファイルに以下のソースコードを記述します。

```
<?php
  wp_nav_menu( array(
    'theme_location' => 'footer-menu',// フッターナビゲーション用の footer-menu を表示
  ) );
?>
```

Advice サイドバーなどに項目を追加・編集・削除ができる「ウィジェット機能」の作り方

「カスタムメニュー」に続き、ブログのサイドバーなどを運用する際に、クライアント自身で項目を追加・編集・削除できる「ウィジェット機能」の作り方をご紹介します。

ウィジェット機能を有効化する

1 [functions.php] に以下のソースコードを記述します。

```
// ウィジェット機能を追加
function my_widgets_init() {
  register_sidebar( array(
    'name' => 'News Widgets',//News 用のウィジェット名
    'id' => 'news-widgets',//News 用のウィジェット ID 名
    'before_widget' => '<div id="%1$s" class="widget">',// ※必要なら追加 <ul> で出力されるソースコードを <div> に変更
    'after_widget' => '</div>',// ※必要なら追加 </ul> で出力されるソースコードを </div> に変更
  ) );

  register_sidebar( array(
    'name' => 'Footer Widgets',//Footer 用のウィジェット
    'id' => 'footer-widgets',//Footer 用のウィジェット ID 名
   'before_widget' => '<div id="%1$s" class="widget">',// ※必要なら追加 <ul> で出力されるソースコードを <div> に変更
    'after_widget' => '</div>',// ※必要なら追加 </ul> で出力されるソースコードを </div> に変更
  ) );
}
add_action( 'widgets_init', 'my_widgets_init' );
```

2 WordPressの管理画面に［外観］>❶［ウィジェット］という項目が現れるのでクリックします。

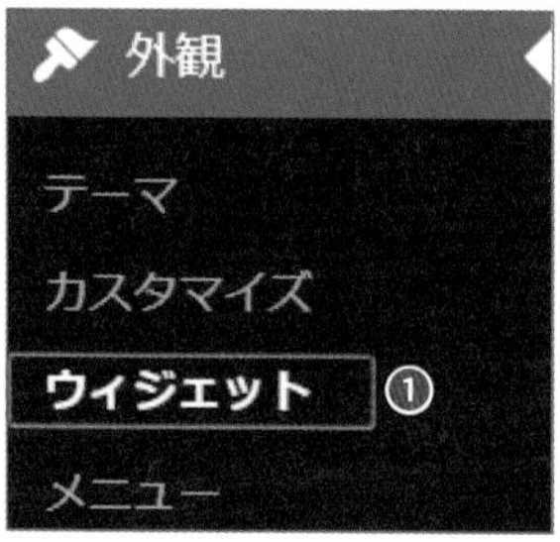

ウィジェット機能を設定する

1 ［News Widgets］の下にある❷＋をクリックし❸［すべて表示］をクリックします。

表示されない場合は、管理画面を更新してください。

2つ目以降のウィジェット項目を設定する場合は、各項目の∨ボタンをクリックすることで設定できます。

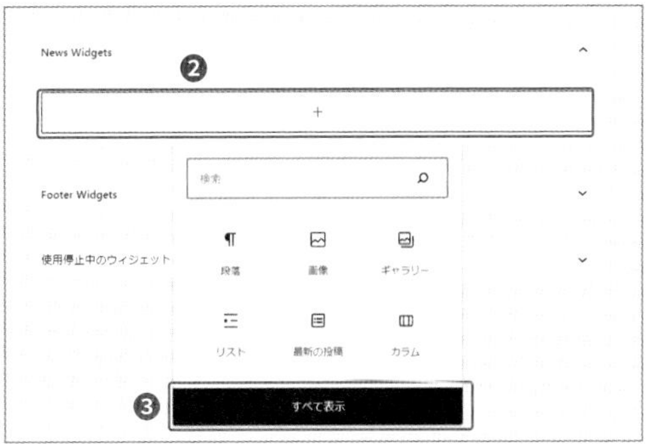

2 左エリアから入れ込みたい機能を選択します（ここでは❹［最新の投稿］を選択）。❺ウィジェットの本文に選択した機能が表示されたら❻［更新］をクリックします。

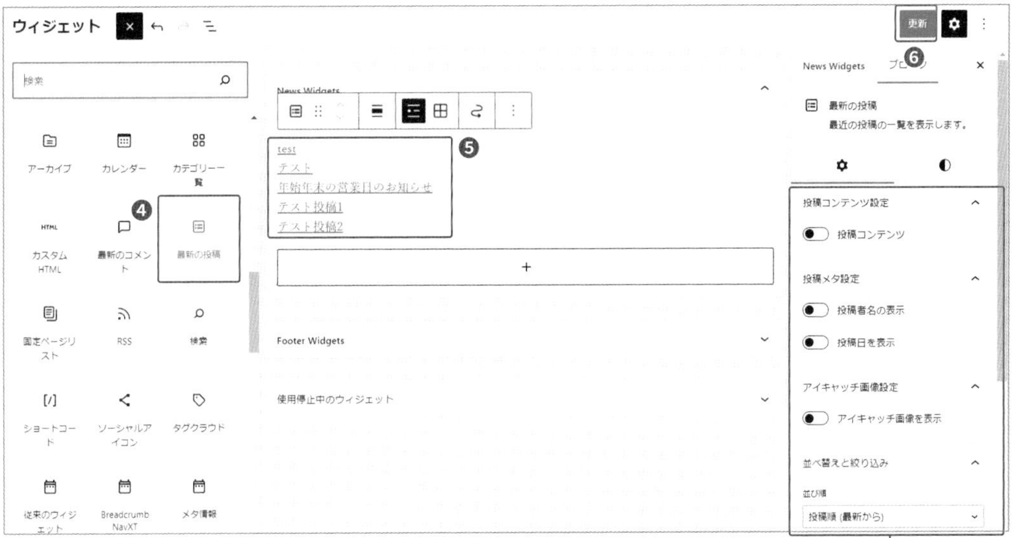

挿入したエリアをクリック後、［設定］をクリックすると表示されるメニューの中で詳細の調整ができます。必要に応じて調整してください。

5 ウィジェット機能を表示させたいPHPファイルに以下のソースコードを記述します。

■ News用ウィジェット機能の表示

```
<?php dynamic_sidebar('news-widgets'); ?>
```

■ Footer用ウィジェット機能の表示

```
<?php dynamic_sidebar('footer-widgets'); ?>
```

COLUMN

wp_headで不要なコードを出力させない方法

WordPressのwp_head()関数で<head>タグの中に出力される不要なコードを省きたい場合、functions.phpの中に、以下のコードを書くと削除ができます。

■ WordPress バージョン情報出力非表示　※セキュリティ対策のため削除推奨
```
remove_action('wp_head', 'wp_generator');
```

■ 外部ツールが WordPress の情報を取得するリンク（RSD 用の xml へのリンク）の非表示　※任意
```
remove_action('wp_head', 'rsd_link');
```

■ Windows Live Writer のマニフェストファイルへのリンクの非表示　※任意
```
remove_action('wp_head', 'wlwmanifest_link');
```

■ 絵文字機能の削除　※任意
```
remove_action('wp_head', 'print_emoji_detection_script', 7);
remove_action('admin_print_scripts', 'print_emoji_detection_script');
remove_action('wp_print_styles', 'print_emoji_styles' );
remove_action('admin_print_styles', 'print_emoji_styles');
```


COLUMN

WordPressのログイン画面をデザインする方法

WordPressのログイン画面をオリジナルデザインに変更したい場合は、functions.phpの中に以下のコードを書くと既存のCSSを上書きすることができます。

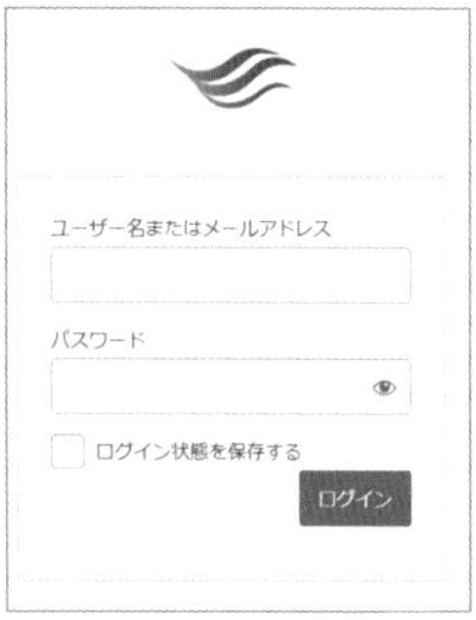


```
function my_login_logo(){
echo
'<style>
  body{background: #f8f8f8!important;}  /* ログイン画面背景色を指定 */
  body.login div#login h1 a {
    background: url('. get_stylesheet_directory_uri() .'/img/site-id-img.svg) no-repeat center;  /* 画像を指定 */
    background-size: contain;
    width: 100px;  /* 横幅を指定 */
    height: 100px;  /* 縦幅を指定 */
    margin-bottom: 0;
  }
</style>';
}
add_action('login_enqueue_scripts', 'my_login_logo');
```

※backgroundやwidthなどの設定はデザインに合わせて変更してください。

CHAPTER 11

本番環境を準備する

11-1 WordPressのデータをエクスポートする All-in-One WP Migration

「Local」で作成したWordPressのデータをエクスポートして、
本番サーバーに移行する準備をしましょう。

WordPressの引っ越しプラグイン
「All-in-One WP Migration」を使うよ！

データエクスポート前のチェックポイント

☐ **管理画面から入力したアドレスは絶対パスになっている**

管理画面から入力した本文やカスタムフィールドの内部リンクのアドレスは、絶対パス(http://〜)になっていますか？
→「All-in-One WP Migration」は、WordPressの管理画面から入力したテスト用のサイトアドレスを本番用のサイトアドレスへ自動変換してくれますが、自動変換の条件として、絶対パスでリンクを設定している必要があります。

●プラグインで自動変換される絶対パスの例

`http://good-ocean.local/contact/` ··········► `https://example.com/contact/`

「Local」で指定した「Local site domain（仮想ホスト名）」　　プラグインで本番サイトのアドレスに変換

☐ **［検索エンジンがサイトをインデックスしないようにする］のチェックが外れている**

管理画面の［設定］＞［表示設定］＞［検索エンジンでの表示］＞［検索エンジンがサイトをインデックスしないようにする］のチェックが外れていますか？
→Googleなどの検索エンジンに表示されやすくするためにはチェックを外す必要があります。

☐ **不要な画像は削除してある**

テーマ内（[goodocean］フォルダー＞［img］内など）に使用していない画像はありませんか？
→HTML制作時に使用したダミー画像は、エクスポートデータのファイルサイズ削減のため削除しておきましょう。

☐ **テーマ内のCSSやJavaScriptの中のリンクは相対パスになっている**

テーマ内のCSSやJavaScriptの中のリンクは、相対パスになっていますか？
→テーマ内はAll-in-One WP Migrationによる自動変換がされません。相対パスで指定してあると移行がスムーズです
※配布した素材は、相対パスに対応済み

データをエクスポートする

1 ［プラグイン］＞［インストール済みプラグイン］から「All-in-One WP Migration」を有効化します。

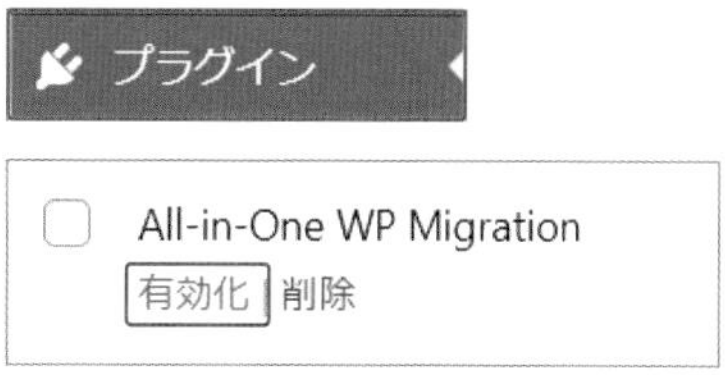
プラグイン
All-in-One WP Migration
有効化
削除

2 プラグインを有効化したあと、WordPress管理画面のメニューに表示される［All-in-One WP Migration］＞［エクスポート］をクリックします。

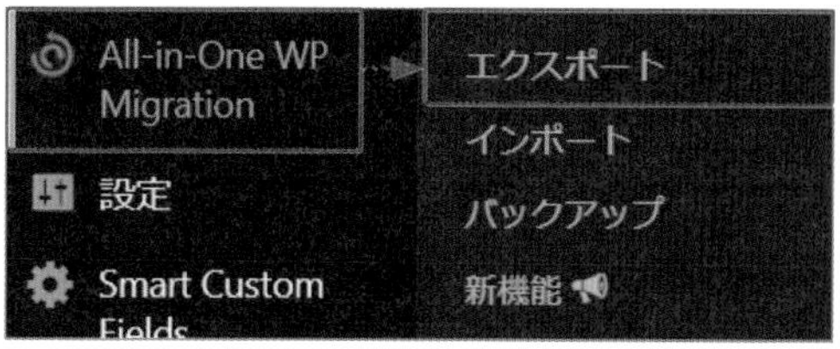
All-in-One WP Migration
設定
Smart Custom Fields
エクスポート
インポート
バックアップ
新機能

3 「サイトをエクスポート」画面の［高度なオプション］をクリックします。

サイトをエクスポート
検索 <文字列> 置換 <別の文字列> データベース内
追加
高度なオプション (クリックして展開)
エクスポート先

4 「高度なオプション」が展開されるので、［投稿リビジョンをエクスポートしない］にチェックを入れます。
これは、データ容量を削減するためです。そのほかの項目は必要に応じてチェックを入れてください。

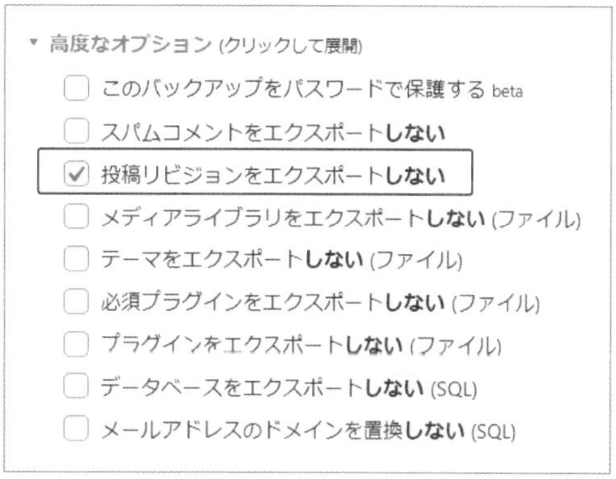
高度なオプション (クリックして展開)
このバックアップをパスワードで保護する beta
スパムコメントをエクスポートしない
投稿リビジョンをエクスポートしない
メディアライブラリをエクスポートしない (ファイル)
テーマをエクスポートしない (ファイル)
必須プラグインをエクスポートしない (ファイル)
プラグインをエクスポートしない (ファイル)
データベースをエクスポートしない (SQL)
メールアドレスのドメインを置換しない (SQL)

5 「サイトをエクスポート」画面で［エクスポート先］＞［ファイル］をクリックすると、エクスポートの準備がはじまります。

5 「エクスポートを準備中…」と表示されるので待機します。画像やファイルが多いWordPressサイトほど時間がかかります。

8 準備が完了すると［○○をダウンロード］と表示されるので、クリックしてダウンロードします。

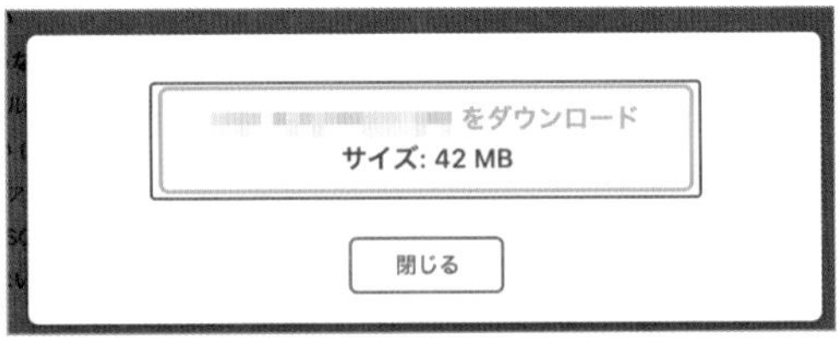

9 「.wpress」という拡張子のファイルがダウンロードされます。解凍する必要はないので、開かず、そのまま保存してください。

データをエクスポートをしたら、サイト公開まであと少しです！次のページからは公開までのフローを解説します。本書では、新規でサーバーとドメインを取得するケースを想定しています。サーバーとドメインがすでに紐づいており、SSL化も済んでいる場合は、11-2〜11-5を飛ばして11-6から読み進めてください。

新規でサーバーとドメインを取得する → 11-2

サーバーとドメインはすでに取得済みで SSL化もできている → 11-6

11-2 WordPressをインポートする サーバーとドメインを契約する

WordPressをインポートするサーバーの選び方や
ドメイン取得時の注意点を解説しています。

「サーバー(例:さくらのレンタルサーバ)」は、
インターネット上に借りる「土地」。
「ドメイン(例https://example.comのようなアドレス名)」は、
インターネット上の「住所」と考えると理解しやすいです。

代表的なサーバーとドメインサービスの組み合わせ

代表的なサーバーとドメインサービスの組み合わせ例をご紹介します。サーバーとドメインは、選択する会社やプラン、ドメインの名前によって金額が変わります。サイトの目的にあった組み合わせを選びましょう。
※下記WordPress対応プラン名は2023年7月現在の名称です。

サーバー		ドメインサービス
さくらのレンタルサーバ (スタンダードプラン) https://rs.sakura.ad.jp	×	**さくらのドメイン** https://domain.sakura.ad.jp
エックスサーバー (スタンダード) https://www.xserver.ne.jp/	×	**エックスサーバードメイン** https://www.xdomain.ne.jp
ロリポップ!レンタルサーバ (ライトプラン or ベーシックプラン) https://lolipop.jp	×	**ムームードメイン** https://muumuu-domain.com

● WordPressを使うためのサーバー選びの注意点

・サーバーは、必ず「WordPressが使えるプラン」を選びましょう！
1番安いプランは、WordPressに対応していないことがあります。

・WordPressで作ったサイトの表示速度を重視する場合は、ページの表示速度の速さを売りにしているサーバー会社やプランを選びましょう！

●ドメイン選びの注意点

・ブラックリストに登録されていないか事前にチェックしましょう。
自分が取得したいドメインは、昔誰かが使っていたドメインかもしれません。
ブラックリストに載っていると、Webサイトが検索エンジンに表示されなくなったり、メールが相手に届かないといった状態になります。ブラックリストチェックツールを事前に活用しましょう！

▼MGT.jp | ネットワークチェックツール
https://mgt.jp/t/black/

・「新規取得(登録)費用」と「更新費用」は別なので注意!!
新規登録が1円のドメインであっても、翌年の更新は3,000円だった…なんてことがあります。
長く使っていく予定であれば、登録料の安さではなく更新料はいくらになるか確認するようにしましょう。

・「.jp」ドメインは「更新料」と「Whois登録者情報公開」に注意!!
「.jp」は馴染み深いドメインですが、他のドメインと比べ年間更新料が割高です。
また、.jpドメインは所有者が誰であるのかをインターネット上に一般公開する必要があります(Whois登録者情報公開)。
ドメインと自分の本名がネット上に公開されることを理解した上で、自己責任で取得するようにしてください。※登録者情報を非公開にしたり、代理情報を公開するドメイン会社もあります。

▼ JPRS WHOIS (jpドメイン)
https://whois.jprs.jp

▼ WHOIS検索 - バリュードメイン (jp以外も検索可)
https://www.value-domain.com/domain/whois/

サーバーを借りたら
「example1234.sakura.ne.jp」といった
ドメイン名が自動的についていたよ。

「初期ドメイン」というものだね。
サーバーを取得すると、サーバー名の入ったアドレス(=初期ドメイン)を使うことができるようになるよ。初期ドメインはレンタルサーバーを変えたり、契約を解除したりすると使用できなくなってしまうんだ。

初期ドメインは、
独自ドメインと何が違うの？

独自ドメインはレンタルサーバーとは
別の管理になるので、サーバー会社を変えても
同じURLを使うことができるよ。

また、オリジナルのアドレスを作ることができるので、
「希望の名前が取得できる」「アドレスが短くできる」
「ドメインの種類で信頼を得る(例:jpドメイン→
日本国内に住所がないと取得できないので信用度
が高い)」などのメリットがあるんだ。

11-3 「さくらのレンタルサーバ」とドメインの契約

本書では「さくらのレンタルサーバ(スタンダードプラン)」に「さくらのドメイン」で取得した独自ドメインを紐づけて、WordPressのデータをインポートします。

「さくらのレンタルサーバ」と、ドメインの契約方法は、公式サイトの手順をご確認ください。

●レンタルサーバーの取得

https://sakuramarina.com/episode_04/
(初心者講座：#004｜さくらのレンタルサーバを申し込んでみよう！
:まりなの初心者講座 / さくらインターネット)

●独自ドメインの取得

https://sakuramarina.com/domain-005/
(ドメイン講座：#005｜ドメイン取得の流れ
:まりなの初心者講座 / さくらインターネット)

上記は「.com」のようなgTLDドメイン取得の流れです。
jpドメインの取得方法は
https://sakuramarina.com/domain-007/ を参照してください。

11-4 「さくらのレンタルサーバ」と独自ドメインを紐づける

取得したサーバーに独自ドメインを紐づけて、
自分が取得したアドレスで、サイトを表示できるようにしましょう。

1 「さくらのレンタルサーバ」の「サーバーコントロールパネル」を開き、契約時のメールに書かれているサーバーコントロールパネルにログインするために必要な「ドメイン名」や「パスワード」などを入力して、［ログイン］ボタンをクリックします。

さくらのレンタルサーバ
サーバーコントロールパネル
https://secure.sakura.ad.jp/rs/cp/

2 サーバーコントロールパネルのメニューから［ドメイン／SSL］＞［ドメイン／SSL］をクリックします。

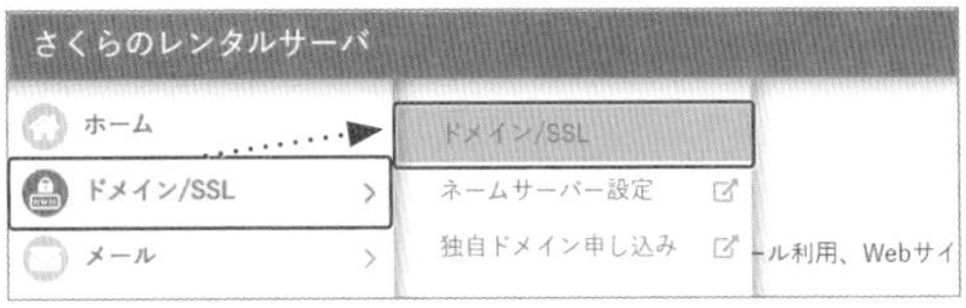

3 「ドメイン／SSL」画面が表示されるので、［ドメイン新規追加］ボタンをクリックします。

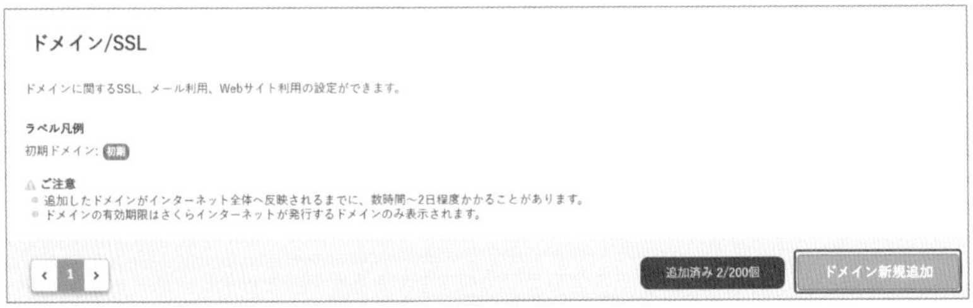

4 「ドメインを新規追加」画面が表示されるので、［さくらインターネットで取得の独自ドメインを使う］の［Step2. ドメインの追加］にあるプルダウンメニューから、設定したい❶ドメイン名を選び、❷［追加］ボタンをクリックします。

5 「ドメイン／SSL」の画面から、設定したいドメインの［設定］ボタンをクリックします。

6 「ドメイン設定」画面で、右図の各種設定を行い、［保存する］ボタンをクリックするとサーバーと独自ドメインが紐づきます。

追加したドメインが反映されるまでは数時間かかることがありますので反映するまで待ちましょう。

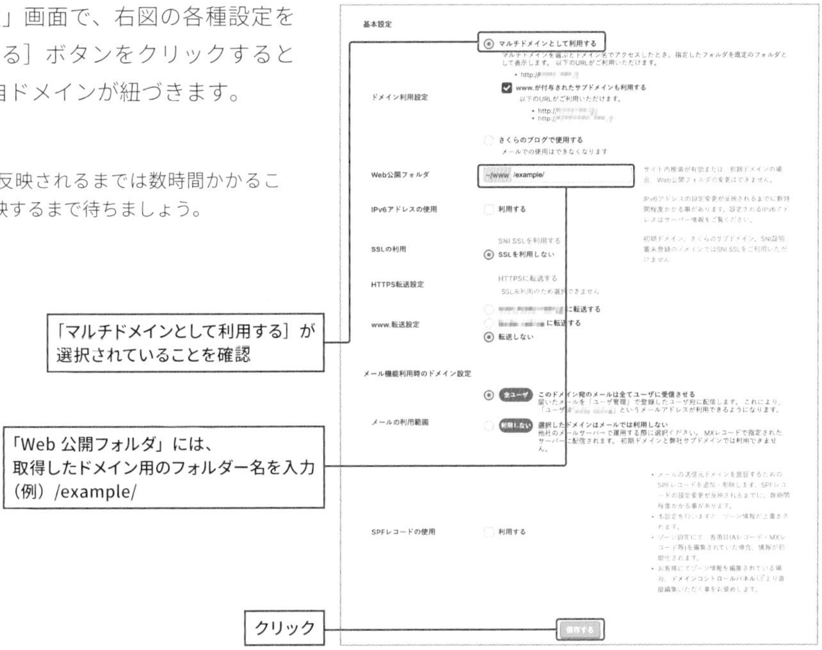

サーバー×ドメイン設定のヘルプページ

よく使われるサーバーにはドメイン設定に関するヘルプページがあります。
公式ヘルプのページを見ながら設定しましょう。

●さくら×さくらドメイン
https://help.sakura.ad.jp/domain/2145/

●さくら×他社ドメイン
https://help.sakura.ad.jp/domain/2147/

●ロリポップドメイン設定
https://lolipop.jp/manual/user/chg-plan/

●エックスサーバードメイン設定
https://www.xserver.ne.jp/manual/man_domain_setting.php

11-5 「さくらのレンタルサーバ」の管理画面からSSLの設定を行う

SSL(Secure Socket Layer)は、インターネット上の情報を暗号化して保護するための技術です。サイト全体をSSL化して、セキュリティを高めましょう。

SSL化をすると、第三者のなりすましやデータの盗聴、データの改ざんを防ぐことができます！

WordPressをインストールする前に「さくらのレンタルサーバ」にある無料の「Let's Encrypt」を利用して、サイトをSSL化しましょう。
SSL化が完了すると、サイトのアドレスが「http」から「https」に変わり、インターネット上のデータが暗号化されるようになります。

この作業は、ドメインの紐づけが完了した後に行ってください。ドメインが紐づいていないと「ドメインの名前解決ができないため無料SSL機能がご利用いただけません。」というメッセージが表示され、[無料SSLを設定する] ボタンが表示されません。

1 サーバーコントロールパネルのメニューから[ドメイン／SSL] > [ドメイン／SSL] をクリックします。

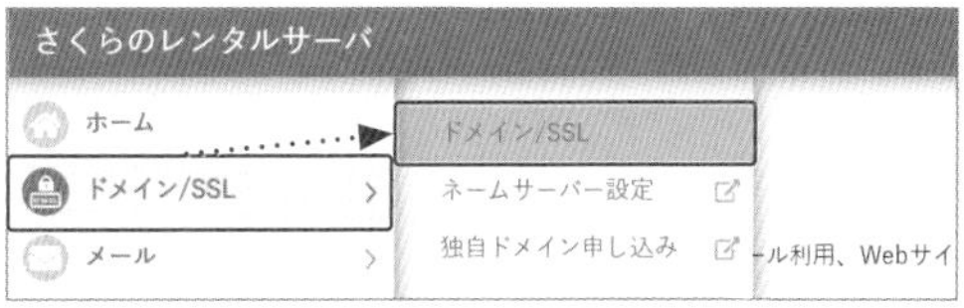

2 「ドメイン／SSL」画面で、https～にしたいドメインのエリアにある、[SSL] ボタンをクリックします。

3 「SSL証明書登録」画面で、[登録設定を始めるSSL証明書の種類を選択]ボタンをクリックします。
※下に[有償SSL証明書一覧]が並んでいますが、今回は使いません。

4 「SSL証明書の利用種類を選択」画面で、「Let's Encrypt（無料SSL）」のエリアにある、[利用する]ボタンをクリックします。

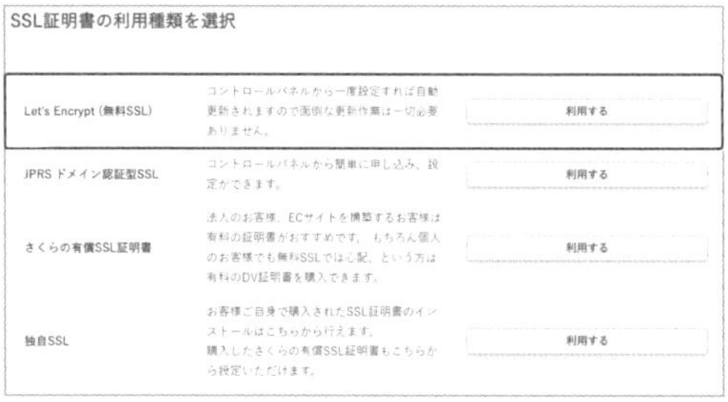

5 「無料SSL証明書登録」画面で、利用ポリシーを一読後、❶[Let's Encryptの利用ポリシーに同意する]にチェックを入れ、❷[無料SSLを設定する]ボタンをクリックします。

6 「ただいま無料SSL証明書の発行手続き中です。」と表示され、しばらくするとSSL化の設定が完了します。

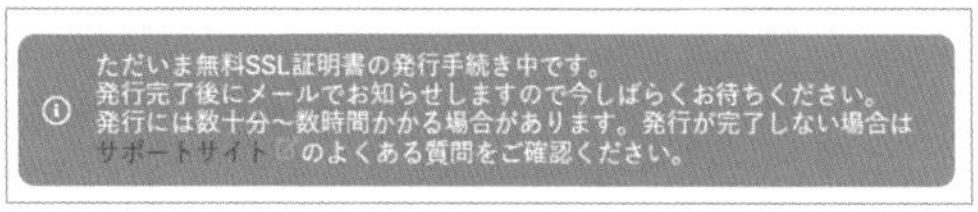

Let's Encrypt（無料SSL）は、設定してから反映まで数日かかることがあります。サイト公開日以前に余裕をもって設定してください。
SSL化が完了した後に次の項目に進みましょう。

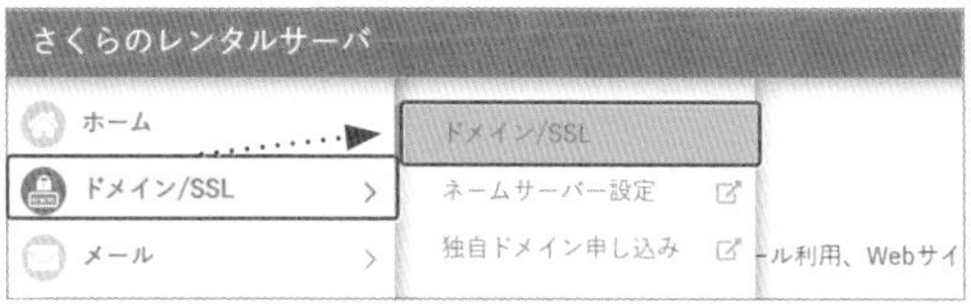

7 SSL化が完了したら、サーバーコントロールパネルのメニューから[ドメイン／SSL]>[ドメイン／SSL]を選択し、SSL化したドメインの[設定]をクリックします。

8 「ドメイン設定」画面で、❸［HTTPSに転送する］にチェックを入れ、❹［保存する］ボタンをクリックすると完了です。

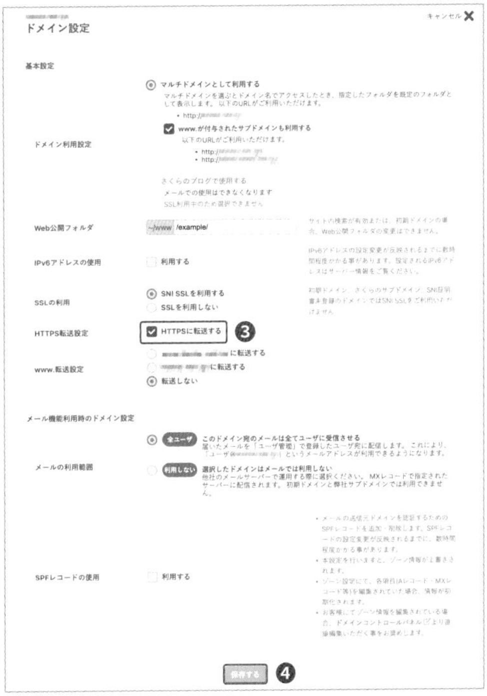

ロリポップやエックスサーバーなど、レンタルサーバーによっては「HTTPS転送設定」の項目はありません。WordPressの中で設定を行いますので、先に進んでください。

さくらのレンタルサーバ以外のSSL化ヘルプページ

さくらのレンタルサーバ以外のサーバーで作業を進める場合も、SSL化は必要です。
公式のヘルプページを参考にして設定しましょう。

●ロリポップSSL設定
https://lolipop.jp/manual/user/ssl-free-order/

●エックスサーバーSSL設定
https://www.xserver.ne.jp/manual/man_server_ssl.php

11-6 「さくらのレンタルサーバ」でWordPressをインストールする

さくらのレンタルサーバの「WordPress簡単インストール機能」を使い、
本番サーバーにWordPressをインストールします。

WordPressをクイックインストールする

1 さくらのレンタルサーバの「サーバーコントロールパネル」のメニューから［Webサイト／データ］＞［クイックインストール］をクリックします。

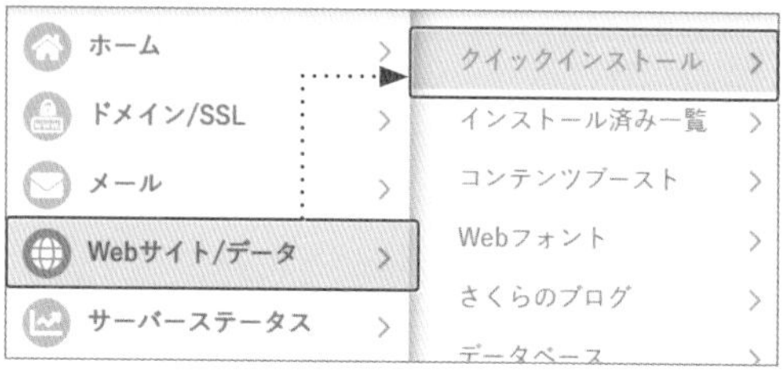

2 「クイックインストール」画面が表示されるので、［WordPress］の［新規追加］ボタンをクリックします。

WordPressのインストールに必要な情報を入力する

「WordPressのインストール」画面で各種項目を入力していきます。今回は、ドメイン直下ではなくサブディレクトリーにインストールする方法で進めます。

1 ［インストールURL］からインストール先の❶ドメインを選択し、❷［サブディレクトリにインストールする］にチェックを入れて、❸サブディレクトリー名を入力します。

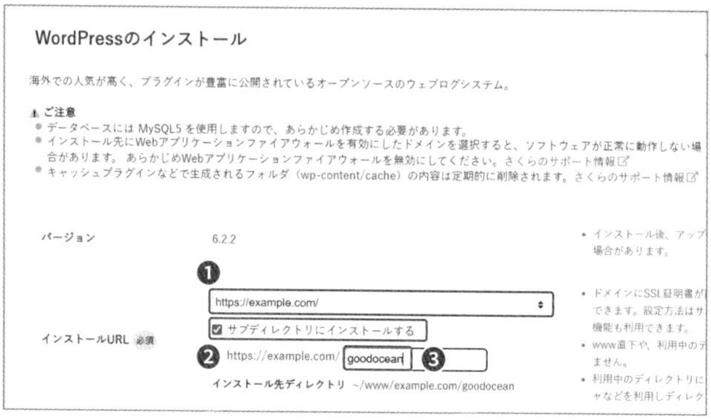

新しいデータベースを作成する場合

さくらのレンタルサーバは、WordPressをはじめてインストールする際に、データベースの新規作成が必要になります。
※ロリポップやエックスサーバーをご利用の方は データベースが自動生成されます。

1 「WordPressのインストール」画面の［利用データベース］の［データベース作成］ボタンをクリックすると表示される「データベース新規作成」画面で、各種項目を入力します。

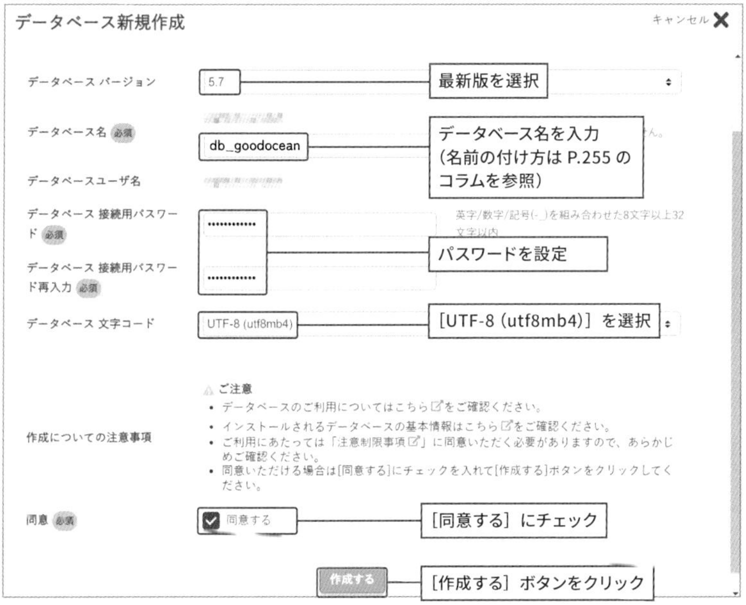

新規作成のときに設定する「データベース接続用パスワード」は、このWordPressだけでなく、同じサーバー内で別途使用する場合にも影響するよ。必ずメモしておこう！

パスワード生成サービスを使い、複雑なパスワードを設定しよう

データベースパスワードに複雑なパスワードを設定すると、セキュリティが向上します。自分で考えるのが難しい場合、パスワードを生成してくれるWebサービスを使うと便利です！
（例）パスワード生成（パスワード作成）：https://www.luft.co.jp/cgi/randam.php

2 「データベース新規作成」画面で［作成する］ボタンをクリックすると、「WordPressのインストール」画面に戻るので、引き続き各種項目を入力します。

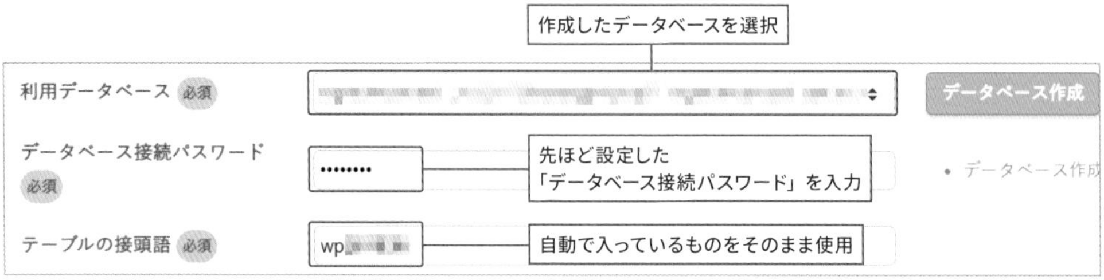

すでにデータベースを作成したことがある場合

既にデータベースを作成したことがある場合は、今回のサイト用のデータベースを新しく作ります。[データベース作成]ボタンをクリックし、「データベース新規作成」画面で各種項目を入力し、[作成する]ボタンをクリックします。作成したデータベースを選択した後は、**初回に設定した**「データベース接続パスワード」を入力してください。

データベースが自動生成されるサーバーもある！

さくらのレンタルサーバの場合はWordPressを作るたびに自分でデータベースを作成しますが、ロリポップやエックスサーバーの場合はWordPress簡単インストール機能を使うと、データベースが自動的に生成されます。

WordPressインストール時のデータベースの扱いはサーバーによって異なりますので、自分が使用しているサーバーの公式ヘルプを確認するようにしてください。

データベース名はどんな名前にしたらいい？

データベース名の付け方に迷われた方は、以下を参考にしてみてください。

（例）db_goodocean2023

・入っているデータの中身が一目でわかり、他のデータベースと重複しない名前にする。（サイト名を入れるとわかりやすい）
・データベース名に日本語は使用しない。
・小文字英数字とアンダースコアを使って名前を構成する。

「WordPressサイト情報」を設定する

1 「WordPressのインストール」画面の「WordPressサイト情報」に各種項目を入力していきます。

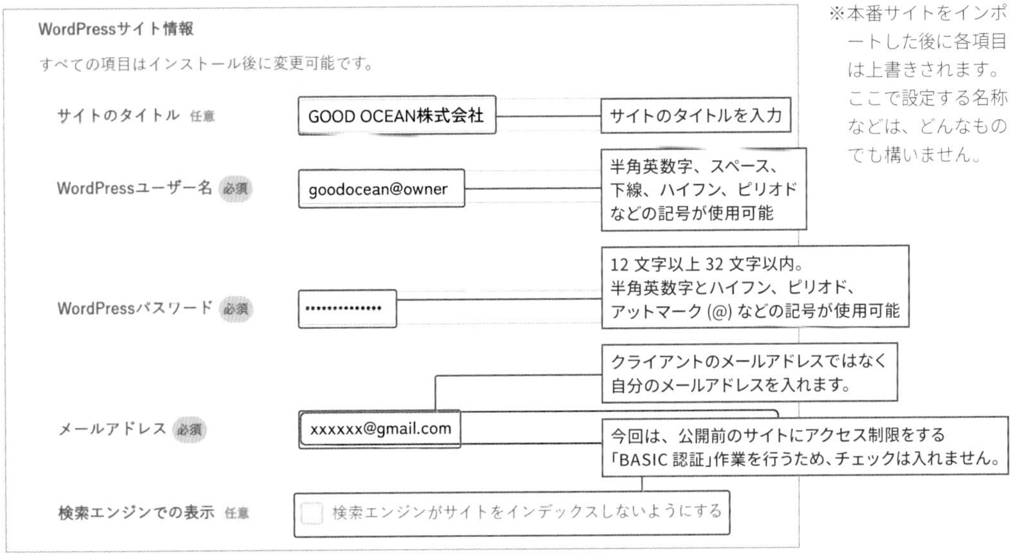
WordPressサイト情報
すべての項目はインストール後に変更可能です。
サイトのタイトル 任意
GOOD OCEAN株式会社
サイトのタイトルを入力
WordPressユーザー名 必須
goodocean@owner
半角英数字、スペース、下線、ハイフン、ピリオドなどの記号が使用可能
WordPressパスワード 必須
12 文字以上 32 文字以内。半角英数字とハイフン、ピリオド、アットマーク (@) などの記号が使用可能
メールアドレス 必須
xxxxxx@gmail.com
クライアントのメールアドレスではなく自分のメールアドレスを入れます。
今回は、公開前のサイトにアクセス制限をする「BASIC 認証」作業を行うため、チェックは入れません。
検索エンジンでの表示 任意
検索エンジンがサイトをインデックスしないようにする

※本番サイトをインポートした後に各項目は上書きされます。ここで設定する名称などは、どんなものでも構いません。

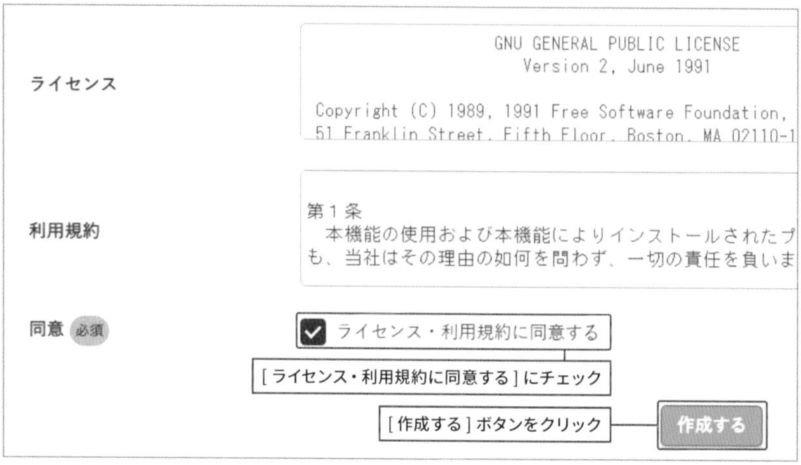
ライセンス
GNU GENERAL PUBLIC LICENSE
Version 2, June 1991
Copyright (C) 1989, 1991 Free Software Foundation,
51 Franklin Street, Fifth Floor, Boston, MA 02110-1
利用規約
第１条
本機能の使用および本機能によりインストールされたプ
も、当社はその理由の如何を問わず、一切の責任を負いま
同意 必須
ライセンス・利用規約に同意する
[ライセンス・利用規約に同意する] にチェック
[作成する] ボタンをクリック
作成する

2 ［作成する］ボタンをクリックした後しばらく待つと画面が切り替わり、「インストール済みパッケージ」画面が表示されます。これでWordPressをインストールすることができました。**「インストール先パス」は、次の工程「アクセス制限（BASIC認証）をかける」で使用しますので「〜」以降をメモしておきましょう。**

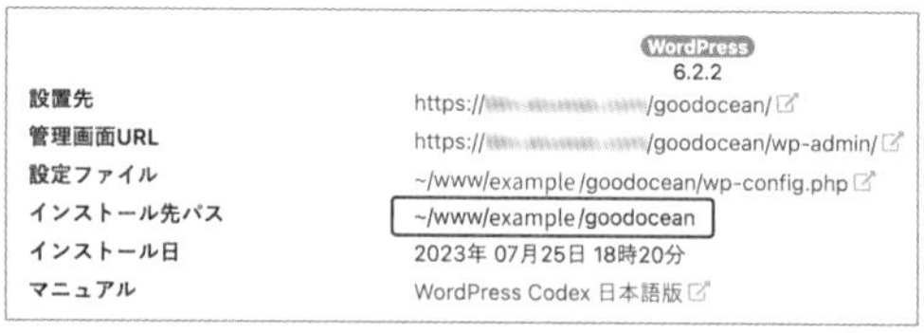
WordPress
6.2.2
設置先
https://
/goodocean/
管理画面URL
https://
/goodocean/wp-admin/
設定ファイル
~/www/example/goodocean/wp-config.php
インストール先パス
~/www/example/goodocean
インストール日
2023年 07月25日 18時20分
マニュアル
WordPress Codex 日本語版

※自動で切り替わらない場合は、「サーバーコントロールパネル」のメニューから［Webサイト／データ］＞［インストール済み一覧］をクリックしてください。

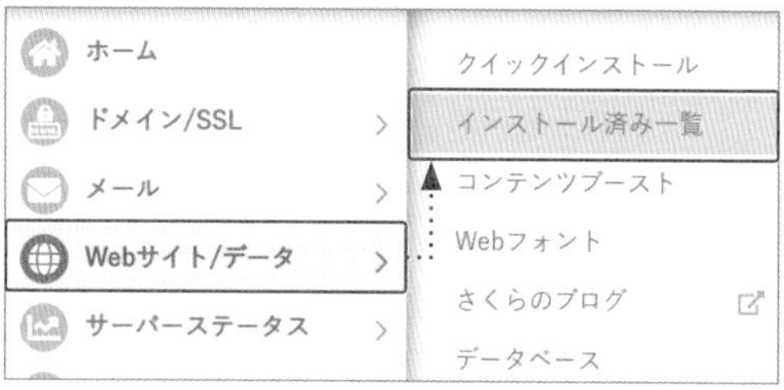
ホーム
ドメイン/SSL
メール
Webサイト/データ
サーバーステータス
クイックインストール
インストール済み一覧
コンテンツブースト
Webフォント
さくらのブログ
データベース

11-7 アクセス制限（BASIC認証）をかける

WordPressのインストールを終えたら、
制作中のサイトを閲覧できないように、
BASIC認証を使ったアクセス制限をかけましょう。

制作途中のサイトが検索エンジンに表示されないようにアクセス制限をかけることは非常に重要です。特にリニューアルの場合は、現行サイトと制作中のサイトの両方が存在すると、どちらかが偽物（コピーコンテンツ）と判断されて検索順位に悪影響を及ぼすことがあります。WordPressのインストールをしたら、設定を始める前にアクセス制限をかけましょう。

ファイルマネージャーからアクセス制限を設定する

1 「さくらのレンタルサーバ」のファイルマネージャーからアクセス制限を設定します。「サーバーコントロールパネル」のメニューから［Webサイト／データ］＞［ファイルマネージャー］を選択します。

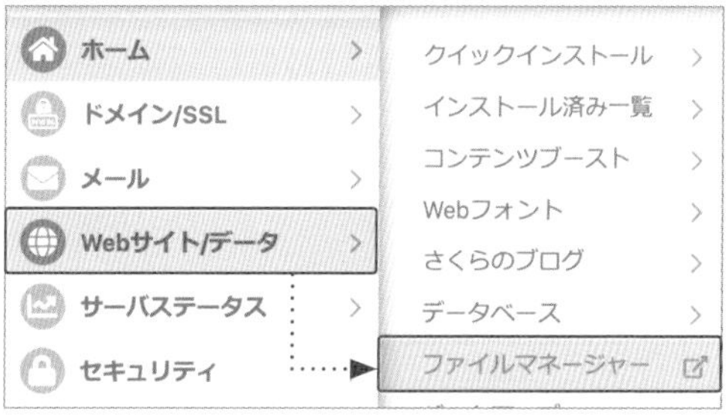
ホーム
ドメイン/SSL
メール
Webサイト/データ
サーバステータス
セキュリティ
クイックインストール
インストール済み一覧
コンテンツブースト
Webフォント
さくらのブログ
データベース
ファイルマネージャー

2 ファイルマネージャーの画面が表示されたら、WordPressをインストールしたディレクトリーをダブルクリックします。

操作
整理
表示アドレスへの操作
使用率: 263 MB／300 GB (0.09%)
example
goodocean
wp-admin
wp-content
wp-includes

11

本番環境を準備する

3 ディレクトリーが開くので、アドレスの下に表示される「▲▲▲▲／WordPressディレクトリー名」がP.256でメモした「インストール先パス」と一致していることを確認します。

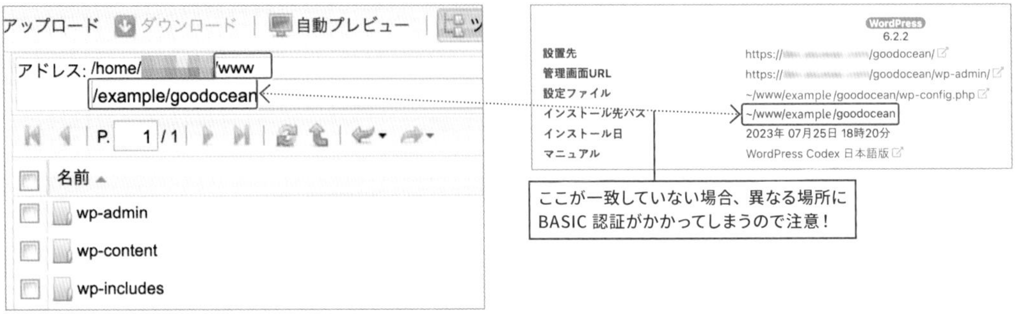

4 左上のツールバーから［表示アドレスへの操作］＞［アクセス設定］をクリックします。

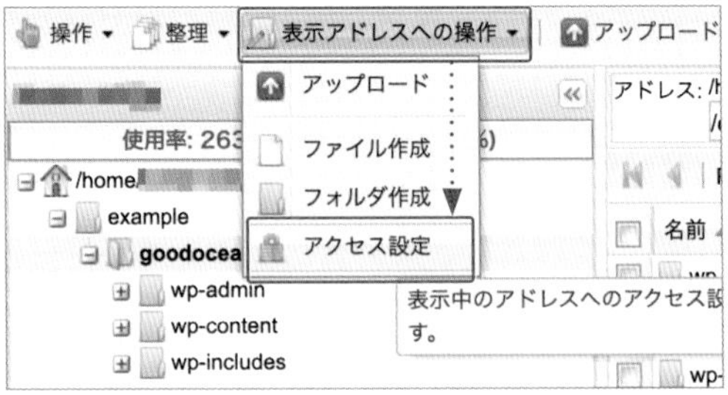

5 「パスワード制限」タブの❶［パスワード制限を使用する］にチェックを入れ、❷［両方の許可がないとアクセス不能］が選択されていることを確認します。［パスワードファイル］の❸［編集］ボタンをクリックします。

CHAPTER-11

6 「パスワードファイルの編集」画面が表示されるので、[ユーザ名]の下にある[追加]ボタンをクリックします。

7 「ユーザの追加」画面が表示されるので、[ユーザ名][パスワード][パスワード(確認)]を入力し、[OK]ボタンをクリックします。

ここで設定する[ユーザ名][パスワード]は、後でサイトを表示するときに使用するので必ずメモしてください。

8 「ユーザ一覧」に新しいユーザーが追加されたことを確認し、[OK]ボタンをクリックします。

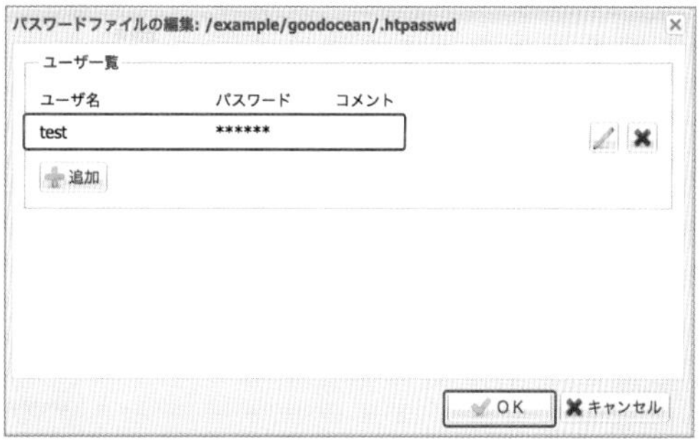

9 「アクセス設定」画面で[OK]ボタンをクリックすると、アクセス制限が設定されます。

「アクセス設定画面」で[OK]ボタンをクリックしないと反映されないよ。もうクリックしなくても大丈夫だろうと思ってしまう人が多いので注意!

アクセス制限の動作を確認をする

1 「サーバーコントロールパネル」のメニューから［Webサイト／データ］＞［インストール済み一覧］をクリックします。

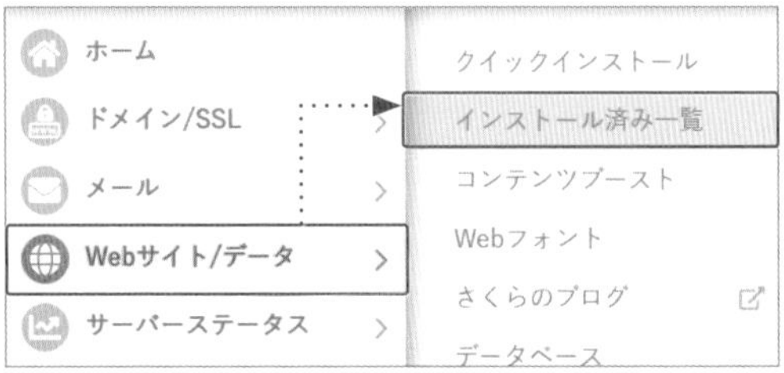

2 インストールしたWordPressの［管理画面URL］のアドレスをクリックします。

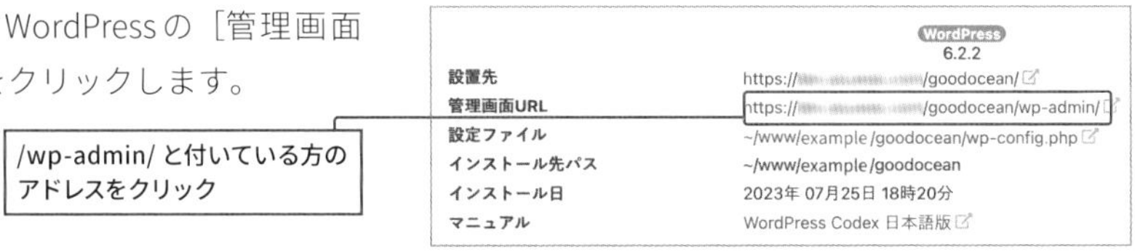

3 「ログイン」認証ダイアログが表示されるので、P.259で設定した［ユーザー名］と［パスワード］を入力し、［ログイン］ボタンをクリックします。

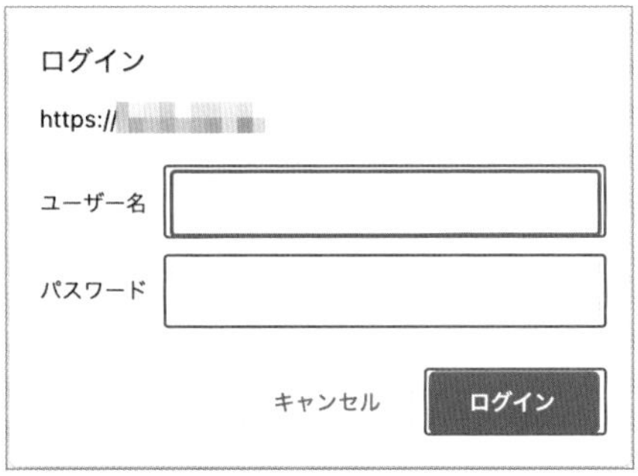

4 WordPressのログイン画面が表示されることを確認できたら、準備完了です。

BASIC認証の設定に失敗した場合は、P.262のアドバイスを参照してください。

WordPressのプラグインで非公開にしたり、記事にパスワードを設定してもだめなの？

非公開や閲覧制限では、サイト全体やアップロード画像のアクセス制限ができないんだ。

CHAPTER-11

主要なサーバー別BASIC認証のかけ方

主要なレンタルサーバーにおけるBASIC認証に関するヘルプ一覧です。
自分の利用しているレンタルサーバーでの設定方法を確認し、設定してください。

●さくらのレンタルサーバ（BASIC認証）
https://help.sakura.ad.jp/rs/2196/

●ロリポップ（BASIC認証）
https://lolipop.jp/manual/user/acl/

●エックスサーバー（BASIC認証）
https://www.xserver.ne.jp/manual/man_server_limit.php

Advice　BASIC認証の間違いポイント・失敗例

BASIC認証を失敗すると、未完成のサイトが公開状態になってしまったり、アクセスできない状態になってしまったりします。ここでは、BASIC認証の間違いポイントや、表示される画面別に対応策を紹介します。

BASIC認証の間違いポイント

- [ ] **サイト全体に制限がかかってしまった or BASIC認証がかからない。**
  →BASIC認証をかけようとしている場所のパスが合っているか確認しましょう。

- [ ] **ファイルマネージャーから設定したはずなのにBASIC認証がかからない。**
  →[OK]ボタンをまだクリックしていない画面がありませんか？
  ユーザー追加だけではなく、開いている画面の[OK]ボタンを全てクリックしてください。

- [ ] **入力画面でパスワードを何度も間違えてしまう。**
  →メモ帳などのエディターからメモしたパスワードをコピー＆ペーストして入力し、ミスを防ぎましょう。

BASIC認証の画面別フローチャート

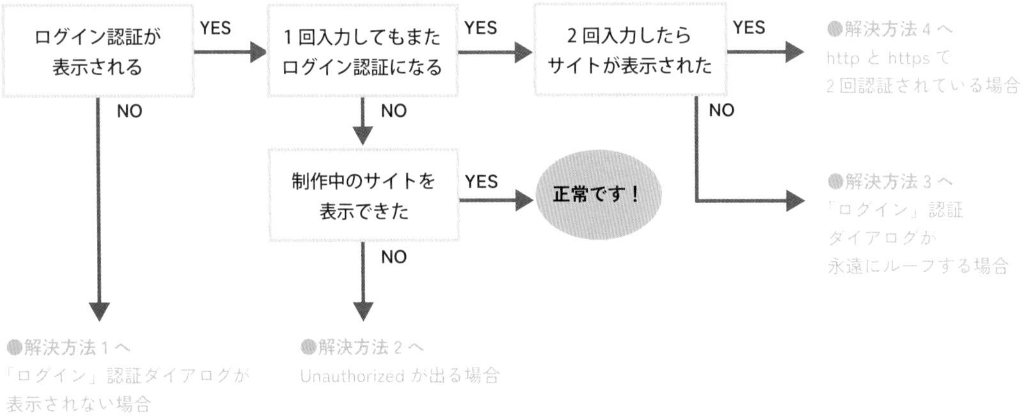
ログイン認証が表示される
YES
NO
1回入力してもまたログイン認証になる
YES
NO
2回入力したらサイトが表示された
YES
NO
●解決方法4へ
httpとhttpsで2回認証されている場合
制作中のサイトを表示できた
YES
NO
正常です！
●解決方法3へ
「ログイン」認証ダイアログが永遠にループする場合
●解決方法1へ
「ログイン」認証ダイアログが表示されない場合
●解決方法2へ
Unauthorizedが出る場合

●解決方法1「ログイン」認証ダイアログが表示されない場合

BASIC認証の設定が、
そもそも間違っている可能性があります！

ファイルマネージャーの画面で［OK］ボタンをクリックしなければいけない画面がまだ残っていないか、BASIC認証をかけたフォルダーが合っているかなどをもう一度確認しましょう。

●解決方法2　Unauthorized 401　が出る場合

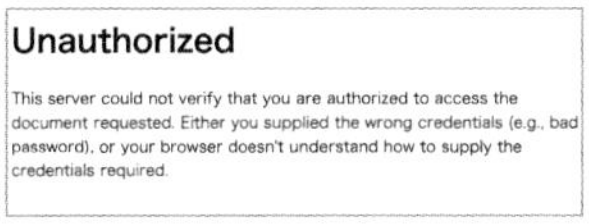
Unauthorized
This server could not verify that you are authorized to access the document requested. Either you supplied the wrong credentials (e.g., bad password), or your browser doesn't understand how to supply the credentials required.

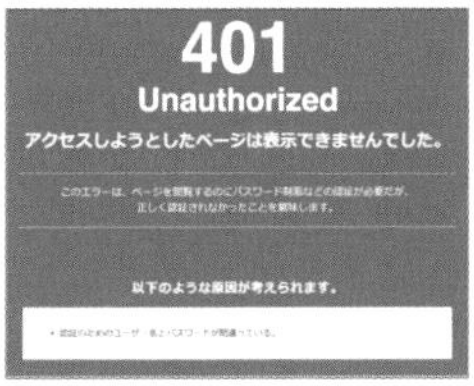
401
Unauthorized
アクセスしようとしたページは表示できませんでした。
以下のような原因が考えられます。

「ログイン」認証で、［キャンセル］をクリックしませんでしたか？

画面を再読み込みし、再度［ユーザー名］［パスワード］を入力して［ログイン］ボタンをクリックしましょう。それでも失敗する場合は、設定が合っているか確認しましょう。

●解決方法3　「ログイン」認証ダイアログが永遠にループする場合

［ユーザー名］や［パスワード］が合っていないことが原因かも！

BASIC認証をかけることはできています。
［ユーザー名］と［パスワード］が正しく設定できているか、自分がメモした文字列が合っているか、手入力するときに打ち間違えていないかを確認しましょう。メモ帳などのエディターからコピー＆ペーストで入力すると間違えにくいですよ！

●解決方法4　httpとhttpsで2回認証されている場合

ログイン
https://
ユーザー名
パスワード
キャンセル
ログイン

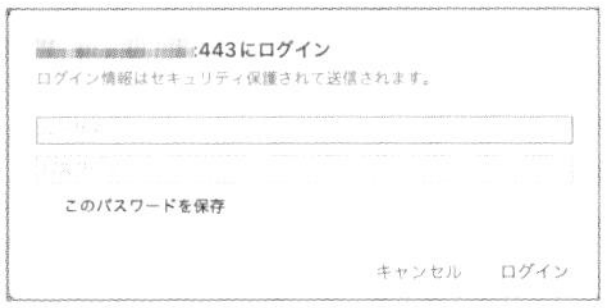
:443にログイン
ログイン情報はセキュリティ保護されて送信されます。
このパスワードを保存
キャンセル
ログイン

サーバーの設定で「常時SSL」をオンにしていませんか？もしくはサーバーの設定でSSL化をしたのにWordPressのアドレスが「http://~」のままではありませんか？

WordPressのアドレスが「http://~」の場合、ログインしたあと「https://~」に転送されて、もう1回BASIC認証が行われることがあります。「常時SSL」はオンのままで、WordPressのSSL化（p.266）をして解決しましょう。

プラグインを使って簡易的にアクセス制限をかける

WordPressのプラグインを使ってWordPressで作成したサイトに、簡易的なアクセス制限をかけるには「Password Protected」というプラグインを導入すると便利です。

1 WordPressの管理画面から［プラグイン］>［新規追加］をクリックします。

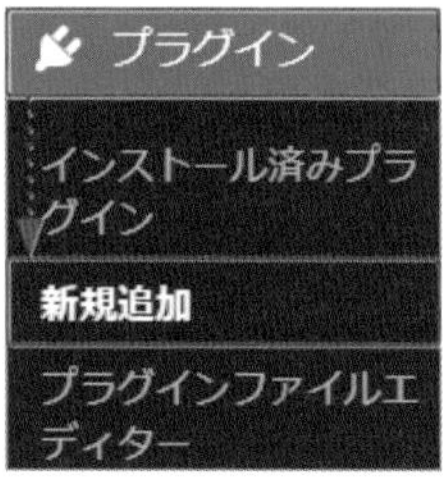

2 「プラグインを追加」画面が表示されるので、画面右上にある検索ボックスに「Password」と入力します。検索結果に「Password Protected」が表示されるので、［今すぐインストール］ボタンをクリックします。

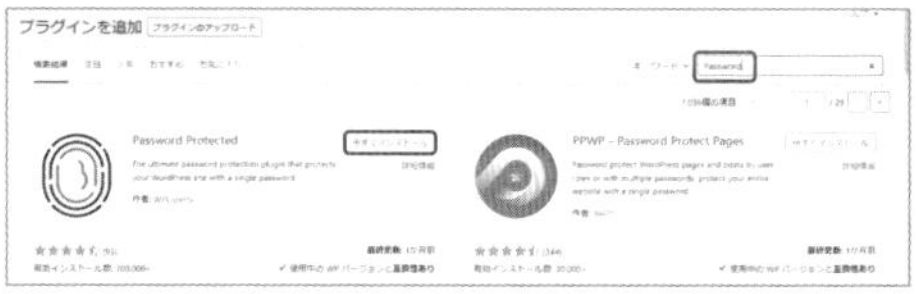

3 インストールが完了すると、［今すぐインストール］ボタンが［有効化］ボタンに変わるのでクリックします。

4 WordPressの管理画面のメニュー下部に「Password Protected」が表示されるので、クリックして次の設定を行います。

❶［パスワード保護の状況］の［有効］にチェックを入れる

❷新しいパスワード2か所にサイト閲覧のパスワードを半角英数字で設定

❸［変更を保存］ボタンをクリックします。

5 正しく設定すると、サイト閲覧時にパスワードの入力画面が表示されます。

CHAPTER 12

本番サイトの設定をする

12-1 本番用WordPressをSSL化する

本番用サーバーにインストールしたWordPressの表示アドレスを「https://〜」に変更（SSL化）します。

レンタルサーバーによっては
自動でhttpsになっている場合もあるよ。
その場合はこの作業は飛ばしてね。

1 管理画面にログイン後、WordPressの管理画面のメニューから［設定］＞［一般］をクリックし、**［WordPressアドレス（URL）］と［サイトアドレス（URL）］の両方をhttpsに変更して**、画面下部の［変更を保存］ボタンをクリックします。

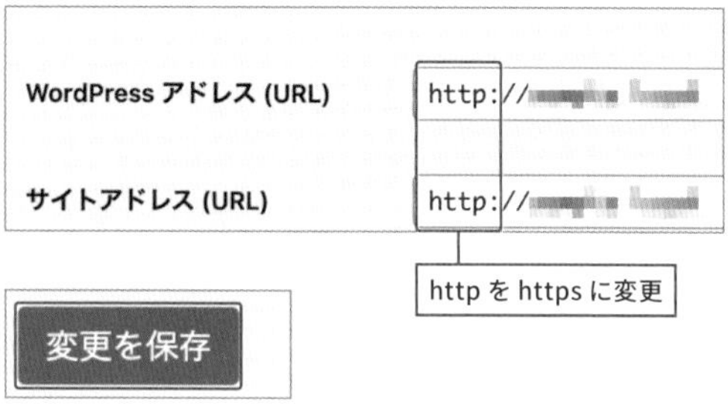

2 ブラウザ上部のツールバーにある［更新］ボタンをクリックし、現在のページを再読み込みします。

3 再読み込みを行うと、WordPressのログイン画面が表示されるので、再度ログインします。

4 アドレスバーの警告マークが鍵マークに変わっていることを確認してください。

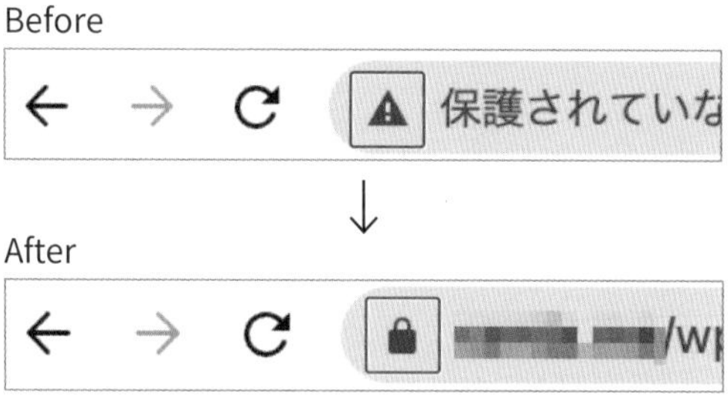

BASIC認証を設定している場合、SSL化をすると再度認証画面が表示されることがありますが、正常な動作ですのでログインを行ってください。

CHAPTER-12

12-2 WordPress内の不要なデータを削除する

WordPressに事前に入っている不要なデータを削除してから、
制作したテーマをインポートします。

投稿・固定ページ・コメント・プラグインにある不要なデータを削除します。

1 ［投稿］＞［投稿一覧］にある❶「Hello world!」にカーソルをあわせます。記事への操作が表示されるので、❷［ゴミ箱へ移動］をクリックすると、「Hello world!」がゴミ箱に移動します。

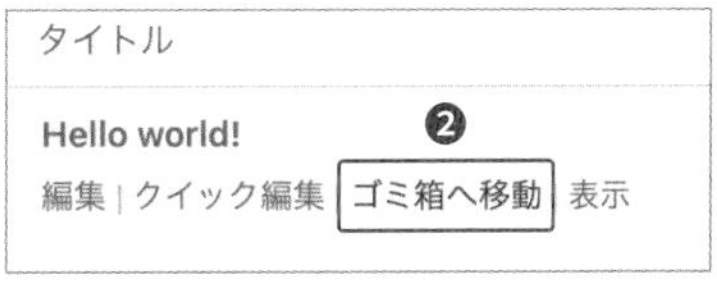

2 記事のステータスから［ゴミ箱］をクリックします。

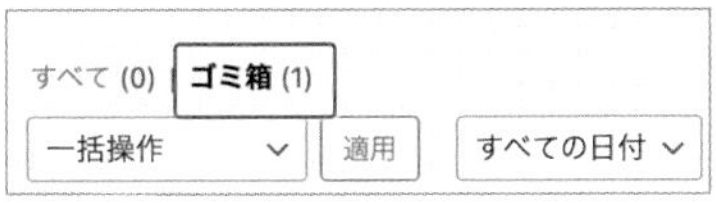

3 一覧にある「Hello world!」にカーソルをあわせ、［完全に削除する］をクリックします。

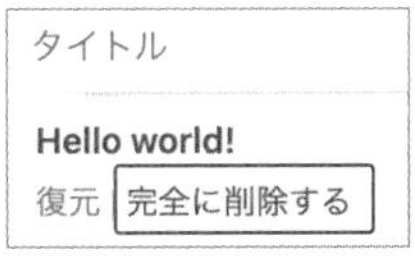

4 上部に「投稿を永久に削除しました。」と表示されたら削除完了です。

5 同様に、[固定ページ] > [固定ページ一覧] にある「サンプルページ」と「プライバシーポリシー」の両方を [ゴミ箱へ移動] した後、完全に削除します。

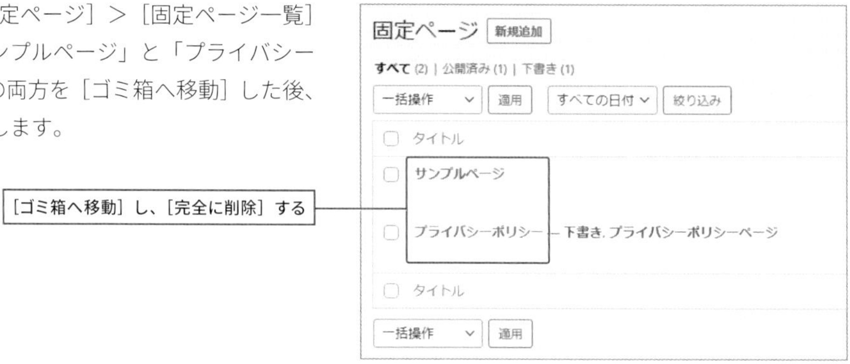

6 [コメント] にあるコメントは、「投稿」や「固定ページ」を削除すると一緒に削除されます。「コメントはありません。」と表示されていることを確認します。

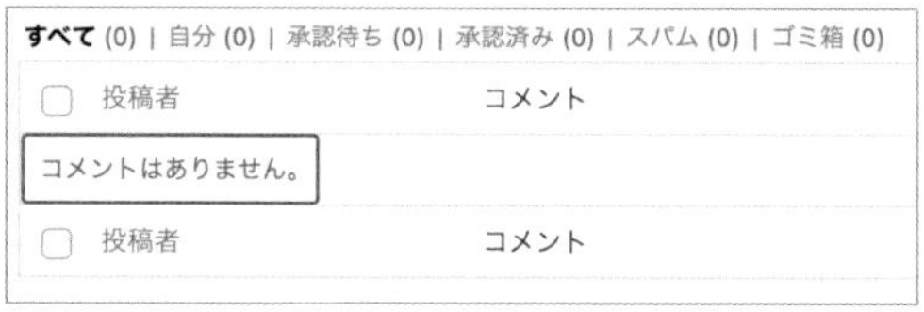

7 [プラグイン] > [インストール済みプラグイン] を開き、デフォルトで入っているプラグインをすべて削除します。
プラグイン名にカーソルを合わせると操作が表示されるので、[削除]をクリックします。

必要なプラグインは、ローカル環境のデータをインポートした際にインストールされます。

CHAPTER-12

12-3 本番用WordPressにデータ引っ越しプラグインをインストールする

All-in-One WP Migration

プラグイン「All-in-One WP Migration」を使い、
ローカル環境のデータを本番サーバーにインポートします。

1 本番用WordPressの［プラグイン］>［新規追加］から「All-in-One WP Migration」をインストールし、有効化します。

2 本番用WordPressの管理画面のメニューから［All-in-One WP Migration］>［インポート］をクリックします。

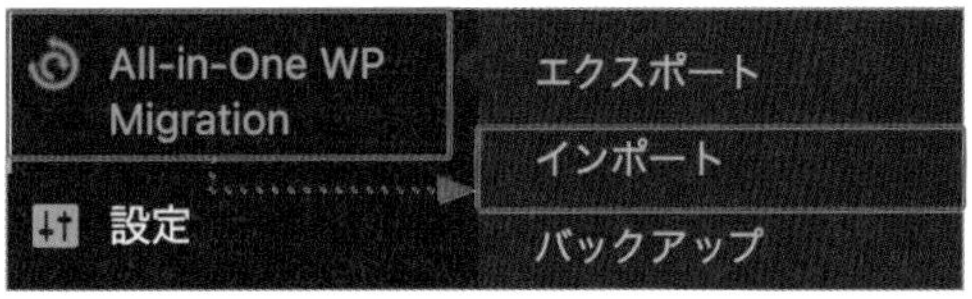

3 「インポート」画面の下部に、「最大アップロードファイルサイズ」が記載されています。

エクスポートしたデータが「最大アップロードファイルサイズ」よりも大きい場合は、アップロードができないので12-4「インポートの最大アップロードサイズを変更する」作業を行ってください。

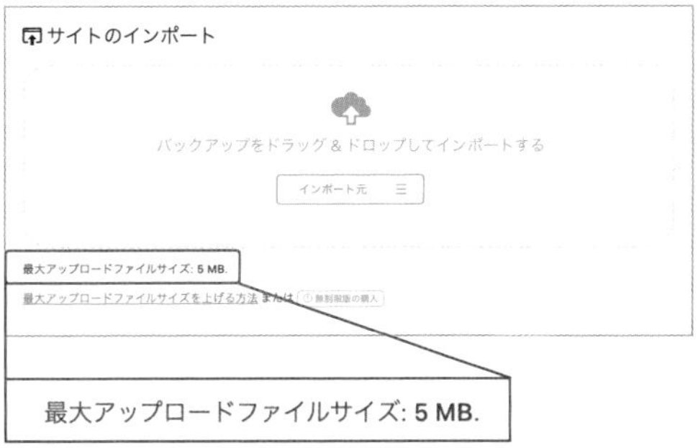

12-4 インポートの最大アップロードファイルサイズを変更する

エクスポートしたWordPressのデータが大きく、
プラグインを使ってもインポートができない場合の解決方法をご紹介します。

エクスポートしたデータファイルが、インポートの最大アップロードファイルサイズよりも大きい場合は、次の3つの方法で解決できます。

①サーバーの設定から、「最大アップロードファイルサイズ」を変更する
②メディアやテンプレートファイルを別途FTPを使ってアップロードし、インポートするデータを軽くする
③有料版All-in-One WP Migrationを購入する
（https://servmask.com/products/unlimited-extension?locale=ja）

※データベースをエクスポートしインポートする方法もありますが、今回は割愛します。

解決方法① サーバーの設定から、「最大アップロードファイルサイズ」を変更する

1 さくらのレンタルサーバのファイルマネージャーを開き、WordPressが入っているフォルダーを開きます。❶「.htaccess」ファイルを右クリックしてメニューを開き、❷［指定の名前で複製］をクリックします。

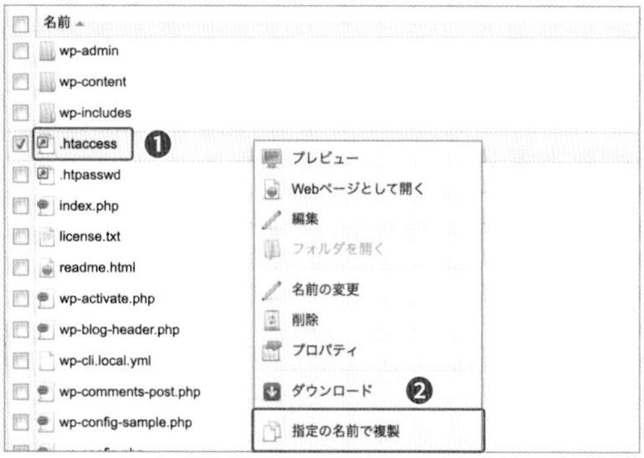

2 新しい名前は、現在の名前の前に「_（アンダーバー）」を2つ入力したものにしておきます。[OK]をクリックして、バックアップを取ります。

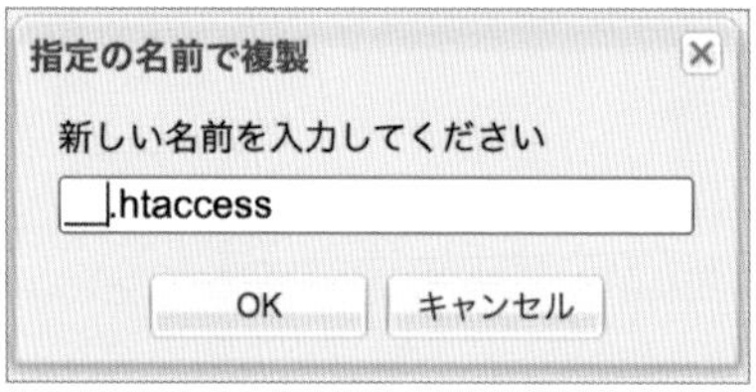

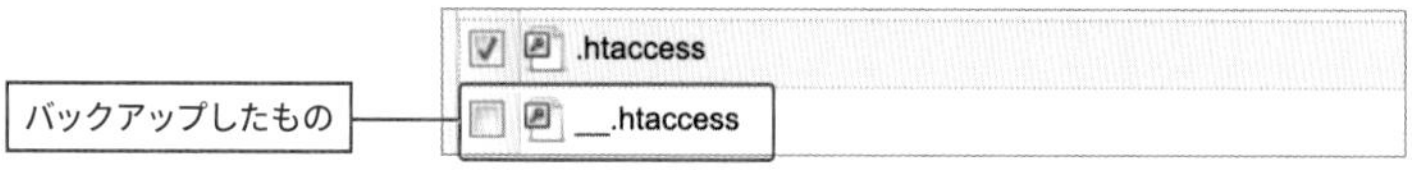

3 続いて、❸［.htaccess］ファイルを右クリックし、❹［編集］をクリックします。

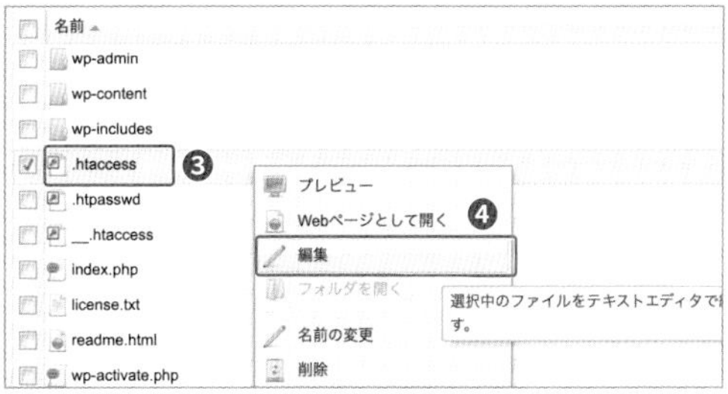

4 ［.htaccess］ファイルの一番下に、❺アップロードサイズを増やすコードを入力（今回は、100MBを指定）し、❻［保存］ボタンをクリックします。最後に❼［閉じる］ボタンをクリックします。

アップロードサイズを上げるコード

```
php_value upload_max_filesize 100M
php_value post_max_size 100M
php_value memory_limit 100M
```

5 WordPress管理画面に戻り、「All-in-One WP Migration」のインポート画面を再読み込みすると、❽「最大アップロードファイルサイズ」が変更されます。これで、指定したアップロードサイズのファイルがインポートできるようになりました。

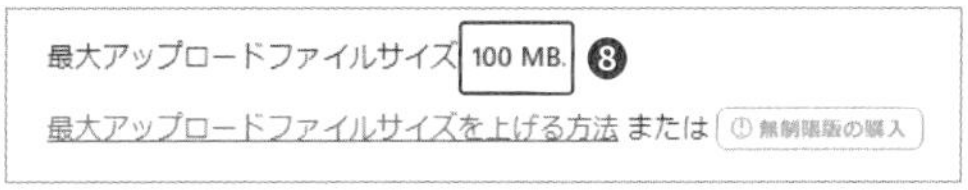

ロリポップやエックスサーバーで「最大アップロードファイルサイズ」を変更する方法

さくらのレンタルサーバ以外のサーバーでは、今回紹介した方法ではエラーになることがあります。以下の方法で対応し、エラーを回避しましょう。

●ロリポップの場合
ユーザー専用ページ＞サーバーの管理・設定＞PHP設定＞該当ドメインの設定ページから変更するドメインの「php.ini」項目の［設定］をクリックし、［php_value, php_flagを利用可能にする］を［On］にすると、.htaccessで設定した任意の値で上書きできます（ユーザー専用ページからでは最大サイズに制限があります）。

●エックスサーバーの場合
.htaccessは変更せず、サーバーパネル＞php.ini設定変更＞その他の設定から［upload_max_filesize][post_max_size][memory_limit］の数値を直接変更します。

解決方法②　メディアやテンプレートファイルを別途FTPでアップロードし、インポートするデータを軽くする

「アップロードするデータファイルのサイズ」自体を小さくしてインポートする方法です。
記事数や画像・動画数が多いサイトに効果的です。

1 ［All-in-One WP Migration］でデータをエクスポートをする際、［高度なオプション］をクリックして展開し、［メディアライブラリをエクスポートしない］と［テーマをエクスポートしない］の2つにチェックを入れてエクスポートします。

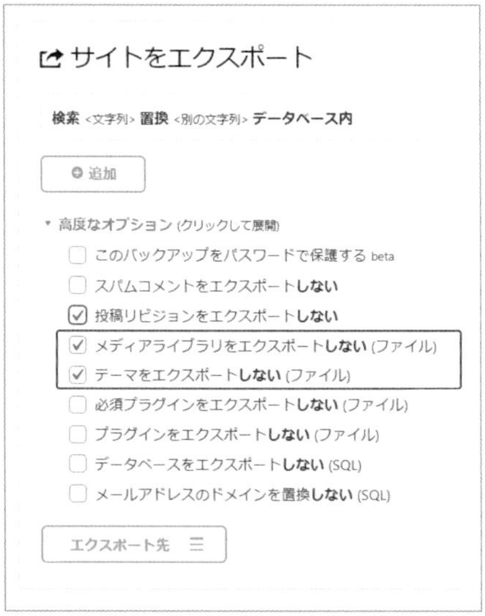

2 Localの［Go to site folder］をクリックし、ローカル環境の「themes」フォルダーと「uploads」フォルダーを本番用サーバーの同じ場所にアップロードします。

以下のフォルダーのデータを本番サーバーにアップロード

●テーマ：
［app］＞［public］＞［wp-content］＞［**themes**］

●メディア：
［app］＞［public］＞［wp-content］＞［**uploads**］

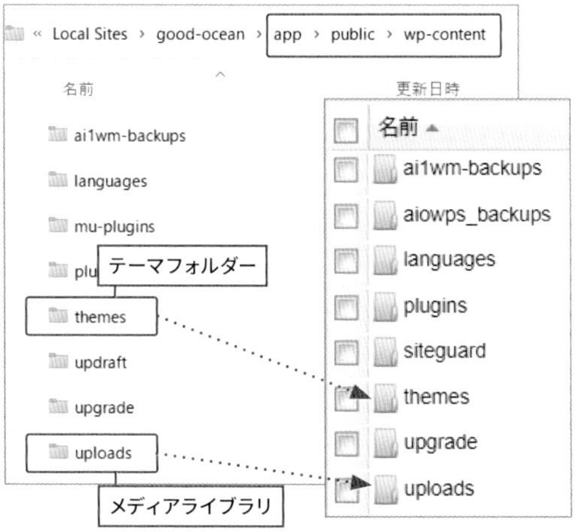

解決方法③　有料版「All-in-One WP Migration」を購入する

「All-in-One WP Migration」の有料アドオンを購入すると、容量制限なくアップロードが可能になります。
有料アドオン（Unlimited Extension）については、下記公式サイトで確認してください。
https://servmask.com/products/unlimited-extension?locale=ja

12-5 ローカル環境のデータを本番用WordPressにインポートする

本番用WordPressに、ローカル環境で作成したWordPressのデータをインポートします。

1 WordPressの管理画面のメニューから［All-in-One WP Migration］>［インポート］をクリックします。「サイトのインポート」画面が表示されるので、［インポート元］>［ファイル］をクリックし、ローカル環境でエクスポートしたデータファイルを選択します。

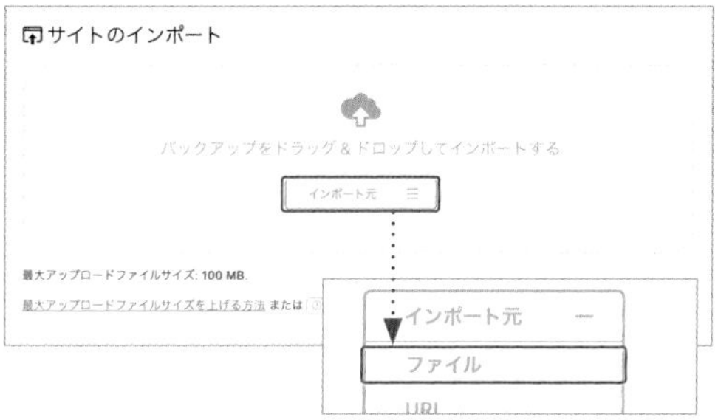

2 インポート処理についての警告画面が出たら、［開始］ボタンをクリックします。［開始］ボタンが表示されるまで少し時間がかかることもあるので落ち着いて待ちましょう。

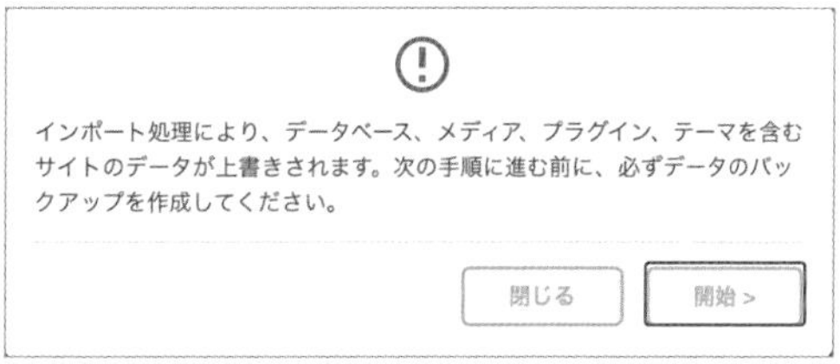

3 「サイトをインポートしました。」という表示が出たら、［完了］ボタンをクリックします。

これで、テーマフォルダー、プラグイン、記事データやログインユーザー情報など、すべてのデータをインポートできました。

12-6 本番用WordPressにインポートしたデータをチェックする

WordPressのデータを本番用サーバーにインポートできたら、
公開までの最終チェックを行います。

インポート後のWordPressにログインする

本番用WordPressの管理画面にアクセスします。ログインURLにアクセスするか、管理画面を表示した状態でブラウザーの［更新］ボタンをクリックしてください。**その後、ローカル環境で設定したWordPressのログイン情報でログインしてください。**

テストサイトで「SiteGuard WP Plugin」などの管理画面のURLを変更するセキュリティプラグインを入れていた場合、
インポートした直後はプラグインが無効になっています。
デフォルトのログインURLにアクセスしてください。
「https:// サイトURL/wp-login.php」

**本番用WordPressを
インストールした時に設定した
ログイン情報では
ログインできないの？**

**All-in-One WP Migrationを使うと、
ユーザー情報も上書きされるから、
ローカル環境で設定した情報で
ログインをする必要があるんだ。**

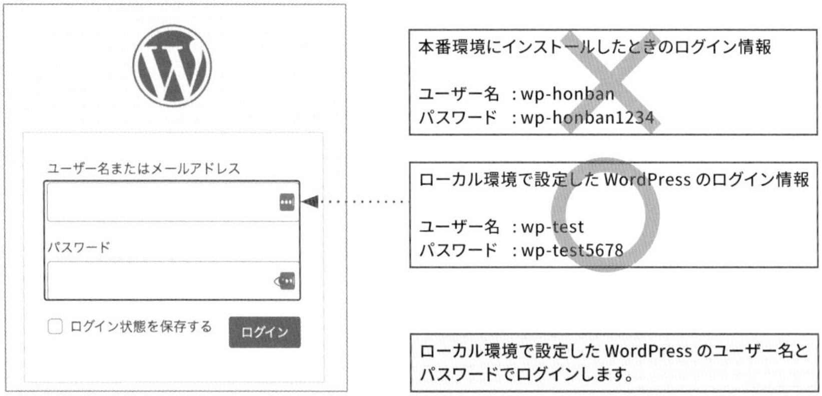
ユーザー名またはメールアドレス
パスワード
ログイン状態を保存する
ログイン
本番環境にインストールしたときのログイン情報
ユーザー名 ：wp-honban
パスワード ：wp-honban1234
ローカル環境で設定したWordPressのログイン情報
ユーザー名 ：wp-test
パスワード ：wp-test5678
ローカル環境で設定したWordPressのユーザー名と
パスワードでログインします。

不要なテーマを削除する

WordPressでは、デフォルトで「Twenty～」系のテーマがいくつかインストールされています。インポートしたテーマ以外は不要なので、削除していきましょう。

1. 管理画面のメインナビゲーションから［外観］＞［テーマ］をクリックします。

2. 削除したいテーマを選択し、テーマの上にカーソルを合わせると、❶［テーマの詳細］が表示されるのでクリックします。

3. テーマの詳細画面が表示されるので、右下の❷［削除］をクリックします。削除を確認する画面が表示されるので、❸［OK］ボタンをクリックすると、テーマが削除されます。

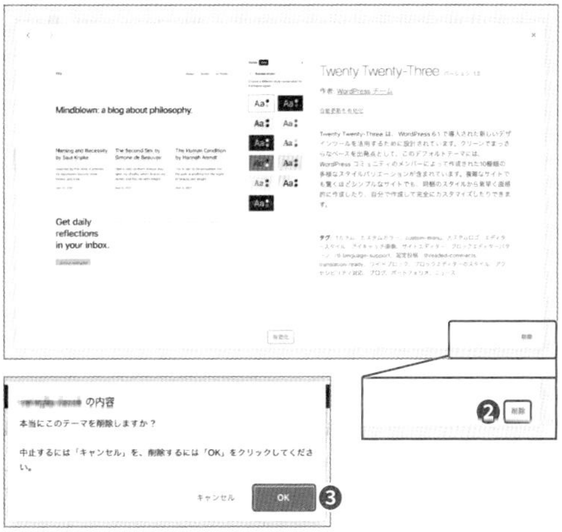

4. テーマが1つだけになると、一覧画面に❹テーマが大きく表示されるようになります。これで不要なテーマの削除は完了です。

12-7 本番用WordPressの設定をチェックする

公開に向けて、WordPressの設定を確認していきます。

「一般設定」のチェックポイント

［設定］＞［一般］を開き、設定画面を表示します。
修正が必要な場合は修正し、［変更を保存］ボタンをクリックします。

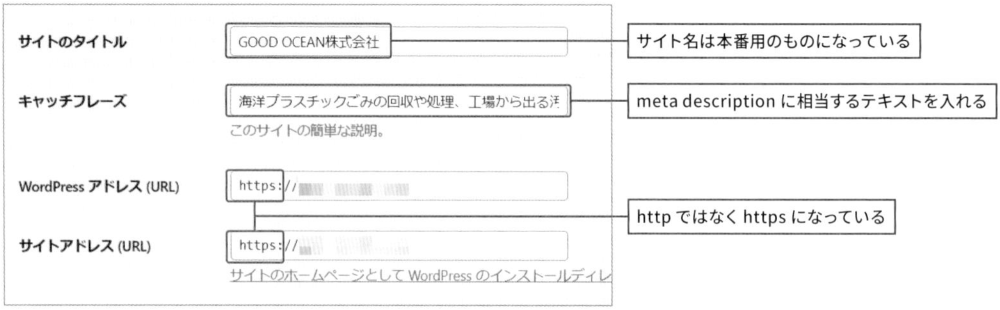

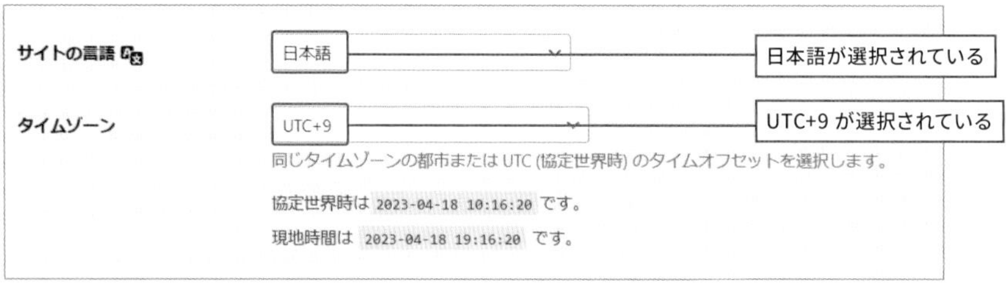

※管理者メールアドレスは13-1「本番用WordPressのサイトアドレスと
管理者メールアドレスを変更する」で変更します。

「投稿設定」のチェックポイント

［設定］＞［投稿設定］を開き、設定画面を表示します。
修正が必要な場合は修正し、［変更を保存］ボタンをクリックします。

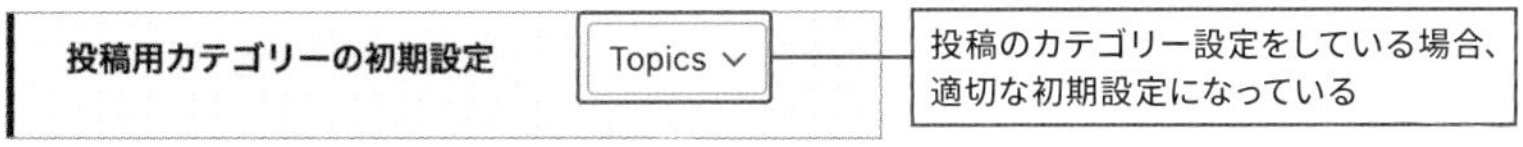
投稿用カテゴリーの初期設定
Topics
投稿のカテゴリー設定をしている場合、適切な初期設定になっている

「表示設定」のチェックポイント

［設定］＞［表示設定］を開き、設定画面を表示します。
修正が必要な場合は修正し、［変更を保存］ボタンをクリックします。

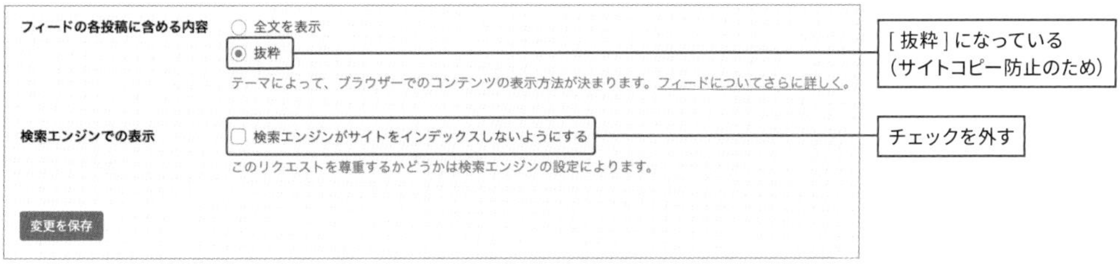
フィードの各投稿に含める内容
全文を表示
抜粋
テーマによって、ブラウザーでのコンテンツの表示方法が決まります。フィードについてさらに詳しく。
検索エンジンでの表示
検索エンジンがサイトをインデックスしないようにする
このリクエストを尊重するかどうかは検索エンジンの設定によります。
変更を保存
[抜粋]になっている
(サイトコピー防止のため)
チェックを外す

更新情報サービスには何を入れればいい？

「表示設定」で［検索エンジンがサイトをインデックスしないようにする］のチェックを外すと、「投稿設定」の一番下に「更新情報サービス」が表示されるようになります。
2023年現在では、ping送信先はデフォルトで設定されているhttp://rpc.pingomatic.com/だけでも十分だと言われています。
ブログランキング（「にほんブログ村」や「人気ブログランキング」など）にWebサイトを登録している場合は、Pingを送信するとランキングに更新情報を反映できるので、Ping送信先URLを［投稿設定］＞［更新情報サービス］に追加するとよいでしょう。

更新情報サービス
http://rpc.pingomatic.com/
変更を保存

12
本番サイトの設定をする

「ディスカッション」のチェックポイント

［設定］ ＞ ［ディスカッション］ を開き、設定画面を表示します。
修正が必要な場合は修正し、［変更を保存］ ボタンをクリックします。

※本書ではコメント機能を使わないため、コメント機能を制限し、スパムやいたずらを防ぐ設定を行います。コメント機能を使用するサイトの場合は、3つのチェックを外さずに先へ進んでください。

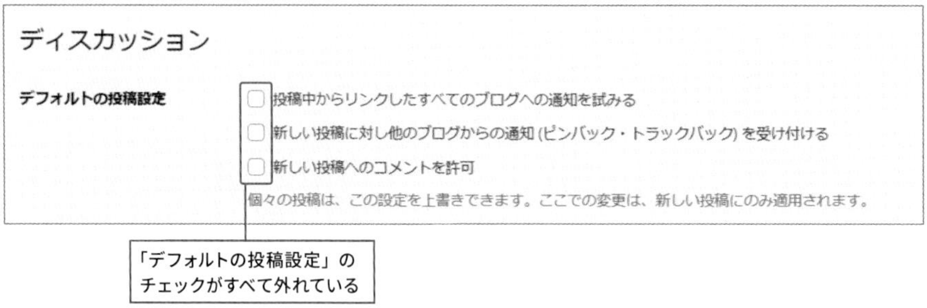
ディスカッション
デフォルトの投稿設定
投稿中からリンクしたすべてのブログへの通知を試みる
新しい投稿に対し他のブログからの通知 (ピンバック・トラックバック) を受け付ける
新しい投稿へのコメントを許可
個々の投稿は、この設定を上書きできます。ここでの変更は、新しい投稿にのみ適用されます。
「デフォルトの投稿設定」の
チェックがすべて外れている

「パーマリンク」のチェックポイント

［設定］＞［パーマリンク］を開き、設定画面を表示します。**変更がない場合でも、移行後のリンク切れを防ぐため、新しく作ったWordPressでは［変更を保存］ボタンをクリックして、パーマリンク構造を更新してください。**

パーマリンク構造
基本
?p=123
日付と投稿名
/2023/07/12/sample-post/
月と投稿名
/2023/07/sample-post/
数字ベース
/archives/123
投稿名
/sample-post/
カスタム構造
/%post_id%/
利用可能なタグ:
%year% %monthnum% %day% %hour% %minute% %second% %post_id% %postname% %category% %author%
パーマリンクが、ローカル環境で指定した「/%post_id%/」になっている
オプション
カテゴリー・タグの URL 構造をカスタマイズすることもできます。たとえば、カテゴリーベースに topics を使えば、カテゴリーのリンクが /topics/uncategorized/ のようになります。デフォルトのままにしたければ空欄にしてください。
カテゴリーベース
タグベース
変更を保存
内容に変更はなくても、
パーマリンクの［変更を保存］ボタンをクリックする
（移行後のリンク切れ防止）

「プライバシー」のチェックポイント

［設定］＞［プライバシー］を開き、設定画面を表示します。修正が必要な場合は修正し、［変更を保存］ボタンをクリックします。

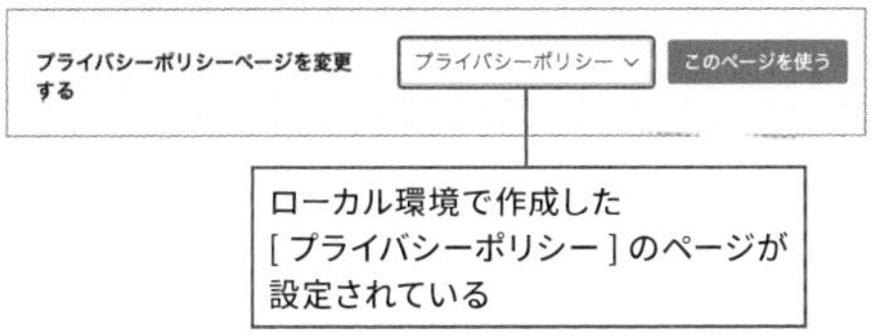

プライバシーポリシーページを変更する
プライバシーポリシー
このページを使う
ローカル環境で作成した
［プライバシーポリシー］のページが
設定されている

12-8 サイトを常時SSL化する

Really Simple SSL

常時SSL化に対応していないサーバーの場合、
プラグイン「Really Simple SSL」を使用して、WordPressのSSL化を行います。
セキュリティ強化にもつながるため、設定しておきましょう。

プラグイン「Really Simple SSL」の有効化と設定

1 WordPressの管理画面のメニューから［プラグイン］>［インストール済みプラグイン］をクリックし、「Really Simple SSL」を有効化します。
自動的にSSL設定画面に移動しますが、移動しない場合は［設定］>［SSL］を選択してください。

プラグイン 2
インストール済みプラグイン
Really Simple SSL
有効化 削除

2 有効化すると、初めて起動したときだけ「SSLに移行する準備がほぼ完了しました」と表示されるので、［SSLを有効化］ボタンをクリックします。

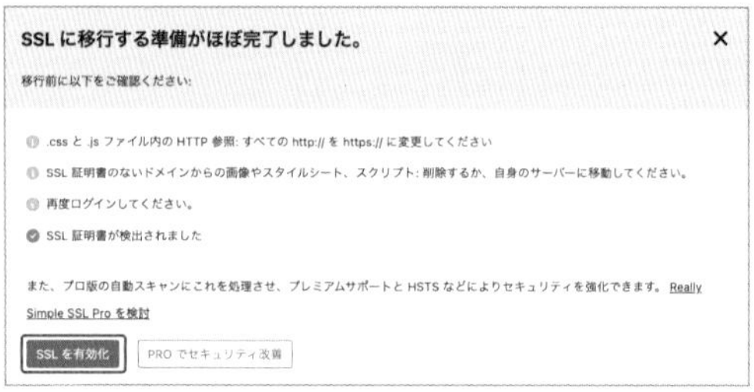
SSL に移行する準備がほぼ完了しました。
移行前に以下をご確認ください:
.css と .js ファイル内の HTTP 参照: すべての http:// を https:// に変更してください
SSL 証明書のないドメインからの画像やスタイルシート、スクリプト: 削除するか、自身のサーバーに移動してください。
再度ログインしてください。
SSL 証明書が検出されました
また、プロ版の自動スキャンにこれを処理させ、プレミアムサポートと HSTS などによりセキュリティを強化できます。 Really Simple SSL Pro を検討
SSL を有効化
PRO でセキュリティ改善

3 「通知の受信！」画面が表示された場合は、［スキップ］ボタンをクリックします。

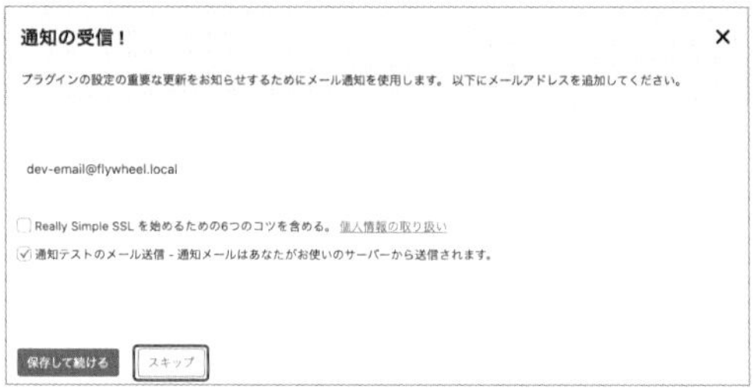
通知の受信！
プラグインの設定の重要な更新をお知らせするためにメール通知を使用します。 以下にメールアドレスを追加してください。
dev-email@flywheel.local
Really Simple SSL を始めるための6つのコツを含める。 個人情報の取り扱い
通知テストのメール送信 - 通知メールはあなたがお使いのサーバーから送信されます。
保存して続ける
スキップ

4 「更新ありがとうございます！」と表示されるので、［管理画面へ］ボタンをクリックします。

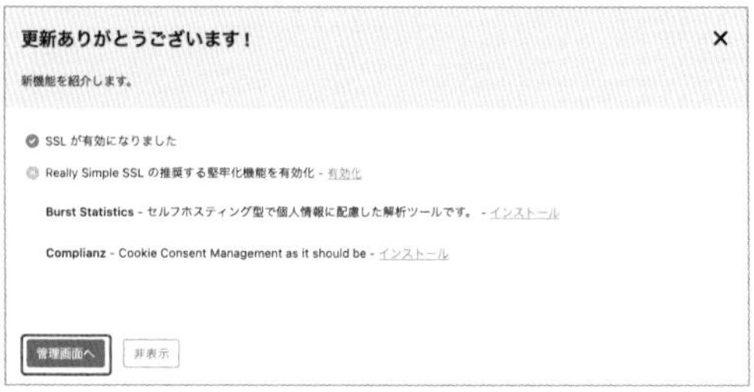
更新ありがとうございます！
新機能を紹介します。
SSL が有効になりました
Really Simple SSL の推奨する堅牢化機能を有効化 - 有効化
Burst Statistics - セルフホスティング型で個人情報に配慮した解析ツールです。 - インストール
Complianz - Cookie Consent Management as it should be - インストール
管理画面へ
非表示

5 「Really Simple SSL」の画面上部で［設定］をクリックし、左のメニューから［設定］>［全般］をクリックします。次の設定を行います。

❶［転送方法］は［301.htaccess転送］を選択

❷［混合コンテンツ修正機能］と［すべての通知を無視する］はオン

❸［メールで通知］はオフ

設定後、一番下にある［保存］ボタンをクリックします。

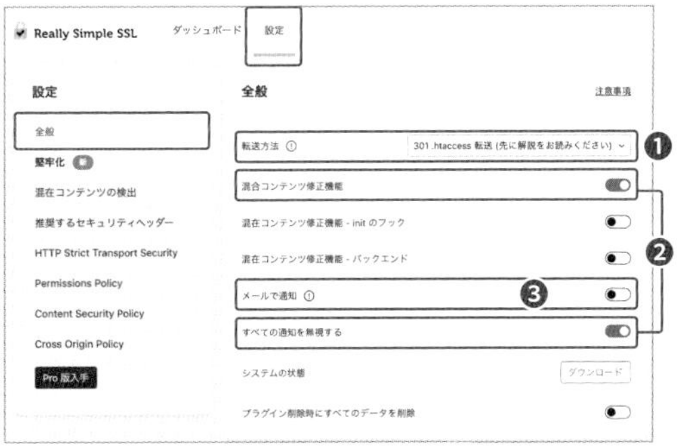

6 左のメニューから［設定］>［堅牢化］をクリックします。次の設定を行います。

❹［WordPressのバージョンを隠す］をオン

設定後、一番下にある［保存］ボタンをクリックします。

7 画面上部の［ダッシュボード］をクリックします。［作業状況］の画面下部に、❺「SSL有効化済み」「混在コンテンツ」「301転送」が表示されていることを確認します。これでSSLの設定は完了です。

［作業状況］を100%にするには有料版へのアップグレードが必要なので、100%に達していなくても問題ありません

［残りの作業］が「0」になっていない場合でも、問題ありません。次に進んでください。

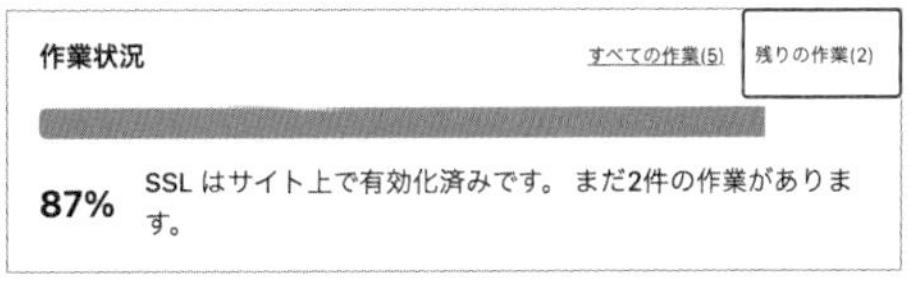

12-9 メールフォーム送信テストとスパム対策を行う Contact Form 7

迷惑メールやスパムメッセージを減らすGoogleのサービス「reCAPTCHA」を導入した後、プラグイン「Contact Form 7」経由で送られたメールが届くかどうか、送信テストをしましょう。

Google reCAPTCHAを登録する

1 管理画面のメニューから［お問い合わせ］>［インテグレーション］をクリックします。

GOOD OCEAN 株式会社
新規
ダッシュボード
お知らせ
メディア
固定ページ
コメント
お問い合わせ
コンタクトフォーム
新規追加
インテグレーション
外観
外部 API とのインテグレーション
外部のサービスと連携することでコンタクトフォームの可能性が広がります。詳しくは
Sendinblue
メールマーケティング
欧州で人気の CRM とメールマーケティングのプラットフォーム、Sendinblue を使えば連絡先データの保存・整理とユーザープライバシー保護の両立が可能です。Sendinblue は無制限の連絡先件数と先進的マーケティング機能を提供します。
Sendinblue インテグレーション
インテグレーションのセットアップ

2 「外部APIとのインテグレーション」>「reCAPTCHA」>［インテグレーションのセットアップ］ボタンをクリックします。

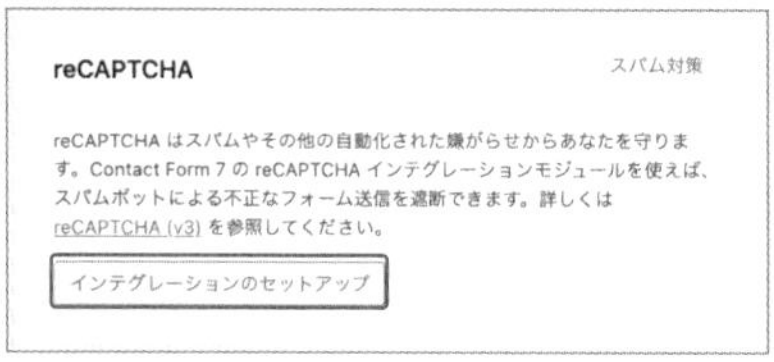
reCAPTCHA
スパム対策
reCAPTCHA はスパムやその他の自動化された嫌がらせからあなたを守ります。Contact Form 7 の reCAPTCHA インテグレーションモジュールを使えば、スパムボットによる不正なフォーム送信を遮断できます。詳しくは reCAPTCHA (v3) を参照してください。
インテグレーションのセットアップ

3 「reCAPTCHA」の中にある「reCAPTCHA (v3)」リンクをクリックします。

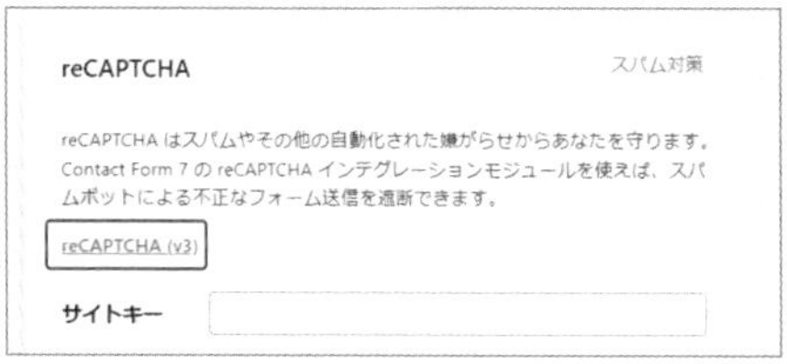
reCAPTCHA
スパム対策
reCAPTCHA はスパムやその他の自動化された嫌がらせからあなたを守ります。Contact Form 7 の reCAPTCHA インテグレーションモジュールを使えば、スパムボットによる不正なフォーム送信を遮断できます。
reCAPTCHA (v3)
サイトキー

4 reCAPTCHA（v3）の説明が表示されたら、「Registering a site」というタイトルの下の文中にある［reCAPTCHA Admin Console］をクリックします。

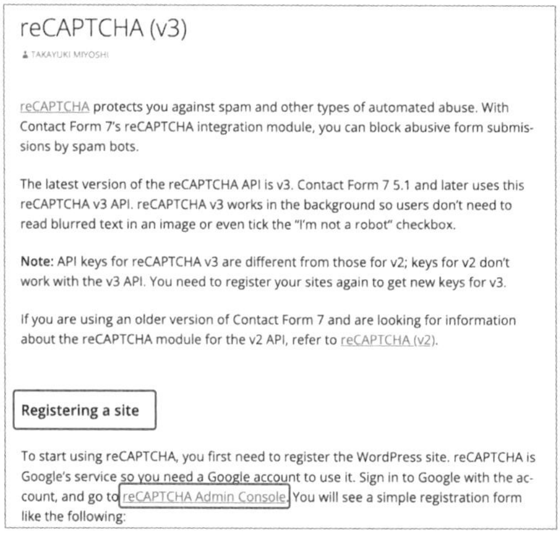
reCAPTCHA (v3)
TAKAYUKI MIYOSHI
reCAPTCHA protects you against spam and other types of automated abuse. With Contact Form 7's reCAPTCHA integration module, you can block abusive form submissions by spam bots.
The latest version of the reCAPTCHA API is v3. Contact Form 7 5.1 and later uses this reCAPTCHA v3 API. reCAPTCHA v3 works in the background so users don't need to read blurred text in an image or even tick the "I'm not a robot" checkbox.
Note: API keys for reCAPTCHA v3 are different from those for v2; keys for v2 don't work with the v3 API. You need to register your sites again to get new keys for v3.
If you are using an older version of Contact Form 7 and are looking for information about the reCAPTCHA module for the v2 API, refer to reCAPTCHA (v2).
Registering a site
To start using reCAPTCHA, you first need to register the WordPress site. reCAPTCHA is Google's service so you need a Google account to use it. Sign in to Google with the account, and go to reCAPTCHA Admin Console. You will see a simple registration form like the following:

5 「Google reCAPTCHA」が表示されたら、右上に表示されているGoogleアカウントを確認します。

・仕事用とプライベート用など、複数のGoogleアカウントを所持している場合は、今回のreCAPTCHAの登録を行いたいアカウントになっていることを必ず確認してください。

・ログインしていない場合は、今回のreCAPTCHAの登録を行いたいアカウントでログインしてください。

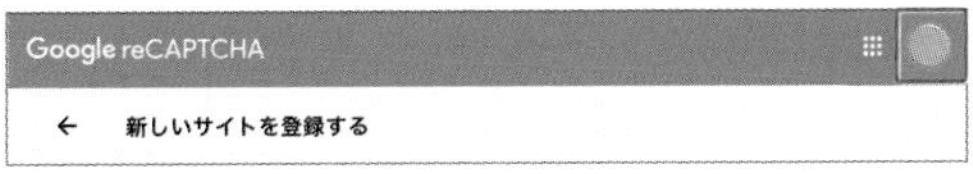

※別のGoogleアカウントでreCAPTCHAを登録したい場合は、アカウントの画像アイコンをクリックした後、切り替えたいアカウントを選択するか、[別のアカウントを追加]をクリックしてアカウントを追加します。

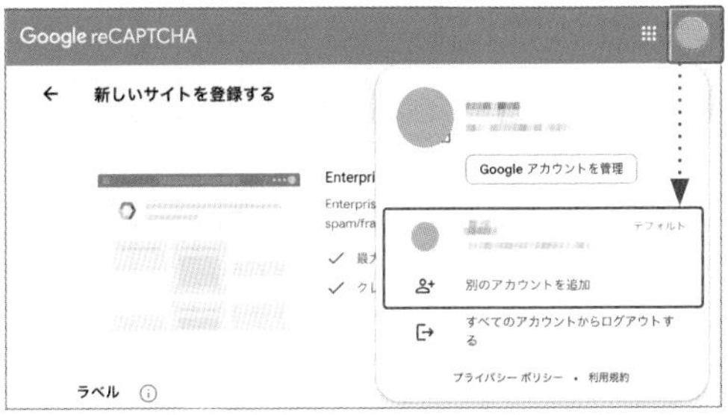

※reCAPTCHAを登録するアカウントに切り替えた場合は、さきほどとは異なる画面が表示されることがあるので、右上にある＋ボタンをクリックし、「新しいサイトを登録する」画面に戻してください。

6 「新しいサイトを登録する」画面で情報を入力後、［送信］ボタンをクリックします。

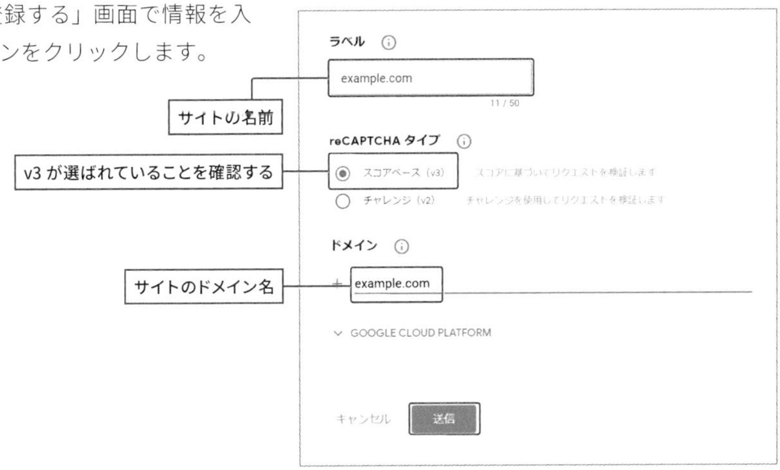

7 「サイトキー」と「シークレットキー」が画面に表示されたら、[サイトキーをコピーする]をクリックし、メモ帳などに貼り付けます。同様に、[シークレットキーをコピー]をクリックし、メモ帳などに貼り付けて保存します。

サイトに reCAPTCHA を追加する
Enterprise の設定が完了しました。
Google Cloud プロジェクトの設定を管理します
最大 1,000,000 件/月まで料金なしで評価
このサイトキーは、ユーザーに表示するサイトの HTML コードで使用します。
このシークレット キーは、サイトと reCAPTCHA 間の通信で使用します。
アナリティクスに移動

8 WordPressの管理画面を開き、メニューから[お問い合わせ]>[インテグレーション]をクリックします。

「reCAPTCHA」にて、[インテグレーションのセットアップ]ボタンをクリック後、[サイトキー]欄と[シークレットキー]欄にさきほどメモ帳などに保存したキーをコピー&ペーストし、[変更を保存]ボタンをクリックします。

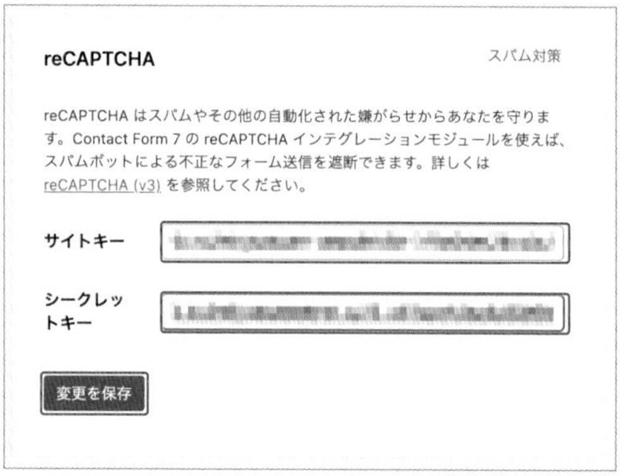
reCAPTCHA
スパム対策
reCAPTCHA はスパムやその他の自動化された嫌がらせからあなたを守ります。Contact Form 7 の reCAPTCHA インテグレーションモジュールを使えば、スパムボットによる不正なフォーム送信を遮断できます。詳しくは reCAPTCHA (v3) を参照してください。
サイトキー
シークレットキー
変更を保存

9 正しく設定できていれば、「reCAPTCHA はこのサイト上で有効化されています。」と表示されます。

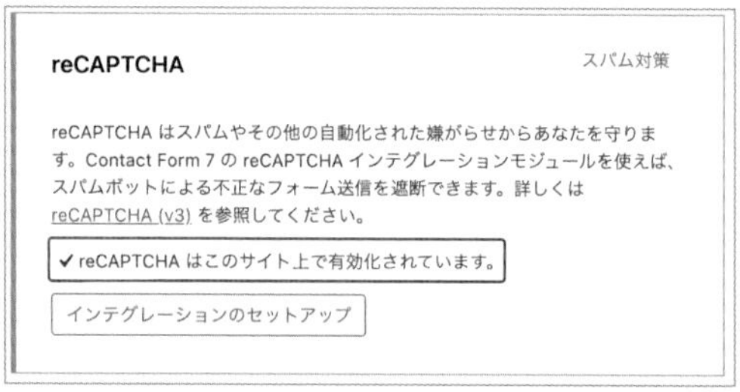
reCAPTCHA
スパム対策
reCAPTCHA はスパムやその他の自動化された嫌がらせからあなたを守ります。Contact Form 7 の reCAPTCHA インテグレーションモジュールを使えば、スパムボットによる不正なフォーム送信を遮断できます。詳しくは reCAPTCHA (v3) を参照してください。
✔ reCAPTCHA はこのサイト上で有効化されています。
インテグレーションのセットアップ

「Contact Form 7」の送信テストを行う

「reCAPTCHA」の設定が終わったら、お問い合わせページをブラウザーで開いて、Contact Form 7で設定したメールアドレスにお問い合わせ内容が正しく送信されるかをチェックしましょう。
また、プラグイン「Contact Form CFDB7」の中にもメッセージが届いているか確認しましょう。

メールフォームテスト送信時のチェックポイント

- □ テストをする前に、Contact Form 7のメールの[送信先]を自分のメールアドレスに変更して保存していますか？
- □ お問い合わせページで必須項目を空欄にして送信ボタンを押すとエラーが出ることを確認しましたか？
- □ フォーム送信後、Webサイトにフォーム送信完了のメッセージが表示されていますか？
- □ サイト管理者宛に、問い合わせ内容が掲載されたメールが届いていますか？
- □ 受け取ったメールの送信元のメールアドレスが、本番用サーバーのものになっていますか？
- □ フォーム送信者へ自動返信設定をしている場合、送信者にも問い合わせ内容が掲載された自動送信メールが届いていますか？(迷惑メールやゴミ箱に振り分けられている可能性もあるのでチェック)
- □ WordPressの管理画面にある「Contact Form CFDB7」の中にも、問い合わせデータが保存されていますか？
  ※納品する前に、保存されたテスト送信データは削除しておきましょう。
- □ テストのために自分のメールアドレスに変更していた［送信先］は、最終的にクライアントのメールアドレスに変更していますか？

プラグイン「Contact Form CFDB7」

お問い合わせフォームから送られた内容を管理画面に保存するプラグイン。
メッセージの送受信トラブルがあった際、メッセージがサイトから送られたかどうかを管理画面から確認することができます。

- プラグインを有効化すると、メインナビゲーションに［お問い合わせ］とは別に［コンタクトフォーム］という項目が現れます。
- お問い合わせフォームから送られた内容が［コンタクトフォーム］の中に保存されているかを確認しましょう。

reCAPTCHAバッジを非表示にしたい場合

reCAPTCHAを設定すると、サイトの右下にreCAPTCHAバッジが表示されます。
非表示にする場合は公式の手順に従って文章とリンクを追加し、CSSを使ってバッジを非表示にしましょう。
※本書で配布しているデータは、すでにバッジの非表示設定済み

●Google reCAPTCHA 公式「よくある質問」
https://developers.google.com/recaptcha/docs/faq#id-like-to-hide-the-recaptcha-badge.-what-is-allowed

●追加する文章とリンク

このサイトは reCAPTCHA によって保護されており、Google の <a href="https://policies.google.com/privacy?hl=ja" target="_blank" rel="noopener noreferrer"> プライバシーポリシー </a> と <a href="https://policies.google.com/terms?hl=ja" target="_blank" rel="noopener noreferrer"> 利用規約 </a> が適用されます。

●バッジを消すCSS

```
.grecaptcha-badge { visibility: hidden; }
```

WordPressのフォームから送られるメールが迷惑メールに分類されてしまう場合の対処法

WordPressから送られる管理者宛メールや自動返信メールが迷惑メールやゴミ箱に分類されてしまう場合の解決策を2つご紹介します。

①送信元メールアドレスをWordPressと同じドメインにする
「送信元」とWordPressのドメインが異なる場合にスパムメールに判定されることがあります（例：送信元がGmail、WordPressがexample.com）。
この場合は、送信元アドレスをinfo@example.comのようなWordPressと同じドメインのメールアドレスにした上で、サーバーの管理画面からinfo@example.comに来たメールをGmailに転送するように設定しましょう。

②「WP Mail SMTP by WPForms」プラグインを導入する
①の方法で解決しない場合は、SMTPサーバーを使用しましょう。
「WP Mail SMTP by WPForms」プラグインを使えばWordPressの管理画面からSMTPサーバーの設定ができます。また、テストメールの送信も行うことができます。
参考：https://lolipop.jp/media/how-to-setup-wp-mail-smtp-plugin/

12-10 SEO対策・アクセス解析ツールの設定

SEO SIMPLE PACK

WordPressでは、プラグインを使って
アクセス解析ツールのコードを管理することができます。

HTMLサイトでは、SEO対策につながるコードやアクセス解析ツールのコードを各ページの<head>の中に直接記述していました。
WordPressでは、これらをプラグインを使い、管理画面の中で設定することができます。

「SEO SIMPLE PACK」にGoogle AnalyticsとSearch Consoleを設定する

WordPressの管理画面から設定作業を行う前に、各サービスにサイトを登録して必要なコードを取得しておきましょう。

※本書では「Google Analytics 4」と「Search Console」へサイトを登録する方法については割愛しています。サービスを使用するには、Googleアカウントが必要になります。

● Google Analytics
https://analytics.google.com/

● Google Search Console
https://search.google.com/search-console/about?hl=ja

サイトのアクセス制限（BASIC認証）を設定している場合は、「所有権の確認」などの基本設定ができません。公開作業時でBASIC認証を解除した後に設定してください。

1 管理画面のメニューから［SEO PACK］＞［一般設定］をクリックします。

2 「SEO SIMPLE PACK 一般設定」画面が表示されるので、［Google アナリティクス］タブをクリックします。

「"Measurement ID" for GA4」に GA4の測定IDを入力し、［設定を保存する］ボタンをクリックします。

GA4 のタグは、Google Analytics 管理画面の［管理］＞［プロパティ］＞［データ ストリーム］＞［測定 ID］(G-XXXX…) から確認できます。

3 「SEO SIMPLE PACK 一般設定」画面の［ウェブマスターツール］タブをクリックし、Search Consoleからコピーしたメタタグのcontentの中身を［Googleサーチコンソールの認証コード］に貼り付け、［設定を保存する］ボタンをクリックします。

Search Console のコードは［設定］＞［所有権の確認］＞［その他の確認方法］＞［HTML タグ］から確認できます。

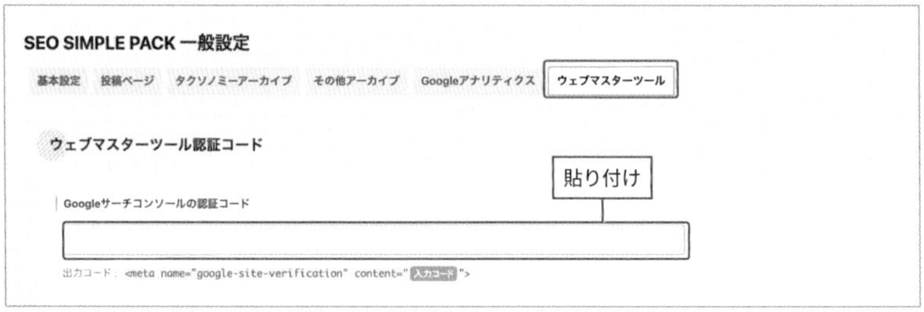

［HTML タグ］の中にある「content=" ●●●● "」の●●●●部分のみをコピーして認証コードにペースト。

OGP・Facebook・X(旧Twitter)を設定する

1 管理画面のメニューから[SEO PACK] > [OGP設定] をクリックします。

2 「OGP設定」画面の [基本設定] では、3-6「プラグインを設定する」で設定したOGP画像が設定されていることを確認します。

次に、FacebookやX(旧Twitter)でシェアされたときの設定を行います。

Facebookは「app_id」の取得が必要です。取得していない方や必要ない方は、Facebookの設定を飛ばしてください。

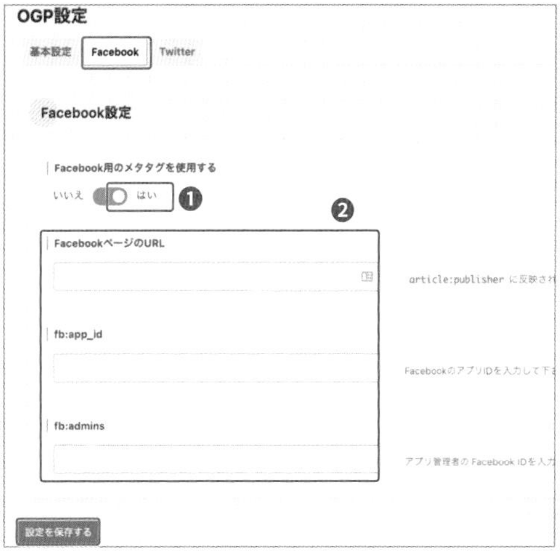

任意「OGP設定」画面の [Facebook] タブを開き、❶ [Facebook用のメタタグを使用する] を [はい] にします。
❷ [Facebookページの URL]、[fb:app_id]、[fb:admins] に必要な情報を入力し、[設定を保存する] ボタンをクリックします。

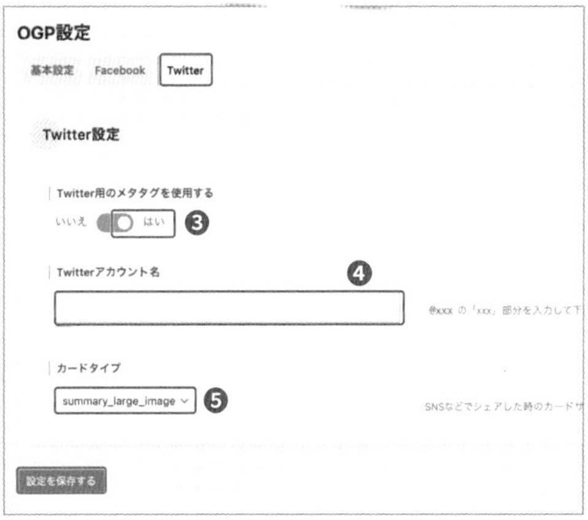

任意「OGP設定」画面の [Twitter] タブを開き、[Twitter用のメタタグを使用する] を❸ [はい] にします。
❹ [Twitterアカウント名] を入力し、[カードタイプ] はOGPが大きく見える❺ [summary_large_image] を選択して、[設定を保存する] ボタンをクリックします。

ソースコードへの出力を確認する

最後に、「SEO SIMPLE PACK」を使って設定したOGPやmetaタグがソースコードに出力できているかを確認しましょう。

1 WordPressサイトのトップページを表示し、ページの上で右クリックして、［ページのソースを表示］をクリックします。

［ページのソースを表示］が出ない場合は、画像やボタンの上ではなく、何もない背景の上で右クリックしてください。

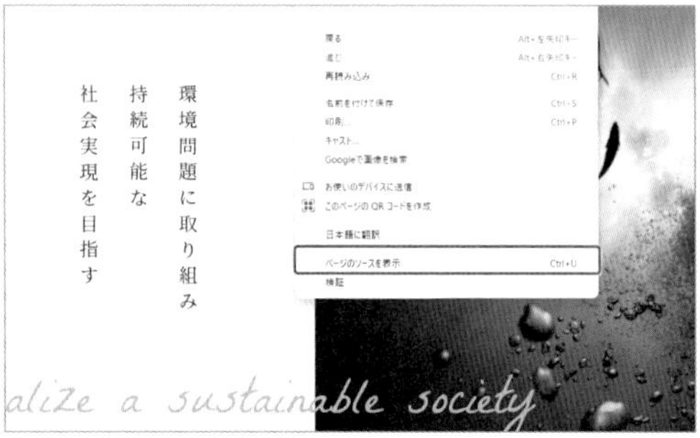

2 ソースコードの中に<!-- SEO SIMPLE PACK -->から<!-- /SEO SIMPLE PACK -->で囲われた場所が出力されていることを確認できたら、「SEO SIMPLE PACK」での作業は完了です。

```
view-source:https://
行を折り返す
<!DOCTYPE html>
<html lang="ja">
<head>
  <meta charset="UTF-8">
  <meta http-equiv="X-UA-Compatible" content="IE=edge">
  <meta name="viewport" content="width=device-width, initial-scale=1.0">

  <link rel="preconnect" href="https://fonts.googleapis.com">
  <link rel="preconnect" href="https://fonts.gstatic.com" crossorigin>
  <link href="https://fonts.googleapis.com/css2?family=La+Belle+Aurore&family=Marcellus&family=Noto+Sans+JP:wght@400;500;700&family=Noto+Serif+JP:wght@400;
  <link rel="stylesheet" href="https://                    wp-content/themes/goodocean/css/reset.css">
  <link rel="stylesheet" href="https://cdn.jsdelivr.net/npm/slick-carousel@1.8.1/slick/slick.css"/>
  <link rel="stylesheet" href="https://cdnjs.cloudflare.com/ajax/libs/animate.css/4.1.1/animate.min.css">
  <link rel="stylesheet" href="https://                    wp-content/themes/goodocean/style.css">

  <meta name='robots' content='noindex, nofollow' />

<!-- SEO SIMPLE PACK 3.2.0 -->
<title>GOOD OCEAN 株式会社</title>
<meta name="description" content="海洋プラスチックごみの回収や処理、工場から出る汚水をテクノロジーを使って浄水し、海に放出する技術の開発などを行っています。">
<link rel="canonical" href="https://                    ">
<meta property="og:locale" content="ja_JP">
<meta property="og:type" content="website">
<meta property="og:image" content="https://                    /og-image.jpg">
<meta property="og:title" content="GOOD OCEAN 株式会社">
<meta property="og:description" content="海洋プラスチックごみの回収や処理、工場から出る汚水をテクノロジーを使って浄水し、海に放出する技術の開発などを行っています。">
<meta property="og:url" content="https://                    ">
<meta property="og:site_name" content="GOOD OCEAN 株式会社">
<meta name="twitter:card" content="summary_large_image">
<!-- / SEO SIMPLE PACK -->
```

この部分が出力されていれば OK

管理画面の固定ページや投稿ページの下の方に、ページのタイトルやディスクリプション、OGPなど各ページごとに設定ができる項目があるよ！必要であれば使ってみてね！

12-11 新しいユーザーを登録する

クライアントに納品する場合など、ユーザーを追加する際は、
登録するユーザーの操作権限を決めましょう。

ユーザーの権限を設定する

クライアントに納品をする際に、管理画面の操作を行うユーザーについてヒアリングし、操作権限を決めてユーザーを登録しましょう。

ユーザーを登録するには、管理画面から［ユーザー］＞［新規追加］をクリックします。各項目を設定し、［新規ユーザーを追加］ボタンをクリックします。

項目名	必須	説明
❶ユーザー名	○	管理画面ログイン時のユーザー名　※ユーザー名は後から変更できません
❷メール	○	ユーザーのメールアドレス
❸姓名	（任意）	設定をすると、ブログ上の表示名で、姓名表示を選択することができます。
❹パスワード	○	セキュリティの観点から、必ず8文字以上で英数字と記号を取り入れ、判別しにくい文字列にしてください。
❺ユーザーに通知を送信	（任意）	ユーザー登録時にアカウントに関するメール送信を行うかどうか。
❻権限グループ	○	WordPressでは、6種類の権限グループが用意されています（次ページ参照）。サイトの管理者以外は「編集者」以下のグループを割り当てた方が安全です。管理画面を操作してサイトの動作をおかしくしてしまうリスクが減ります。

WordPressに用意されている6種類の権限グループ

●特権管理者

1つのWordPressで、複数サイトを管理する際（「マルチサイト」と呼ばれています）、サイト全体の管理画面の操作ができる人

※本書ではマルチサイトは取り上げていませんので、権限グループは5つしか表示されません。

●管理者

プラグインやテーマなどを含むWordPressの管理画面の全ての操作ができる人

サイト制作者自身や、クライアント側のサイト管理者に付与することが多い

・WordPress本体の更新
・サイトの設定
・テーマ、プラグイン、ユーザーの管理
・データのインポート、エクスポート
・投稿記事や、固定ページ、カテゴリーの作成・公開・編集・削除
・自分以外のユーザーが作成した投稿記事や固定ページの編集、削除
・コメントの承認
・メディアアップロード
・プロフィール編集

●編集者

投稿記事や固定ページなどの編集を含むWordPressの管理画面の一部の操作ができる人

固定ページの作成・編集は、「編集者」以上の権限が必要

クライアント側のサイト運用者に付与することが多い

・投稿記事や、固定ページ、カテゴリーの作成・公開・編集・削除
・自分以外のユーザーが作成した投稿記事や固定ページの編集、削除
・コメントの承認
・メディアアップロード
・プロフィール編集

●投稿者

投稿記事の作成と、自分が投稿した記事の編集ができる人

クライアント側の記事作成者に付与することが多い

・投稿記事の作成・公開 / 公開済み記事の編集、削除
・自分が書いた投稿記事や編集、削除
・メディアアップロード
・プロフィール編集

●寄稿者
投稿記事の作成と、自分が投稿した記事の編集ができる人
メディアアップロード＆公開 / 自分で投稿した公開済み記事の編集・削除はできない

- 投稿記事の作成
- 自分が書いた投稿記事や編集、削除
- プロフィール編集

●購読者
WordPressサイトの購読ができる人

- プロフィール編集

避けるべきユーザー名やパスワード

WordPressで設定するログイン時のユーザー名とパスワードは、予測されやすい文字列にしてしまうとハッキングされやすくなるので注意が必要です。アルファベットや数字、記号が混在している複雑な文字列を使用しましょう。

避けるべきユーザー名の例	admin、Administrator、root、user、suzuki（人名）など
避けるべきパスワードの例	password、123456、member、abcd1234、qwertyuiop（キーボード配列）など

ここもCHECK

☐ **本番公開時には、readme.htmlなどの不要なファイルは削除しよう！**

WordPressの公開時には、動作に直接関係のない不要なファイルは削除しておきましょう。公開したままだと、攻撃者にバージョンなどの情報を与えることにつながってしまいます。
特に、WordPressがインストールされたフォルダーの直下に設置されている次の3つのファイルは削除しておきましょう。

- license.txt
- readme.html
- wp-config-sample.php

名前
wp-content
wp-includes
.htaccess
index.php
license.txt
readme.html
wp-activate.php
wp-blog-header.php
wp-comments-post.php
wp-config-sample.php
wp-config.php

wp-config-sample.phpの下にある
wp-config.phpは大事なファイルです。
間違えて削除しないようにね！

CHAPTER 13

本番サイトを公開する

13-1 本番用WordPressのサイトアドレスと管理者メールアドレスを変更する

WordPressサイトを誰でも閲覧できるようにするには、
「BASIC認証の解除」や「公開用URLと本番用WordPressのサイトアドレスの統一」、
「管理者のメールアドレスの変更」などの作業が必要です。

まずはサイトアドレスと
管理者メールアドレスを変更するよ！

本書では、ドメインの中にある他のフォルダーと競合しないよう、ドメイン直下の「ルートディレクトリー」ではなく「サブディレクトリー」にWordPressをインストールする方法で作成してきました。

最後に、ルートディレクトリーのURLでWordPressを表示できるようにしていきましょう。

サブディレクトリーのまま公開する方は次ページでサイトアドレスを変更せず、管理者メールアドレスの変更だけ行い、13-2「アクセス制限を解除する」へ進んでください。

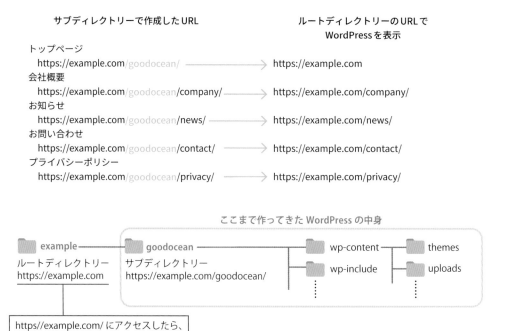

サブディレクトリーで作成したURL		ルートディレクトリーのURLでWordPressを表示
トップページ https://example.com/goodocean/	→	https://example.com
会社概要 https://example.com/goodocean/company/	→	https://example.com/company/
お知らせ https://example.com/goodocean/news/	→	https://example.com/news/
お問い合わせ https://example.com/goodocean/contact/	→	https://example.com/contact/
プライバシーポリシー https://example.com/goodocean/privacy/	→	https://example.com/privacy/

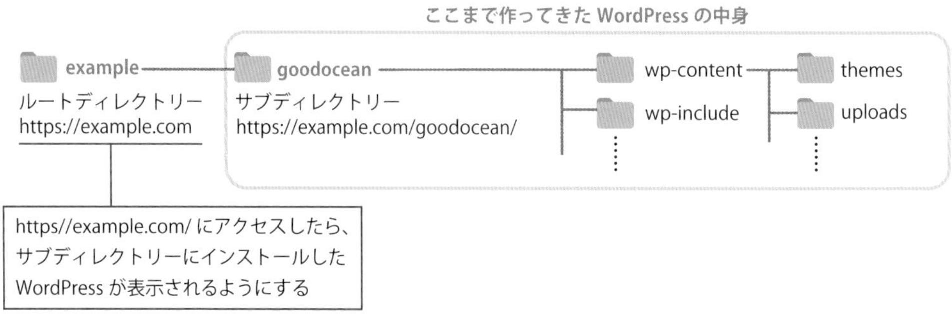

サイトアドレスと管理者メールアドレスを変更する

1 WordPressの管理画面のメニューから［設定］＞［一般］をクリックして、［サイトアドレス（URL）］と［管理者メールアドレス］（※任意）を変更します。

●変更前

サブディレクトリーのまま公開する場合は、サイトアドレスを変更せず、［管理者メールアドレス］の変更（※任意）だけを行い、［変更を保存］ボタンをクリックして保存します。その後、13-2「アクセス制限（BASIC認証）を解除する」へ進んでください。

●変更後

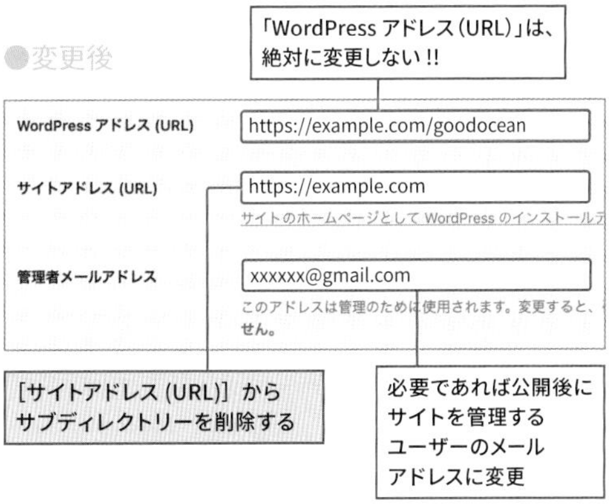

- **［サイトアドレス（URL）］**
  サブディレクトリー名を削除し、ルートディレクトリーのURLのみにします。

- **［管理者メールアドレス］**
  必要であればサイト公開後にサイトを管理する方の連絡先に変更します。
  この連絡先は、WordPressのバージョンアップやセキュリティ関連の重要な通知などが届く連絡先になります。
  変更した場合は、変更後のアドレス宛に届くメールから承認作業を行います。

2 サイトアドレスと管理者メールアドレスを変更したら、一番下にある［変更を保存］ボタンをクリックして保存します。

しかしこれだけでは正しく表示されません。次に進みましょう。

13-2 アクセス制限（BASIC認証）を解除する

本番用WordPressのサイトアドレスと管理者メールアドレスを変更したら、アクセス制限を解除して、誰でもサイトを閲覧できるように設定します。

1 「さくらのレンタルサーバ」にログインし、「サーバーコントロールパネル」のメニューから［Webサイト／データ］＞❶［ファイルマネージャー］をクリックします。

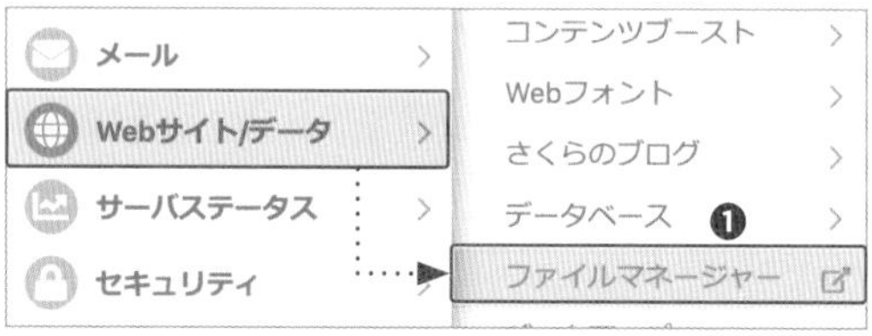

2 ファイルマネージャーの画面が表示されたら、WordPressをインストールした❷ディレクトリーをダブルクリックで開きます。

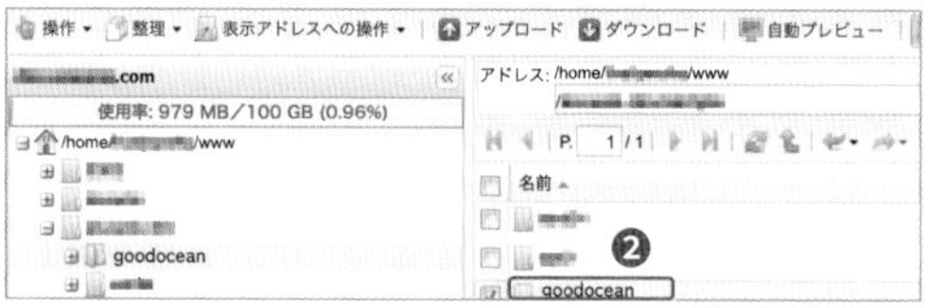

3 左上のツールバーから［表示アドレスへの操作］＞❸［アクセス設定］を選択します。

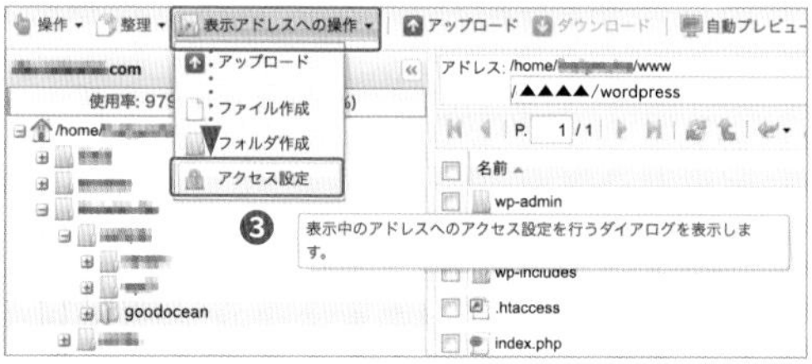

4 「パスワード制限」タブの設定を行います。［有効性］＞❹［パスワード制限を使用する］のチェックを外します。

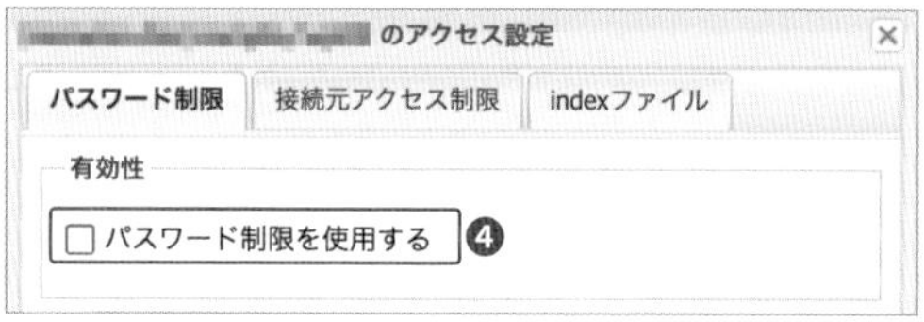

5 下部の❺［OK］ボタンをクリックします。チェックを外した後、［OK］ボタンをクリックしないと反映されません。

これでアクセス制限を解除することができました。

ここからは制作したWordPressサイトが検索エンジンに拾われる可能性があるので、日を置かずに手早く作業しましょう。

13-3 サブディレクトリーにあるWordPressを ルートディレクトリーのURLで表示する

ファイルマネージャーを使って、
本番サーバー上の[index.php]と[.htaccess]ファイルを複製・編集します。

独自ドメインのフォルダー内のファイルを確認する

まずは「さくらのレンタルサーバ」にログインし、「ファイルマネージャー」を開いて、独自ドメインのフォルダーに入っているファイルを確認します。

/home/さくらのサーバーを取得した際に設定した名前/www/以下に独自ドメインのフォルダーがあります。
例）/home/さくらのサーバーを取得した際に設定した名前/www/example/

独自ドメインのフォルダーに［index.html］［index.php］［.htaccess］のどれかがある場合、元に戻せるよう、念のためローカルにファイルをダウンロードしておきます。

index.html
index.php
.htaccess
独自ドメインのフォルダーに入っている
これらのファイルは、念のためローカルに
ダウンロードして保管しておきましょう

.htaccessをPCにダウンロードする際の注意点

FTPクライアントを使用して［.htaccess］をPCにダウンロードすると、PCの中では「隠しファイル」扱いになり、表示されないことがあるので注意してください。

●隠しファイルの表示／非表示を切り替える方法

Macの場合　：Finderを選択した状態で、「Command + Shift + . (ドット)」
Windows10の場合　：エクスプローラーを選択した状態で、上部タブの［表示］をクリックし、［隠しファイル］にチェックを入れる
Windows11の場合　：エクスプローラーを選択した状態で、上部タブの［表示］＞［表示］＞［隠しファイル］を選択

ファイルマネージャーからダウンロードした場合は、［.htaccess］の名前や拡張子が変わることがあります。中身を確認する際は、ファイルをダブルクリックして開くのではなく、エディターから開いてください。
ダウンロードしたファイルをサーバーに戻すときは、名前を［.htaccess］に変更してください。

サブディレクトリーにあるindex.phpと.htaccessを複製する

1 WordPressがインストールされている❶フォルダーをダブルクリックして開きます。［.htaccess］と［index.php］に❷チェックを入れ、右クリックして❸［指定の場所に複製］をクリックします。すぐ下の［移動］を選ばないように注意してください。

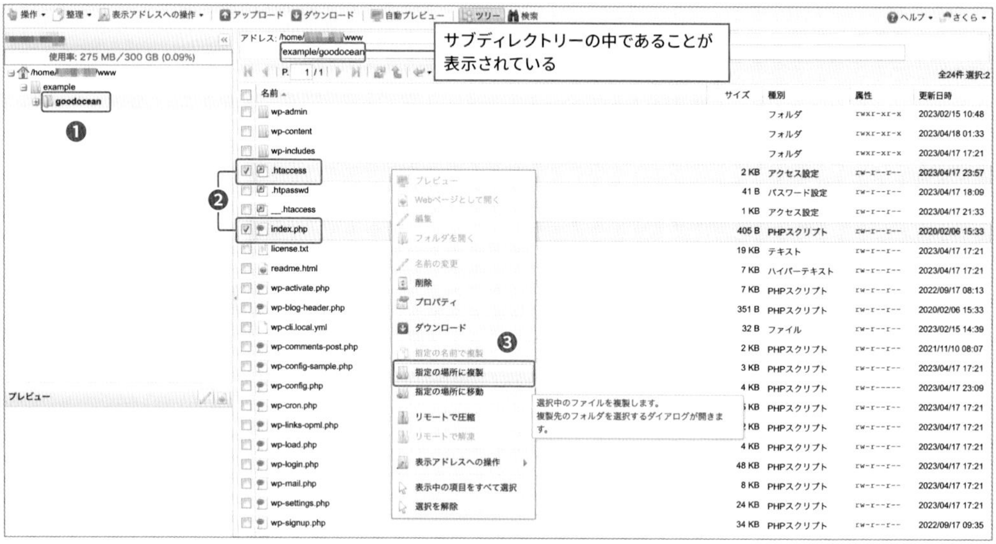

2 独自ドメイン用の❹フォルダーを選択し、❺［OK］ボタンをクリックします。

古いサイトの［index.php］と［.htaccess］がある場合は、上書きの確認画面が表示されるので、❻［はい］ボタンをクリックします。

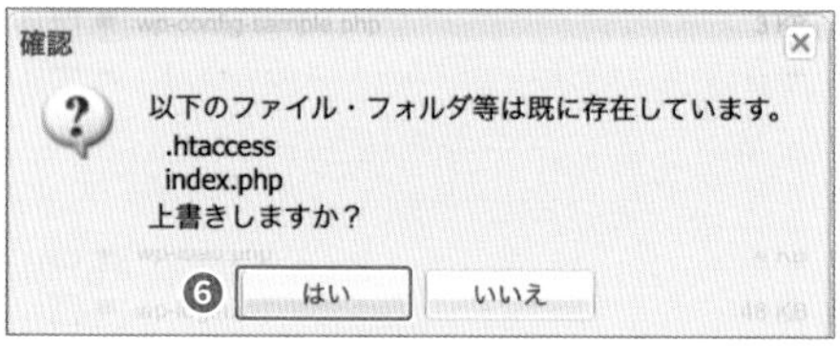

複製したindex.phpを編集する

独自ドメインのフォルダーに戻り、左ページで複製した［index.php］を編集します。

1 独自ドメインの❶フォルダーをダブルクリックすると、ルートディレクトリーに戻ります。

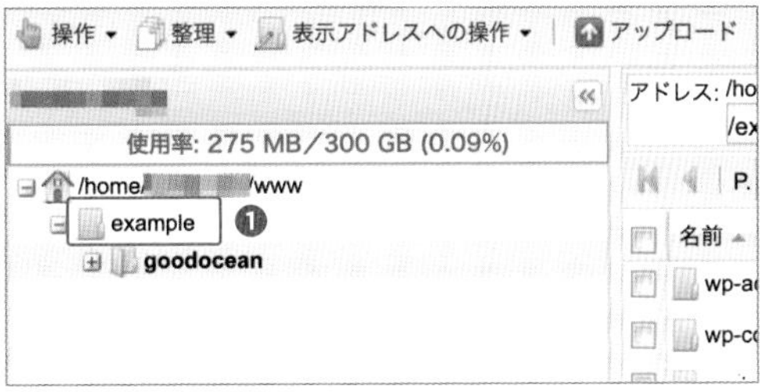

2 ❷［index.php］を右クリックし、❸［編集］をクリックします。

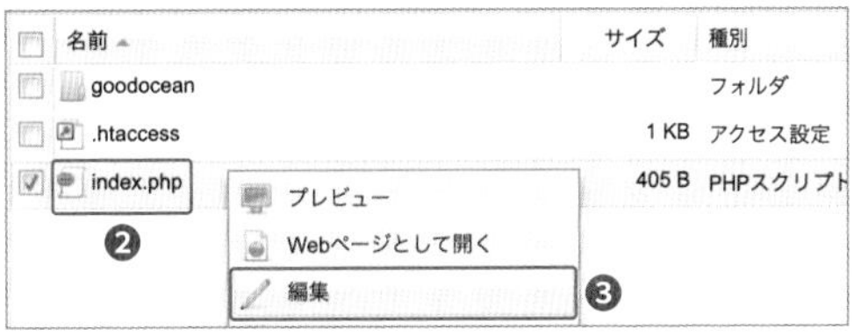

3 「index.php」の一番下の行を、❹次のように変更します。

```
require __DIR__ . '/wp-blog-header.php';
```

```
require __DIR__ . '/●●●● /wp-blog-header.php';
```

●●●●にはWordPressをインストールしたサブディレクトリー名を入れる　例）goodocean/
※このとき／（スラッシュ）を忘れずにつける

4 ❺［保存］ボタンをクリックし、❻［閉じる］ボタンをクリックします。

```
<?php
/**
 * Front to the WordPress application. This file doesn't do anything, but loads
 * wp-blog-header.php which does and tells WordPress to load the theme.
 *
 * @package WordPress
 */

/**
 * Tells WordPress to load the WordPress theme and output it.
 *
 * @var bool
 */
define( 'WP_USE_THEMES', true );

/** Loads the WordPress Environment and Template */
require __DIR__ . '/goodocean/wp-blog-header.php';
```

❹

複製した.htaccessを編集する

同様の手順で、独自ドメインのフォルダーに複製した［.htaccess］を編集します。

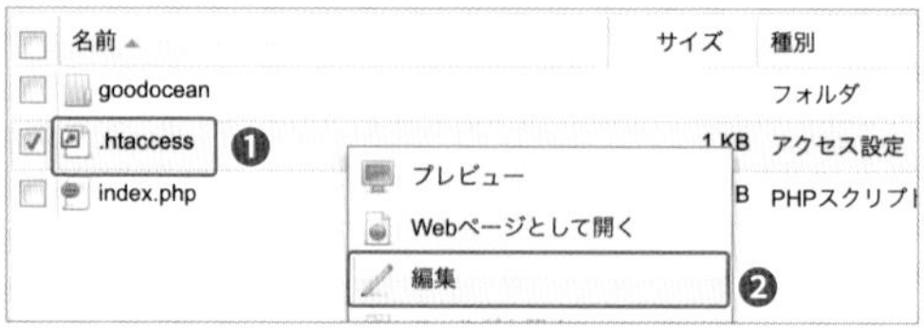

1 ルートディレクトリーにある❶［.htaccess］を右クリックし、❷［編集］をクリックします。

2 2箇所の「サブディレクトリー名」を削除します。

3 ［保存］ボタンをクリックしてから［閉じる］ボタンをクリックします。

●1箇所目

```
RewriteBase /●●●●/
```

↓

```
RewriteBase /
```

●2箇所目

```
RewriteRule ./●●●●/index.php [L]
```

↓

```
RewriteRule ./index.php [L]
```

./ を削除しないように気をつけてね！

.htaccessのバックアップをとる

WordPressは、動作に必要な記述を自動で［.htaccess］に書き込むため、変わることがあります。
正しく動いていたときの［.htaccess］をローカルに保存しておき、サイトが表示されなくなってしまったときには、内容を比較し、特に「RewriteBase」と「RewriteRule」の項目が合っているか確認しましょう。

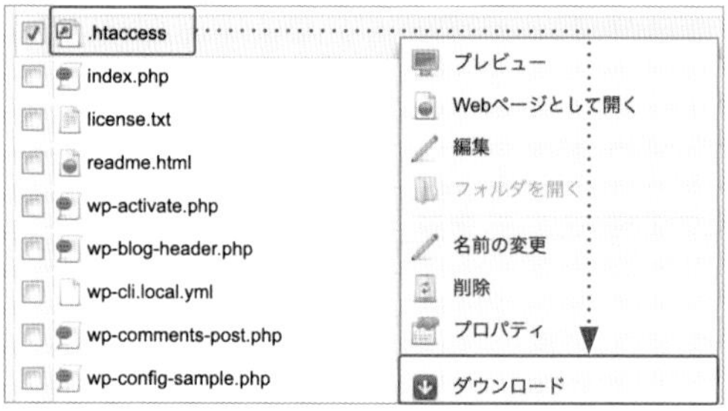

「さくらのレンタルサーバ」のファイルマネージャーでは、［.htaccess］を右クリックし、［ダウンロード］をクリックすると、ローカルにダウンロードしてバックアップをとることができます。

13-4 本番サイトの表示を確認する

さきほど変更した「サイトアドレス」と、
「WordPressのログイン画面のアドレス」を実際に表示して確認しましょう。

サイトを確認する

ブラウザキャッシュを削除した状態で表示確認をするため、Google Chromeブラウザーの⋮ボタンをクリックし、[新しいシークレットウィンドウ]をクリックします。

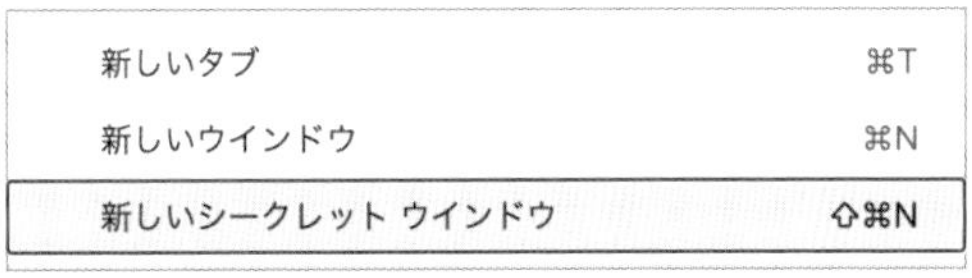
新しいタブ ⌘T
新しいウインドウ ⌘N
新しいシークレット ウインドウ ⇧⌘N

●「サイトアドレス」と「WordPressのログインアドレス」を確認する

ブラウザーを開いたら、サイトやログイン画面のアドレスが、指定したアドレスで表示できるか確認します。

サイトアドレスの例：https://example.com　サブディレクトリーがついていないアドレス

ログイン画面のアドレスの例：https://example.com/goodocean/wp-login.php

ログイン画面の URL はサブディレクトリーがついたアドレス

また、**サイトの固定ページや、各ページから飛ぶリンク、投稿ページ、アーカイブページなどのリンクが正常に作動し、表示されることを確認してください。**トップページは表示されるのに投稿ページや固定ページが表示されないなどのトラブルがあった場合は、下のチェックポイントを参考に解決してください。

正しく表示されない時のチェックポイント

- □ サイトが表示されない
  →[設定]>[一般]>[WordPressアドレス(URL)]を変更していませんか？変更するのは[サイトアドレス(URL)]のみです。[WordPressアドレス(URL)]には、サブディレクトリー名が入っている必要があります。
- □ WordPressが表示されず、HTMLサイトのindex.htmlが表示されてしまう
  →ルートディレクトリーに[index.html]がある場合は、削除してください。
- □ レンタルサーバーのデフォルトのindex.htmlが表示されてしまう
  →ルートディレクトリーに[index.html]がある場合は、削除してください。
- □「500 Internal Server Error」が出てしまう
  →ファイルマネージャーで[.htaccess]を正しく記述しているか確認しましょう。

リニューアルの場合は、旧URLから新URLにページを自動転送させよう！

サイトのリニューアル時には、旧サイトにアクセスをした人が新サイトへ自動転送される設定が大切です。

旧about.htmlにアクセスした人には
/about/へ自動転送するように設定
<:>
HTML
https://example.com/about.html
PHP
https://example.com/about/

HTMLサイトをWordPressサイトにリニューアルした後は、旧HTMLファイル（.html）や不要になったファイルをサーバーから削除し、新しいページへ転送（301リダイレクト）しましょう。

この作業をしていないと、古いページが検索エンジンに表示されたり、以前のページをブックマークしている人や他のサイトに掲載されている旧リンクをクリックした人に「ページが存在しません（404エラー）」が表示されてしまいます。

また、検索エンジンから重複コンテンツとみなされてWebサイトの価値が下がる可能性があります。

ファイル転送の方法は、[.htaccess]を使って旧アドレスから新アドレスへ自動転送をする方法や、「Redirection（https://ja.wordpress.org/plugins/redirection/)」というプラグインを使う方法があります。
.htaccessは専門的な知識が必要です。不安な人はプラグインの導入を検討してみましょう。

Webサイトのリニューアルの場合は、
新サイトが公開された後に
古いデータの整理をし、
必要であればサーバーから
削除しましょう。

13-5 セキュリティを設定する

SiteGuard WP Plugin　All In One WP Security & Firewall

WordPressのログイン画面は、通常「サイトURL/wp-login.php」となっています。
管理画面への不正アクセスを防ぐために、
WordPressのログインURLを変更しましょう。

「SiteGuard WP Plugin」を設定する

1 管理画面のメニューから［プラグイン］>［インストール済みプラグイン］をクリックし、［SiteGuard WP Plugin］の［有効化］をクリックします。

SiteGuard WP Plugin
有効化
削除

2 有効化すると、「ログインページURLが変更されました。」と表示されるので、［設定変更はこちら］をクリックします。

プラグイン
新規追加
ログインページURLが変更されました。
設定変更はこちら

他の画面に移動してしまった場合は、管理画面のメインナビゲーションから［SiteGuard］>［ログインページ変更］をクリックしてください。

SiteGuard
ダッシュボード
管理ページアクセス制限
ログインページ変更

3 「ログインページ変更」画面が表示されます。［SiteGuard WP Plugin］を有効化した時点で［ログインページ変更］は❶［ON］になっているので、このまま詳細設定を行います。❷［変更後のログインページ名］を**半角英数字で入力**します。ここでは「console」と入力。❸［管理者ページからログインページへリダイレクトしない］にチェックを入れ、❹［変更を保存］ボタンをクリックします。

SITEGUARD
WP Plugin
ログインページ変更
ON
OFF
この機能を使用するには、mod_rewriteがサーバーにロードされている必要があります。
変更後のログインページ名
console
英数字、ハイフン、アンダーバーが使用できます。
オプション
管理者ページからログインページへリダイレクトしない
変更を保存

この変更を行うと、https://.../wp-admin/にアクセスしたときに自動的にログイン画面にリダイレクトされるのを防ぐことができます。

4 ブラウザーで新しいタブを開き、「変更後のログインページ名」に表示されているアドレスを入力して、変更後の新しいログインページを表示し、必要に応じてブックマークしましょう。

「https://xxx.com/console」に変更した場合、「https://xxx.com/console/」のように後ろに/がついていても違うアドレスとみなされ、リダイレクトされないことがあるので注意が必要です。

4 次に、管理画面のメニューから［SiteGuard］＞［ダッシュボード］をクリックします。「ダッシュボード」画面が表示されるので、先程設定した［ログインページ変更］の下にある❺［画像認証］がオンになっていることを確認してください。

デフォルトでオンになっている項目のうち、［ログインアラート］や［更新通知］は不要ならオフにしてください。

［ログイン詳細エラーメッセージの無効化］と［ログインロック］は、セキュリティ強化に関わるので、オンのままにしておくことをおすすめします。

これでSiteGuard WP Pluginの設定は完了です。

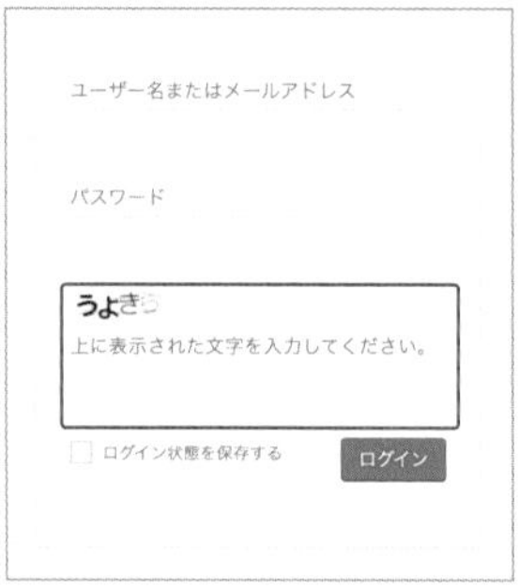

［画像認証］がオンになっていると、
ログイン画面に画像認証が追加されます。

「All-In-One Security (AIOS) – Security and Firewall」を設定する

1 管管理画面のメニュー［プラグイン］＞［インストール済みプラグイン］をクリックし、「All-In-One Security (AIOS) – Security and Firewall」の［有効化］をクリックします。有効化すると、メニューに［WPセキュリティ］が追加されます。

2 ［WPセキュリティ］＞［ファイルシステムセキュリティ］をクリックし、［Set recommended permissions（推奨パーミッションを設定）］ボタンをクリックします。
※サーバーによっては出てこないこともあります。

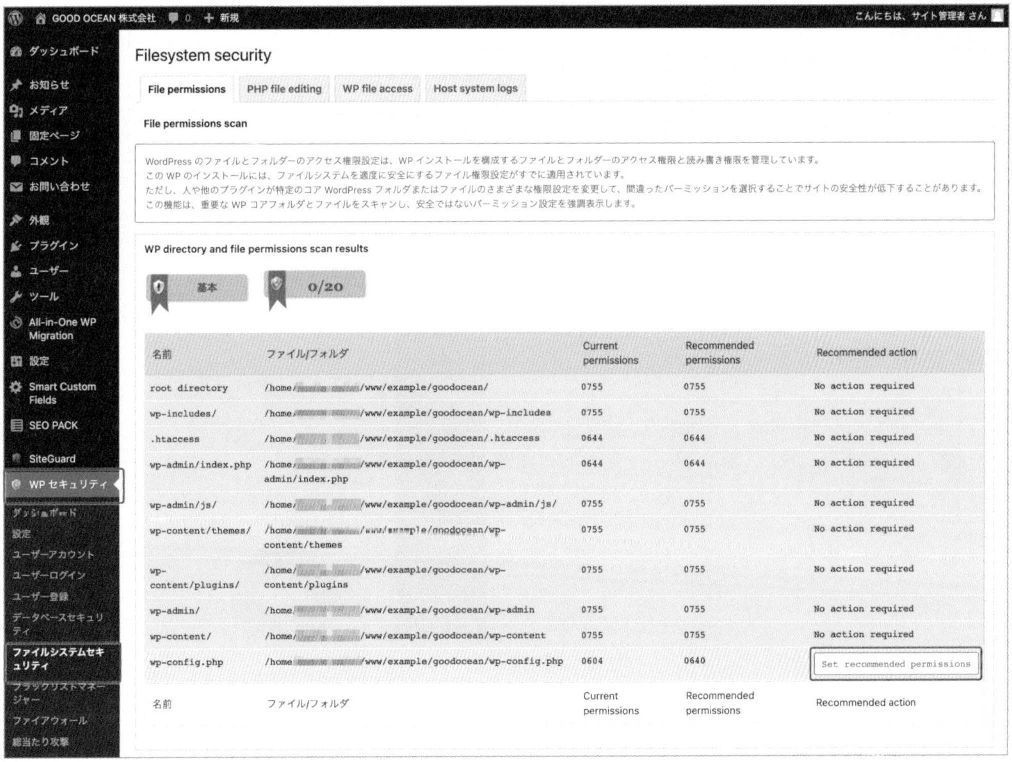

3 ［WPセキュリティ］＞［ユーザーログイン］をクリックし、［Enable login lockout feature（ログインロックダウン機能）］にチェックを入れて、［Login lockout options］エリア内の［Save settings］ボタンをクリックします。

4 ［WPセキュリティ］＞［ダッシュボード］をクリックし、［Security strength meter（セキュリティー強度メーター）］が緑になっているのを確認します。

これで「All-In-One Security (AIOS) – Security and Firewall」の設定は完了です。

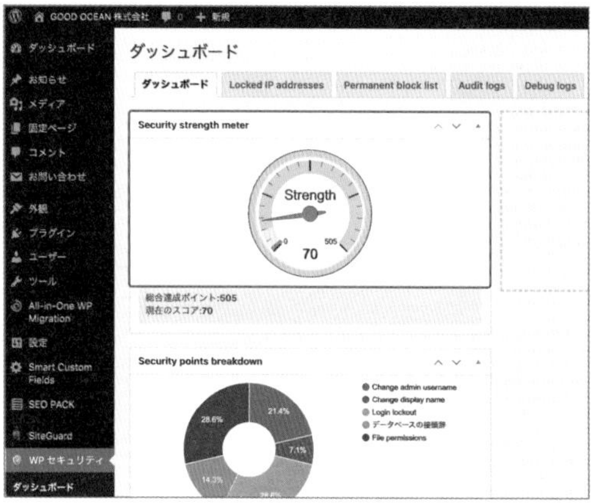

13-6 アクセス解析ツールの連携を確認する

XML Sitemap Generator for Google / Google Search Console / Google Analytics 4

Search Consoleの「所有権の確認」やGoogle Analytics 4の「測定ID」の取得を、BASIC認証を解除した後に行った後に、アクセス解析ツールとWordPressの連携を確認しましょう（12-10「SEO対策・アクセス解析ツールの設定」参照）。

Search Consoleへのサイトマップ送信を設定する

XMLサイトマップは、Googleなどの検索エンジンがそのサイトにどのようなページがあるのかを把握するために使われます。
WordPressには、新しい記事を投稿するたびにサイトマップを自動で更新してSearch Consoleへ送信してくれるプラグインがあります。必ず設定しましょう。
「XML Sitemap Generator for Google」の基本設定については、3-6「プラグインを設定する」を参照してください。

1 管理画面のメニューから［設定］＞［XML-Sitemap］をクリックします。

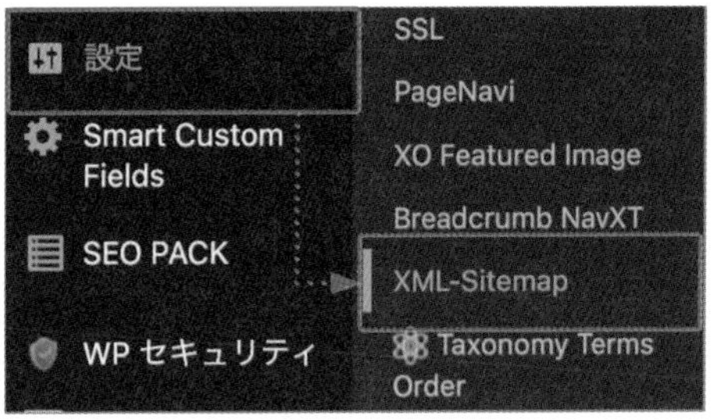

2 ［sitemap.xml］のURLをコピーします。

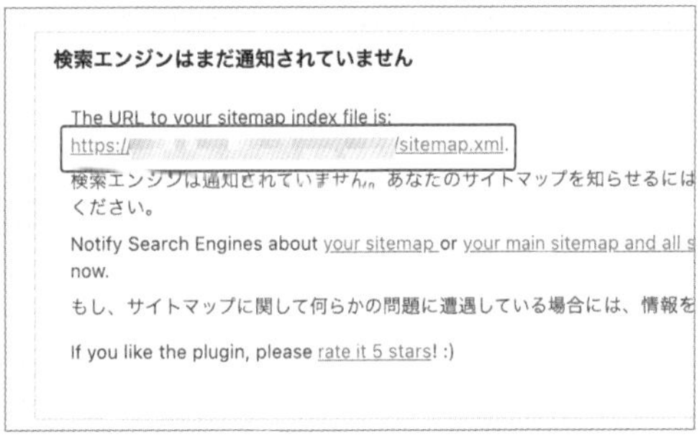

3 「Search Console」のサイトに行き、コピーしたサイトマップのURLを登録します。

https://search.google.com/search-console/about?hl=ja

4 「Search Console」のメニューから❶［サイトマップ］をクリックし、❷［新しいサイトマップの追加］にURLを貼り付けます。

※この時、ペーストしたURLの中にあるhttps://などの重複した文字列は削除し、WordPressの管理画面で表示されたアドレスと同じアドレスに修正しましょう。
その後、❸[送信]ボタンをクリックします。

これでSearch Consoleを含めたサイトマップの設定は完了です。
ステータスはすぐには反映されないことがあるので時間をおいてください。

Search Consoleで検出されたURLの数が少ない時の対処法

「送信されたサイトマップ」の[ステータス]が「成功しました」になっていても、[検出されたURL]の数がとても少なく、サイトのページ数とかけ離れているときがあります。そのときは、WordPressのサイトマップが最新の状態になっているか確認しましょう。

「XML Sitemap Generator for Google」の場合、WordPressのサイトマップが更新されるタイミングは「投稿」機能で記事を「公開」したときです。「投稿」機能で記事を作成して公開し、最新の状態にしてから再度上の手順で[送信]してみましょう。（サイトに「お知らせ」などの記事機能がない場合は、中身のない空の記事を作成して公開し、サイトマップを最新にしたあと記事を削除しましょう。）

13-7 自動バックアップ機能を導入する

UpdraftPlus WordPress Backup Plugin

万が一に備えて、バックアップを取っておくとトラブルが起きたときも復旧が可能です。プラグインを使った自動バックアップの設定を行いましょう。

WordPressは、世界中で多くのユーザーが利用するオープンソースのコンテンツ管理システム（CMS）です。そのため、セキュリティ上の弱点を突かれやすいという性質があります。万が一のトラブルに備え、バックアップを取っておくと効率よく復旧することができます。

自動バックアップの対象と頻度

WordPressのデータは、「ファイル」と「データベース」に分かれます。画像などの「ファイル」はサイズが大きいのでバックアップの頻度を月1回に、逆に投稿記事の本文などが保存されている「データベース」はサイズが小さく更新頻度が高いので2週に1回バックアップするようにします。

※サイトの更新頻度に合わせて適切なバックアップ頻度に変更してください。

バックアップの種類分け	頻度	サイズ
画像などの「ファイル」	少ない	大きい
投稿記事などの「データベース」	多い	小さい

WordPressのバックアップを自動で行いたい場合、プラグインを使用する方法とレンタルサーバーのバックアップ機能を使用する方法があります。

本書では、プラグイン「UpdraftPlus」を使用してWordPressが自動でバックアップを行うように設定します。

プラグインを有効化する

1 管理画面のメニューから、[プラグイン] > [インストール済みプラグイン] を開き、「UpdraftPlus」を有効化します。

2 「UpdraftPlus設定」のポップアップが表示されるので、[スタートするにはここをクリック] ボタンをクリックします。
表示されない場合は、管理画面のメニューから［設定］＞［UpdraftPlus バックアップ］をクリックします。

バックアップ先をWordPressの外部に変更する

「UpdraftPlus」の初期設定では、バックアップが［wp-content］フォルダー内に保存されますが、**WordPressの外部にバックアップを行う方が安全**です。
今回は**GoogleDriveに自動バックアップするように設定**します。
※Google Driveに保存するためにはGoogle アカウントが必要になります。

バックアップを内部に保存すると、
WordPressにトラブルが起きたとき、
壊れてしまう可能性があるので、
場所を外部に変更しているよ！

1 ［設定］をクリックし、［保存先を選択］から［Google Drive］をクリックします。

2 「Googleで認証」の［Sign in with Google］ボタンをクリックします。

3 Googleアカウントへのアクセスをリクエストする画面が表示されるので、［許可］ボタンをクリックします。

CHAPTER-13

4 右図が表示されたら、[Complete setup]ボタンをクリックし、[UpdraftPlus]の画面に戻ります。

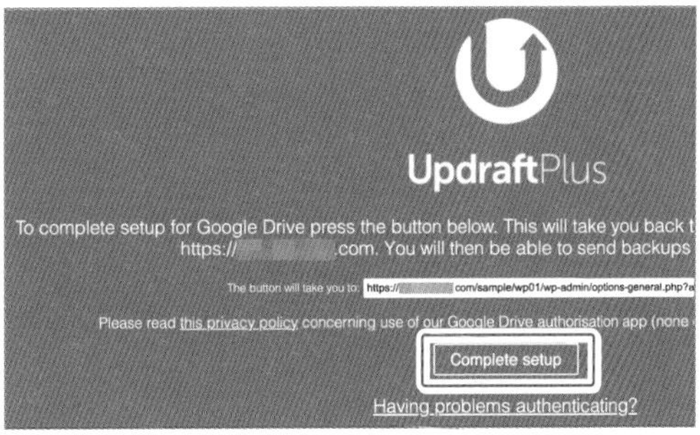

5 Google Driveと連携できているかを確認しましょう。
再度[設定]をクリックし、「保存先を選択」から[Google Drive]をクリックします。
「Googleで認証」に認証済みのアカウントが表示されていれば連携は完了です。

アカウントが表示されない場合は、下部の[変更を保存]ボタンをクリックして、ページを再読み込みしてください。

自動バックアップを設定する

1 ❶[設定]をクリックし、[ファイルバックアップのスケジュール]で❷[Monthly]、[データベースバックアップのスケジュール]で❸[Fortnightly]を選択します。
※サイトの更新頻度に合わせて適切なバックアップ頻度に変更してください。

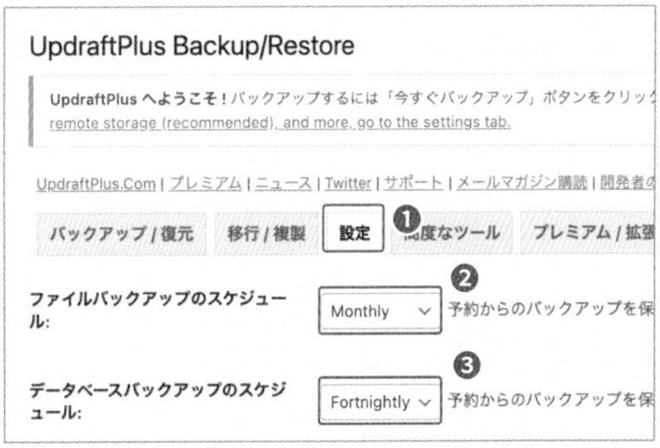

2 次の4つに❹チェックが入っていることを確認します。
・[プラグイン]
・[テーマ]
・[アップロード]
・[wp-content中の他のディレクトリ]
最下部にある❺[変更を保存]ボタンをクリックします。

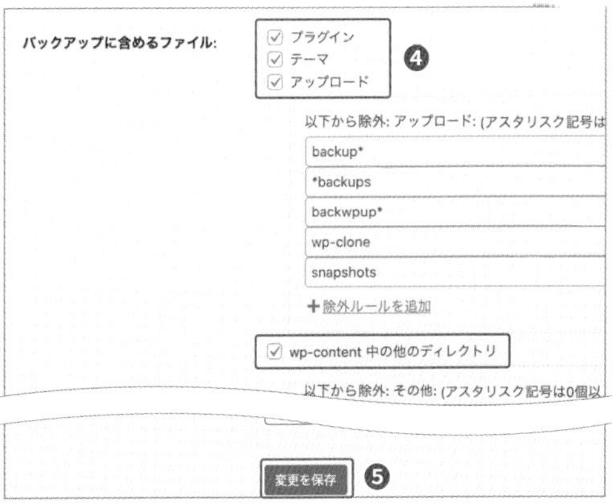

手動でバックアップを実行する

自動バックアップの設定が終わったら、初回のバックアップを手動で行います。

1 ［バックアップ／復元］＞［今すぐバックアップ］ボタンをクリックします。

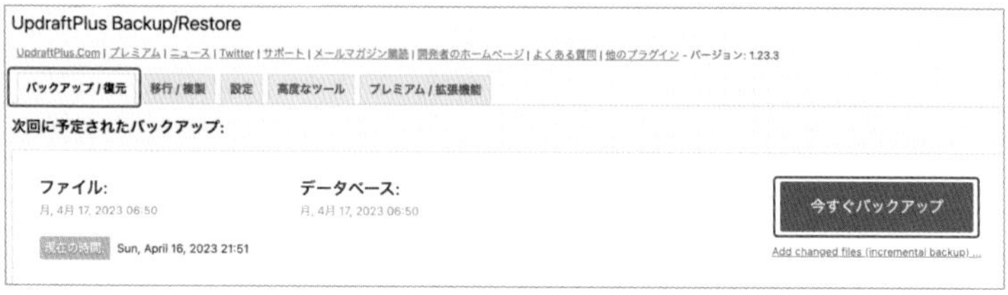

2 「新規バックアップを取得」画面が表示されるので、［今すぐバックアップ］ボタンをクリックします。

3 画面下部にある「既存のバックアップ」に日付とデータが表示されたら、バックアップは完了です。念のため、GoogleDriveにもバックアップデータが保存されていることを確認しておきましょう。

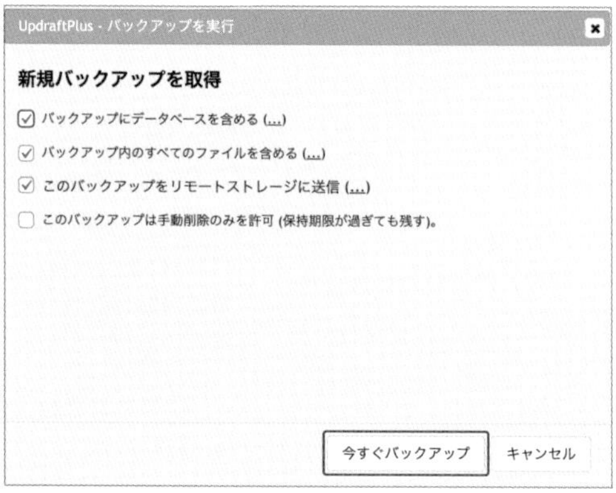

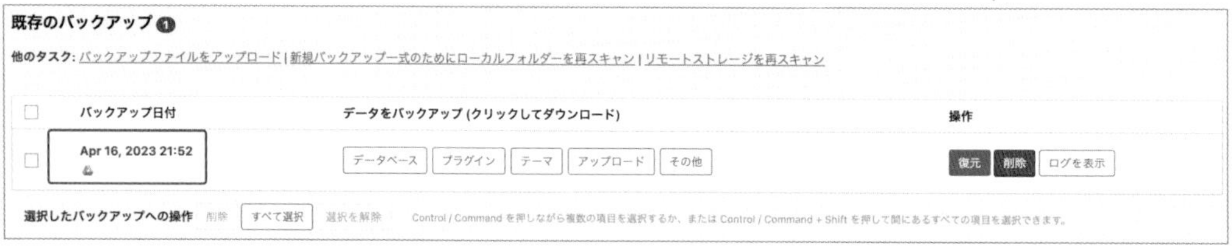

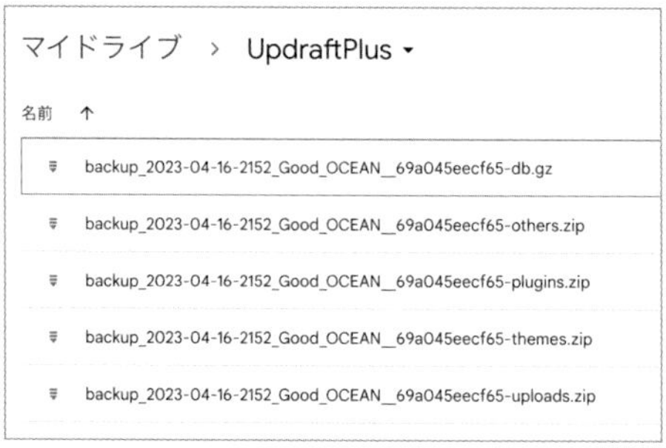

やっとサイトが公開！
本番公開するまでに、思った以上に
沢山の作業が必要なんだね･･･。

案件によっては、
･WordPressのプラグインを使った簡易的なアクセス制限の中で公開作業をする
･サブディレクトリーではなく、ルートディレクトリーに直接WordPressをインストールをして構築する
といったこともあります。

その場合は、いくつかのフローを飛ばして公開作業ができるよ。

バックアップファイルを使ったデータの復元

UpdraftPlusを使用してWordPressの投稿記事データやアップロードデータを復元したい場合は、管理画面から行うことができます。

参考： How to restore your WordPress site to a previous date
https://updraftplus.com/how-to-restore-your-wordpress-site-to-a-previous-date/

レンタルサーバーのバックアップ機能を使用する方法

レンタルサーバーによっては無料ではないことがあります。自分の契約しているレンタルサーバーのヘルプを確認しましょう。

●さくらのレンタルサーバ
https://help.sakura.ad.jp/rs/2168/

●ロリポップ！レンタルサーバー
https://lolipop.jp/service/specs/backup/

●エックスサーバー
https://www.xserver.ne.jp/manual/man_server_download.php

13-8 クライアント向けの更新マニュアルを作成する

サイトが完成したら、WordPressの運用時に使う更新マニュアルを作り、クライアントに渡して納品しましょう。

更新マニュアルを作ることで、担当者が変わった時の引継ぎがスムーズになり、管理画面の操作についての問い合わせも最小限に抑えることができます。

更新マニュアルのサンプルを配布していますので参考にしてご利用ください。

●更新マニュアルダウンロード

https://wb.coco-factory.jp/download/

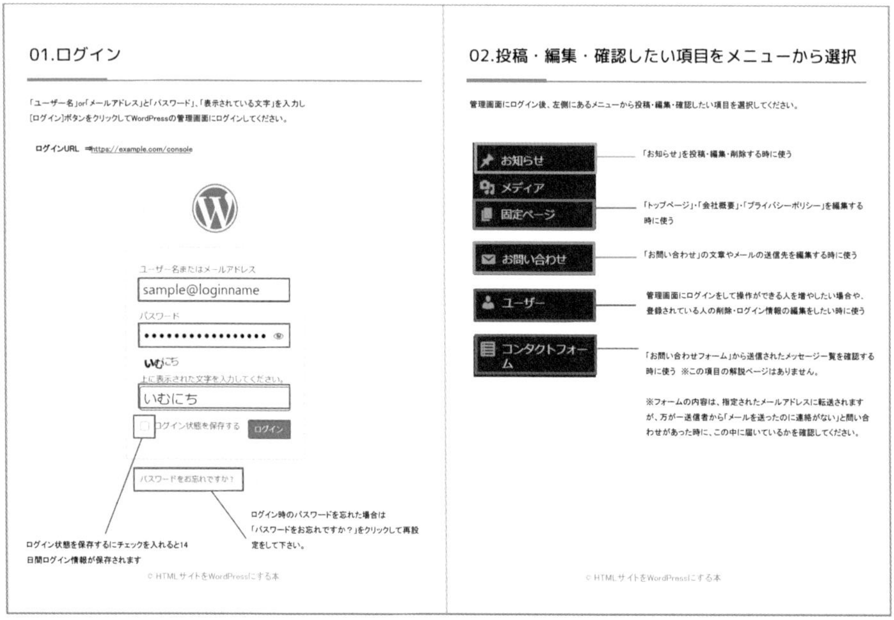

01.ログイン
「ユーザー名」or「メールアドレス」と「パスワード」、「表示されている文字」を入力し
[ログイン]ボタンをクリックしてWordPressの管理画面にログインしてください。
ログインURL ⇒https://example.com/console
ユーザー名またはメールアドレス
sample@loginname
パスワード
いむにち
上に表示された文字を入力してください。
いむにち
ログイン状態を保存する
ログイン
パスワードをお忘れですか？
ログイン時のパスワードを忘れた場合は「パスワードをお忘れですか？」をクリックして再設定をして下さい。
ログイン状態を保存するにチェックを入れると14日間ログイン情報が保存されます
© HTMLサイトをWordPressにする本
02.投稿・編集・確認したい項目をメニューから選択
管理画面にログイン後、左側にあるメニューから投稿・編集・確認したい項目を選択してください。
お知らせ
メディア
固定ページ
お問い合わせ
ユーザー
コンタクトフォーム
「お知らせ」を投稿・編集・削除する時に使う
「トップページ」・「会社概要」・「プライバシーポリシー」を編集する時に使う
「お問い合わせ」の文章やメールの送信先を編集する時に使う
管理画面にログインをして操作ができる人を増やしたい場合や、登録されている人の削除・ログイン情報の編集をしたい時に使う
「お問い合わせフォーム」から送信されたメッセージ一覧を確認する時に使う ※この項目の解説ページはありません。
※フォームの内容は、指定されたメールアドレスに転送されますが、万が一送信者から「メールを送ったのに連絡がない」と問い合わせがあった時に、この中に届いているかを確認してください。
© HTMLサイトをWordPressにする本

応用編 動画教材 ポートフォリオサイトをWordPress化しよう

書籍でWordPressの基礎を学んだら、次は特設サイトの動画教材で応用編を学ぼう！
クリエイターのポートフォリオサイトを例に、
「カスタム投稿」や「検索ページ」の作成方法などを知ることができるよ！

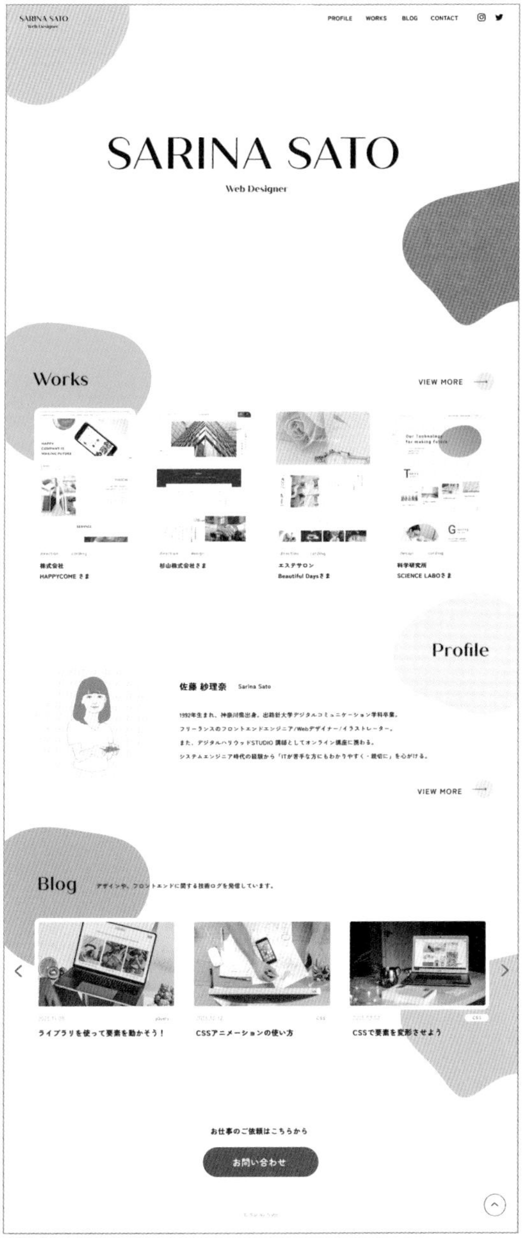

特設サイトURL

□ https://wb.coco-factory.jp/advanced/

レッスン動画の素材は、特設サイトのURLからダウンロードができます。

●トップページ

●プロフィール

●制作実績（一覧）

●制作実績（個別記事）

●ブログ（一覧）

●ブログ（カテゴリー）

●ブログ（個別記事）

●プライバシーポリシー

●検索結果

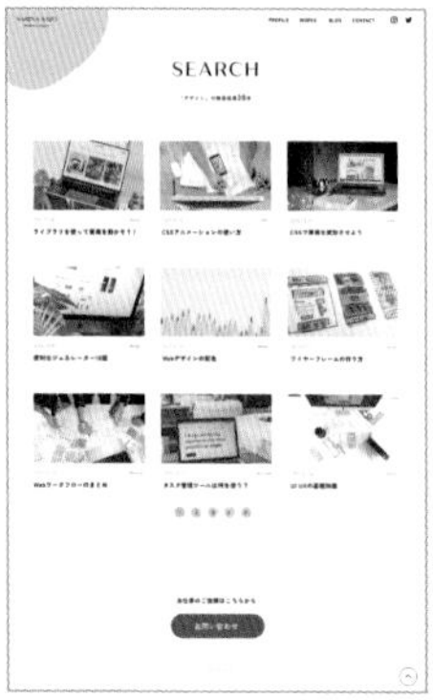

●お問い合わせ

●ページが見つかりません

付録

付録 1　WordPressのテンプレートファイルの種類と役割一覧

他に適切なテンプレートがないときに
最終的に使用される基本ファイル

index.php

- **フロントページ**
（サイトのトップページ）
→ **front-page.php**
- **投稿一覧ページ**
（ブログのトップページ）
→ **home.php**
- **固定ページ**
（1 ページで完結しているページ）
→ **page.php**
- **投稿ページ**
（個別記事ページ）
→ **single.php**
- **カスタム投稿ページ**
→ **single-【投稿タイプ名】.php**
- **アーカイブ（記事一覧）ページ**
（日付・カテゴリー・タグ・
カスタム投稿タイプ・タクソノミー・
作成者全てに適用されるアーカイブページ）
→ **archive.php**
- **404 ページ**
（ファイルが見つかりませんページ）
→ **404.php**
- **検索結果ページ**
→ **search.php**

HTMLファイルをWordPressテーマファイルに変換する前に、WordPressのテンプレートの種類と役割を理解することが重要です。WordPressのPHPファイルには、名前の付け方に規則があり、テンプレートの読み込み順も決まっています。
以下に、代表的なテンプレートの名前、種類、役割をまとめました。テンプレートの作り方に迷った時に、参考にして下さい。

その他にも「添付ファイル投稿ページ（attachment.php）」や「コメントページ（comments.php）」「プライバシーポリシーページ（privacy-policy.php）」といったテンプレートがありますが省略しています。気になる人は調べてみてね！

カスタムページテンプレート（管理画面から選択できる固定ページテンプレート） **【任意の半角英字】.php**

指定した特定の固定ページ **page-【スラッグ名】.php or page-【ページID】.php**

固定ページ・投稿のテンプレートのpage.php、single.php がないときに読み込まれるテンプレート

singular.php

日付アーカイブページ（年月日に特化したアーカイブページ） **date.php**

カテゴリーページ（カテゴリーに特化したアーカイブページ） **category.php**

指定した特定のカテゴリーページ **category-【スラッグ名】.php or category-【カテゴリID】.php**

タグページ **tag.php**

指定した特定のタグページ **tag-【タグスラッグ名】.php or tag-【タグID】.php**

カスタム投稿のアーカイブページ **archive-【投稿タイプ名】.php**

タクソノミーページ（カスタム投稿のタクソノミーに特化したアーカイブページ） **taxonomy.php**

指定した特定のタクソノミーページ **taxonomy-【タクソノミー名】.php**

指定した特定のタームページ **taxonomy-【タクソノミー名】-【ターム名】.php**

記事の作成者ページ **author.php**

指定した特定の記事の作成者ページ **author-【作成者のユーザースラッグ名】.php or author-【作成者ID】.php**

付録2 最低限覚えておきたい WordPressで使用するコード一覧

本書で紹介したコードを中心に、WordPressでよく使用されているコードをまとめました！
特設サイトでは、掲載されているコードを含めたWordPress制作時に役立つコードをテンプレート別にまとめています。ぜひチェックしてね！

PHPの条件分岐の基本

「条件1」に当てはまる場合

```
<?php if( 条件1): ?>
  <!-- もし「条件1」に当てはまる場合は、コンテンツを表示 or 処理 -->
<?php endif; ?>
```

「条件1」に当てはまらない場合

```
<?php if(! 条件1): ?>
  <!-- もし「条件1」に当てはまらない場合は、コンテンツを表示 or 処理 -->
<?php endif; ?>
```

「条件1」に当てはまる場合、「条件2」に当てはまる場合、それ以外

```
<?php if( 条件1): ?>
  <!-- もし「条件1」に当てはまる場合は、コンテンツを表示 or 処理 -->
<?php elseif( 条件2): ?>
  <!-- もし「条件2」に当てはまる場合は、コンテンツを表示 or 処理  ※2つ目の条件分岐を使わない場合は省略可 -->
<?php else: ?>
  <!--「条件1」にも「条件2」にも当てはまらなければ、コンテンツを表示 or 処理  ※その他の条件分岐を使わない場合は省略可 -->
<?php endif; ?>
```

「条件1」もしくは「条件2」に当てはまる場合

```
<?php if( 条件1 || 条件2): ?>
  <!-- もし「条件1」もしくは「条件2」に当てはまる場合は、コンテンツを表示 or 処理 -->
<?php endif; ?>
```

「条件1」と「条件2」の両方に当てはまる場合

```
<?php if( 条件1 && 条件2): ?>
  <!-- もし「条件1」と「条件2」の両方に当てはまる場合は、コンテンツを表示 or 処理 -->
<?php endif; ?>
```

「条件1」と「条件2」が等しい場合

```
<?php if( 条件1 == 条件2): ?>
  <!-- もし「条件1」と「条件2」が等しい場合は、コンテンツを表示 or 処理 -->
<?php endif; ?>
```

特設サイトURL

☐ https://wb.coco-factory.jp/category/wptag/

特設サイトからソースコードをコピー＆ペーストしてご利用いただけます。

「条件1」と「条件2」が等しくない場合

```
<?php if( 条件1 !== 条件2): ?>
  <!-- もし「条件1」と「条件2」が等しくない場合は、コンテンツを表示 or 処理 -->
<?php endif; ?>
```

WordPressで使う代表的な条件分岐

●トップページ関連の条件分岐

フロントページ（サイトのトップページ）に当てはまる場合

```
<?php if(is_front_page()): ?>
  <!-- もし「フロントページ」に当てはまる場合は、コンテンツを表示 or 処理 -->
<?php endif; ?>
```

ホームページ（ブログのトップページ）に当てはまる場合

```
<?php if(is_home()): ?>
  <!-- もし「ホームページ」に当てはまる場合は、コンテンツを表示 or 処理 -->
<?php endif; ?>
```

フロントページとホームページに当てはまる場合

```
<?php if(is_front_page() || is_home()): ?>
  <!-- もし「フロントページ」もしくは「ホームページ」に当てはまる場合は、コンテンツを表示 or 処理 -->
<?php endif; ?>
```

●投稿ページ関連の条件分岐

投稿ページに当てはまる場合

```
<?php if(is_single()): ?>
  <!-- もし「投稿ページ」に当てはまる場合は、コンテンツを表示 or 処理 -->
<?php endif; ?>
```

指定した投稿ページに当てはまる場合（投稿ID指定）
※ID指定の場合は、シングルクォーテーションがなくてもOK

```
<?php if(is_single('5')): ?>
  <!-- もし「投稿ページ」のIDが「5」に当てはまる場合は、コンテンツを表示 or 処理 -->
<?php endif; ?>
```

指定した投稿ページに当てはまる場合（スラッグ指定）

```
<?php if(is_single('newyear-holiday')): ?>
  <!-- もし「投稿ページ」のスラッグ名が「newyear-holiday」に当てはまる場合は、コンテンツを表示 or 処理
-->
<?php endif; ?>
```

複数指定した投稿ページのいずれかに当てはまる場合
※ID指定の場合は、シングルクォーテーションがなくてもOK

```
<?php if(is_single(array('5', 'newyear-holiday'))): ?>
  <!-- もし「投稿ページ」のIDが「5」、もしくは、指定したスラッグが「newyear-holiday」に当てはまる場合は、
コンテンツを表示 or 処理 -->
<?php endif; ?>
```

特定のカテゴリーを持つ場合

```
<?php if(has_category('art')): ?>
  <!-- もし「art」というカテゴリーを持つ場合は、コンテンツを表示 or 処理 -->
<?php endif; ?>
```

特定のタグを持つ場合

```
<?php if(has_tag('osaka')): ?>
  <!-- もし「osaka」というタグを持つ場合は、コンテンツを表示 or 処理 -->
<?php endif; ?>
```

タグの有無

```
<?php if(has_tag() == true): ?>
   <!-- もしタグがある場合は、コンテンツを表示 or 処理 -->
<?php else: ?>
  <!-- タグがない場合は、コンテンツを表示 or 処理 -->
<?php endif; ?>
```

●固定ページ関連の条件分岐

固定ページに当てはまる場合

```
<?php if(is_page()): ?>
  <!-- もし「固定ページ」に当てはまる場合は、コンテンツを表示 or 処理 -->
<?php endif; ?>
```

指定した固定ページに当てはまる場合（投稿ID指定）
※ID指定の場合は、シングルクォーテーションがなくてもOK

```
<?php if(is_page('5')): ?>
 <!-- もし「固定ページ」のIDが「5」に当てはまる場合は、コンテンツを表示 or 処理 -->
<?php endif; ?>
```

指定した固定ページに当てはまる場合（スラッグ指定）

```
<?php if(is_page('contact')): ?>
  <!-- もし「固定ページ」のスラッグ名が「contact」に当てはまる場合は、コンテンツを表示 or 処理 -->
<?php endif; ?>
```

複数指定した固定ページのいずれかに当てはまる場合
※ ID 指定の場合は、シングルクォーテーションがなくても OK

```
<?php if(is_page(array('5', 'contact'))): ?>
  <!-- もし「固定ページ」の ID が「5」、もしくは、指定したスラッグが「contact」に当てはまる場合は、コンテンツを表示 or 処理 -->
<?php endif; ?>
```

固定ページ、投稿ページ、カスタム投稿ページ、添付ファイルページに関連する条件分岐

```
<?php if(is_singular()): ?>
  <!-- もし「固定ページ」、「投稿ページ」、「カスタム投稿ページ」または、「添付ファイルページ」に当てはまる場合は、コンテンツを表示 or 処理 -->
<?php endif; ?>
```

●アーカイブページに関連する条件分岐

アーカイブページに当てはまる場合

```
<?php if(is_archive()): ?>
  <!-- もし「アーカイブページ」に当てはまる場合は、コンテンツを表示 or 処理 -->
<?php endif; ?>
```

アーカイブ 1 ページ目のみに当てはまる場合

```
<?php if(is_archive() && !is_paged()): ?>
 <!-- もし「アーカイブページ」の 1 ページ目に当てはまる場合は、コンテンツを表示 or 処理 -->
<?php endif; ?>
```

archive.php の中で、日付・カテゴリー・タグアーカイブページの内容を分岐して表示する場合

```
<?php if(is_date()): ?>
  <!-- もし「日付アーカイブページ」に当てはまる場合は、コンテンツを表示 or 処理 -->
<?php elseif(is_category()): ?>
  <!-- もし「カテゴリーアーカイブページ」に当てはまる場合は、コンテンツを表示 or 処理 -->
<?php elseif(is_tag()): ?>
  <!-- もし「タグアーカイブページ」に当てはまる場合は、コンテンツを表示 or 処理 -->
<?php else:?>
  <!-- それ以外の場合は、コンテンツを表示 or 処理 -->
<?php endif; ?>
```

●カテゴリーページに関連する条件分岐

カテゴリーページに当てはまる場合

```
<?php if(is_category()): ?>
  <!-- もし「カテゴリーページ」に当てはまる場合は、コンテンツを表示 or 処理 -->
<?php endif; ?>
```

指定したカテゴリーページに当てはまる場合（カテゴリー ID 指定）
※ ID 指定の場合は、シングルクォーテーションがなくても OK

```
<?php if(is_category('2')): ?>
  <!-- もし「カテゴリー」の ID が「2」に当てはまる場合は、コンテンツを表示 or 処理 -->
<?php endif; ?>
```

指定したカテゴリーページに当てはまる場合（スラッグ指定）

```
<?php if(is_category('art')): ?>
  <!-- もし「カテゴリー」のスラッグ名が「art」に当てはまる場合は、コンテンツを表示 or 処理 -->
<?php endif; ?>
```

指定したカテゴリーページに当てはまる場合（カテゴリー名指定）

```
<?php if(is_category('アート')): ?>
  <!-- もし「カテゴリー」のカテゴリー名が「アート」に当てはまる場合は、コンテンツを表示 or 処理 -->
<?php endif; ?>
```

複数指定したカテゴリーのいずれかに当てはまる場合
※ID指定の場合は、シングルクォーテーションがなくてもOK

```
<?php if(is_category(array('2', 'art'))): ?>
  <!-- もし「カテゴリー」のIDが「2」、もしくはスラッグ名が「art」に当てはまる場合は、コンテンツを表示 or 
処理 -->
<?php endif; ?>
```

カテゴリーページの1ページ目のみに当てはまる場合

```
<?php if(is_category() && !is_paged()): ?>
  <!-- もし「カテゴリーページ」の1ページ目に当てはまる場合は、コンテンツを表示 or 処理 -->
<?php endif; ?>
```

指定したカテゴリーに属する場合（アーカイブ・個別記事）
※ID指定の場合は、シングルクォーテーションがなくてもOK

```
<?php if(in_category('5')): ?>
 <!-- もし「カテゴリー」のIDが「5」に属する場合は、コンテンツを表示 or 処理 -->
<?php endif; ?>
```

複数指定したカテゴリーのいずれかに属する場合（アーカイブ・個別記事）
※ID指定の場合は、シングルクォーテーションがなくてもOK

```
<?php if(in_category(array('2', '5'))): ?>
 <!-- もし「カテゴリー」のIDが「2」、もしくは「5」に属する場合は、コンテンツを表示 or 処理 -->
<?php endif; ?>
```

●日付アーカイブページに関連する条件分岐

日付アーカイブページに当てはまる場合

```
<?php if(is_date()): ?>
  <!-- もし「日付アーカイブページ」に当てはまる場合は、コンテンツを表示 or 処理 -->
<?php endif; ?>
```

年別アーカイブページに当てはまる場合

```
<?php if(is_year()): ?>
  <!-- もし「年別アーカイブページ」に当てはまる場合は、コンテンツを表示 or 処理 -->
<?php endif; ?>
```

月別アーカイブページに当てはまる場合

```
<?php if(is_month()): ?>
  <!-- もし「月別アーカイブページ」に当てはまる場合は、コンテンツを表示 or 処理 -->
<?php endif; ?>
```

日別アーカイブページに当てはまる場合

```
<?php if(is_day()): ?>
 <!-- もし「日別アーカイブページ」に当てはまる場合は、コンテンツを表示 or 処理 -->
<?php endif; ?>
```

●タグアーカイブページに関連する条件分岐

タグアーカイブページに当てはまる場合

```
<?php if(is_tag()): ?>
  <!-- もし「タグアーカイブページ」に当てはまる場合は、コンテンツを表示 or 処理 -->
<?php endif; ?>
```

指定したタグアーカイブページに当てはまる場合（タグ ID 指定）
※ ID 指定の場合は、シングルクォーテーションがなくても OK

```
<?php if(is_tag('5')): ?>
  <!-- もし「タグ」の ID が「5」に当てはまる場合は、コンテンツを表示 or 処理 -->
<?php endif; ?>
```

指定したタグアーカイブページに当てはまる場合（スラッグ指定）

```
<?php if(is_tag('hiroshima')): ?>
  <!-- もし「タグ」のスラッグ名が「hiroshima」に当てはまる場合は、コンテンツを表示 or 処理 -->
<?php endif; ?>
```

指定したタグアーカイブページに当てはまる場合（タグ名指定）

```
<?php if(is_tag(' 広島 ')): ?>
 <!-- もし「タグ名」が「広島」に当てはまる場合は、コンテンツを表示 or 処理 -->
<?php endif; ?>
```

複数指定したタグのいずれかに当てはまる場合
※ ID 指定の場合は、シングルクォーテーションがなくても OK

```
<?php if(is_tag(array('5', 'hiroshima'))): ?>
  <!-- もし「タグ」の ID が「5」、もしくは「hiroshima」に属する場合は、コンテンツを表示 or 処理 -->
<?php endif; ?>
```

●カスタム投稿ページ関連の条件分岐

指定したカスタム投稿タイプの個別ページに当てはまる場合

```
<?php if(is_singular('news')): ?>
  <!-- もし「カスタム投稿」の投稿タイプ名が「news」に当てはまる場合は、コンテンツを表示 or 処理 -->
<?php endif; ?>
```

複数指定したカスタム投稿タイプのいずれかの個別ページに当てはまる場合

```
<?php if(is_singular(array('news', 'works'))): ?>
  <!-- もし「カスタム投稿」の投稿タイプ名が「news」、もしくは「works」に当てはまる場合は、コンテンツを表示
or 処理 -->
<?php endif; ?>
```

指定したカスタムタクソノミーのタームに属する場合

```
<?php if(has_term('art', 'workscat')): ?>
  <!-- もし「カスタムタクソノミー」のタクソノミー名が「workscat」で「art」というタームに属する場合は、コンテンツを表示 or 処理 -->
<?php endif; ?>
```

●カスタム投稿アーカイブページ関連の条件分岐

カスタム投稿のアーカイブページに当てはまる場合

```
<?php if(is_post_type_archive()): ?>
  <!-- もし「カスタム投稿のアーカイブページ」に当てはまる場合は、コンテンツを表示 or 処理 -->
<?php endif; ?>
```

指定したカスタム投稿タイプのアーカイブページに当てはまる場合

```
<?php if(is_post_type_archive('news')): ?>
  <!-- もし「カスタム投稿」の投稿タイプ名が「news」に当てはまるアーカイブページの場合は、コンテンツを表示 or 処理 -->
<?php endif; ?>
```

複数指定したカスタム投稿タイプのいずれかのアーカイブページに当てはまる場合

```
<?php if(is_post_type_archive(array('news', 'works'))): ?>
  <!-- もし「カスタム投稿」の投稿タイプ名が「news」、もしくは「works」に当てはまるアーカイブページの場合は、コンテンツを表示 or 処理 -->
<?php endif; ?>
```

●カスタムタクソノミー関連の条件分岐

カスタムタクソノミーのアーカイブページに当てはまる場合

```
<?php if(is_tax()): ?>
  <!-- もし「カスタムタクソノミーのアーカイブページ」に当てはまる場合は、コンテンツを表示 or 処理 -->
<?php endif; ?>
```

指定したカスタムタクソノミーのアーカイブページに当てはまる場合

```
<?php if(is_tax('workscat')): ?>
  <!-- もし「カスタムタクソノミー」のタクソノミー名が「workscat」のアーカイブページに当てはまる場合は、コンテンツを表示 or 処理 -->
<?php endif; ?>
```

複数指定したカスタムタクソノミーのいずれかのアーカイブページに当てはまる場合

```
<?php if(is_tax(array('workscat', 'diarycat'))): ?>
  <!-- もし「カスタムタクソノミー」のタクソノミー名が「workscat」、もしくは「diarycat」のアーカイブページに当てはまる場合は、コンテンツを表示 or 処理 -->
<?php endif; ?>
```

●投稿者ページ関連の条件分岐

投稿者ページに当てはまる場合

```
<?php if(is_author()): ?>
  <!-- もし「投稿者ページ」に当てはまる場合は、コンテンツを表示 or 処理 -->
<?php endif; ?>
```

指定した投稿者ページに当てはまる場合（投稿者 ID 指定）
※ ID 指定の場合は、シングルクォーテーションがなくても OK

```
<?php if(is_author('2')): ?>
  <!-- もし「投稿者」の ID が「2」に当てはまる場合は、コンテンツを表示 or 処理 -->
<?php endif; ?>
```

指定した投稿者ページに当てはまる場合（ニックネーム指定）

```
<?php if(is_author('kubota')): ?>
  <!-- もし「投稿者」のニックネームが「kubota」に当てはまる場合は、コンテンツを表示 or 処理 -->
<?php endif; ?>
```

複数指定した投稿者ページのいずれかに当てはまる場合
※ ID 指定の場合は、シングルクォーテーションがなくても OK

```
<?php if(is_author(array('2', 'kubota'))): ?>
  <!-- もし「記事の投稿者」の ID が「2」、もしくはニックネームが「kubota」に当てはまる場合は、コンテンツを
表示 or 処理 -->
<?php endif; ?>
```

●その他の条件分岐

検索結果ページに当てはまる場合

```
<?php if(is_search()): ?>
  <!-- もし「検索結果ページ」に当てはまる場合は、コンテンツを表示 or 処理 -->
<?php endif; ?>
```

404 ページに当てはまる場合

```
<?php if(is_404()): ?>
  <!-- もし「404 ページ」に当てはまる場合は、コンテンツを表示 or 処理 -->
<?php endif; ?>
```

管理画面のログイン有無

```
<?php if(is_user_logged_in()): ?>
  <!-- もし ユーザーが WordPress の管理画面にログインしている場合は、コンテンツを表示 or 処理 -->
<?php else: ?>
  <!-- 管理画面にログインしていない場合は、コンテンツを表示 or 処理 -->
<?php endif; ?>
```

モバイルデバイス（スマホやタブレット）に当てはまる場合

```
<?php if(wp_is_mobile()): ?>
  <!-- もしモバイルデバイス（スマホやタブレット）に当てはまる場合は、コンテンツを表示 or 処理 -->
<?php else: ?>
  <!-- それ以外（PC に当てはまる場合）は、コンテンツを表示 or 処理 -->
<?php endif; ?>
```

種類が違う複数のページをまとめる条件分岐

```
<?php if(is_page('contact') || is_page('privacy') || is_single() || is_404()): ?>
  <!-- もし「固定ページ」の contact か privacy、「個別ページ」、「404 ページ」のいずれかに当てはまる場合は、コンテンツを表示 or 処理 -->
<?php elseif(is_front_page()): ?>
  <!-- もし「フロントページ」に当てはまる場合は、コンテンツを表示 or 処理 -->
<?php else: ?>
  <!-- それ以外は、コンテンツを表示 or 処理 -->
<?php endif; ?>
```

header.phpの中でよく使うWordPressのコード

head タグ内に WordPress のシステムのコードを出力　※ </head> の前にコードを挿入

```
<?php wp_head(); ?>
</head>
```

テーマフォルダーの URL を表示

```
<img src="<?php echo get_stylesheet_directory_uri(); ?>/img/pict.jpg" alt=" 画像の説明 " width="170" height="100">
```

テーマフォルダー（親テーマ）の URL を表示
※子テーマで使用した場合は、親テーマのフォルダーの URL を取得する

```
<?php echo get_template_directory_uri(); ?>
```

<body> タグにページに関連するクラス名を表示

```
<body <?php body_class(); ?>>
```

サイトのタイトルを表示　※管理画面の [設定] > [一般] > 「サイトのタイトル」に設定した内容を出力

```
<h1><?php bloginfo('name'); ?></h1>
```

WordPress のトップページの URL を表示
※「/」が入っていない書き方もある <?php echo esc_url(home_url()); ?>

```
<li><a href="<?php echo esc_url(home_url('/')); ?>">Home</a></li>
```

指定したページの場合にクラス名を表示

```
<?php if(is_page('profile')) echo ' class="current"'; ?>
```

検索ボックスを表示　※オリジナルのボタン画像を入れてサイト全体を検索する

```
<form id="form-search" class="search-form" action="<?php echo esc_url(home_url('/')); ?>" method="get">
  <div class="search-wrap">
    <button type="submit" class="btn-search"><img src="<?php echo get_stylesheet_directory_uri(); ?>/img/icon-search.svg" alt=" 検索 "></button>
    <input type="text" id="search" name="s" placeholder=" 記事を検索 " class="search-box" value="<?php the_search_query(); ?>">
  </div>
</form>
```

footer.phpの中でよく使うWordPressのコード

</body> タグの前に WordPress のシステムのコードを出力（※ </body> の前にコードを挿入）

```
<?php wp_footer(); ?>
</body>
```

テンプレートパーツの読み込みで使うWordPressのコード

header.php を読み込む

```
<?php get_header(); ?>
```

異なるパターンのヘッダーを読み込む（例：header-english.php を読み込む場合）

```
<?php get_header('english'); ?>
```

sidebar.php を読み込む

```
<?php get_sidebar(); ?>
```

異なるパターンのサイドバーを読み込む（例：sidebar-english.php を読み込む場合）

```
<?php get_sidebar('english'); ?>
```

footer.php を読み込む

```
<?php get_footer(); ?>
```

異なるパターンのフッターを読み込む（例：footer-english.php を読み込む場合）

```
<?php get_footer('english'); ?>
```

searchform.php を読み込む

```
<?php get_search_form(); ?>
```

任意のテンプレートパーツを読み込む

```
<!-- 例1：pagelist.php を読み込む場合
※パーツの名前は .php という拡張子を省略できる（例）pagelist.php → pagelist -->
<?php get_template_part('pagelist'); ?>

<!-- 例2：parts-pagelist.php を読み込む場合 -->
<?php get_template_part('parts', 'pagelist'); ?>

<!-- 例3：parts フォルダーの中にある pagelist.php を読み込む場合 -->
<?php get_template_part('parts/pagelist'); ?>
```

ショートコードを読み込む（例：お問い合わせフォームのプラグインのショートコードを読み込む場合）

```
<?php echo do_shortcode('[contact-form-7 id="123" title="お問い合わせ"]'); ?>
```

投稿の出力でよく使うWordPressのコード

投稿を表示（メインループ）

```
<?php if(have_posts()): ?>
  <?php while(have_posts()): the_post(); ?>
    <!-- もし投稿がある場合は、コンテンツを表示 or 処理 -->
  <?php endwhile; ?>
<?php else: ?>
  <!-- それ以外の場合は、コンテンツを表示 or 処理 -->
<?php endif; ?>
```

指定した投稿の一覧を表示（サブループ）

```
<?php
$args = array(
  'post_type' => 'post',        // 投稿タイプ：投稿
  'posts_per_page' => 3,        // 表示件数
  'post_status' => 'publish',   // 投稿ステータス：公開済み
);
$the_query = new WP_Query($args);
?>
<?php if($the_query->have_posts()): ?>
  <?php while($the_query->have_posts()): $the_query->the_post(); ?>
    <!-- もし投稿がある場合は、コンテンツを表示 or 処理 -->
  <?php endwhile; ?>
<?php else: ?>
  <!-- それ以外の場合は、コンテンツを表示 or 処理 -->
<?php endif; ?>
<?php wp_reset_postdata();  // サブクエリーで取得したデータをリセットするコード ?>
```

投稿のタイトルを表示 ※ループ内で使用する必要があります。

```
<?php the_title(); ?>
```

投稿の本文を表示 ※ループ内で使用する必要があります。

```
<?php the_content(); ?>
```

アイキャッチ画像を表示
（サイズの指定：full、large、medium、thumbnail、array(600, 400)）
※ループ内で使用する必要があります。

指定したサイズ

```
<?php if(has_post_thumbnail()): ?>
  <!-- もし投稿にアイキャッチ画像が設定されている場合 -->
  <figure>
    <!-- アイキャッチ画像を表示（フルサイズ）-->
    <?php the_post_thumbnail('full'); ?>
  </figure>
<?php endif; ?>
```

投稿 ID を表示　※ループ内で使用する必要があります。

```
<?php the_ID(); ?>
```

記事が所属するカテゴリー名をリンク付きで表示　※ループ内で使用する必要があります。

```
<?php the_category(); ?>
```

記事が所属するカテゴリーをリンク無しで表示

```
<?php
$cats = get_the_category();
if($cats):
?>
  <ul>
  <?php foreach($cats as $cat): ?>
    <li><?php echo $cat->name; ?></li>
  <?php endforeach; ?>
  </ul>
<?php endif; ?>
```

記事が紐づくタグをリンク付きで表示　※ループ内で使用する必要があります。

```
<?php the_tags('<ul><li>', '</li><li>', '</li></ul>'); ?>
```

記事の投稿日を表示　※ループ内で使用する必要があります。

```
<time datetime="<?php the_time('Y-m-d'); ?>"><?php the_time(get_option('date_format')); ?></
time>
```

記事の更新日を表示　※ループ内で使用する必要があります。

```
<time datetime="<?php the_modified_date('Y-m-d'); ?>"><?php the_modified_date(get_
option('date_format')); ?></time>
```

記事に一定期間 New マークを表示

```
<?php
  $days = 7;  // 表示させる期間の日数
  $published_time = get_post_time();
  $today = wp_date('U');
  $show_threshold = $today - $days * 86400;  // 24時間=86400秒
  if($published_time > $show_threshold):
    echo '<span class="new">New</span>';      // 表示させたいコード
  endif;
?>
```

前後記事へのリンクを表示　※ループ内で使用する必要があります

```
<ul>
  <li><?php previous_post_link('%link', '前の記事へ'); ?></li>
  <li><?php next_post_link('%link', '次の記事へ'); ?></li>
</ul>
```

投稿ユーザー名を表示　※ループ内で使用する必要があります。

```
<?php the_author(); ?>
```

年別アーカイブリストを表示

```
<ul class="archive-list">
  <?php wp_get_archives('post_type=post&type=yearly&show_post_count=1'); ?>
</ul>
```

カテゴリーリストを表示

```
<!-- 件数表示ありでカテゴリーリストを表示（show_count=1）-->
<ul class="archive-list">
  <?php wp_list_categories('title_li=&show_count=1'); ?>
</ul>

<!-- 一部のカテゴリーのみ表示（include=「ID1」,「ID2」）-->
<?php wp_list_categories('title_li&include=1,2'); ?>

<!-- 一部のカテゴリーを非表示（exclude=「ID1」,「ID2」）-->
<?php wp_list_categories('title_li&exclude=1,2'); ?>
```

タグクラウドを表示

```
<!-- 登録されているタグを ul タグで表示 -->
<?php wp_tag_cloud('format=list'); ?>

<!-- 一部のタグのみ表示（include=「ID1」,「ID2」）-->
<?php wp_tag_cloud('include=1,2'); ?>

<!-- 一部のタグを非表示（exclude=「ID1」,「ID2」）-->
<?php wp_tag_cloud('exclude=1,2'); ?>
```

archive.php（date.php、category.php、tag.php）の中でよく使うWordPressのコード

年月日 / カテゴリー / タグ見出しの条件分岐

```
<?php if(is_date()): ?>
  <!-- 年月日アーカイブページの「年」を出力 -->
  <h2><?php echo get_query_var('year'); ?></h2>
<?php elseif(is_category() || is_tag()): ?>
  <!-- カテゴリーとタグページで、ターム名を出力 -->
  <h2><?php echo get_queried_object()->name; ?></h2>
<?php endif; ?>
```

現在のカテゴリーページの説明を表示

```
<?php echo category_description(); ?>
```

現在のタグページの説明を表示

```
<?php echo tag_description(); ?>
```

本文の抜粋を文字数制限＆ HTML タグや半角スペースを削除した状態で表示 ※120 文字で文字数制限をしています。

```
<?php
if(mb_strlen($post->post_content, 'UTF-8') > 120):
  $content = str_replace('\n', '', mb_substr(strip_tags($post->post_content), 0, 120, 'UTF-
8'));
  echo $content .'…';
else:
  echo str_replace('\n', '', strip_tags($post->post_content));
endif;
?>
```

Appendix

カスタム投稿の出力でよく使うWordPressのコード

指定したカスタム投稿の一覧表示（サブループ）

```
<?php
$args = array(
  'post_type' => 'news-en',     // 投稿タイプ：カスタム投稿 news-en
  'posts_per_page' => 12,       // 取得したい件数
  'paged' => $paged,
  'post_status' => 'publish',  // 投稿ステータス：公開済み
);
$the_query = new WP_Query($args);
?>
<?php if($the_query->have_posts()): ?>
  <?php while($the_query->have_posts()): $the_query->the_post(); ?>
    <!-- もし投稿がある場合は、コンテンツを表示 or 処理 -->
  <?php endwhile; ?>
<?php else: ?>
  <!-- それ以外の場合は、コンテンツを表示 or 処理 -->
<?php endif; ?>
<?php wp_reset_postdata();  // サブクエリーで取得したデータをリセットするコード ?>
```

指定したカスタム投稿、かつ、指定したタームに属する一覧表示（サブループ）

```
<?php
$args = array(
  'post_type' => 'news-en',     // 投稿タイプ：カスタム投稿 news-en
  'taxonomy' => 'news-encat',  // タクソノミー名 news-encat
  'term' => 'media',            // ターム名 media
  'posts_per_page' => 12,       // 取得したい件数
  'paged' => $paged,
  'post_status' => 'publish',  // 投稿ステータス：公開済み
);
$the_query = new WP_Query($args);
?>
<?php if($the_query->have_posts()): ?>
  <?php while($the_query->have_posts()): $the_query->the_post(); ?>
    <!-- もし投稿がある場合は、コンテンツを表示 or 処理 -->
  <?php endwhile; ?>
<?php else: ?>
  <!-- それ以外の場合は、コンテンツを表示 or 処理 -->
<?php endif; ?>
<?php wp_reset_postdata();  // サブクエリーで取得したデータをリセットするコード ?>
```

記事が所属するターム名を表示　※タクソノミー名を「info-encat」と指定しています。

```
<?php $terms = get_the_terms($post->ID, 'info-encat'); ?>
<ul class="post-tax">
<?php foreach($terms as $term): ?>
  <li><?php echo $term->name; ?></li>
<?php endforeach; ?>
</ul>
```

ターム一覧を表示　※タクソノミー名を「info-encat」と指定しています。

```
<!-- 件数表示ありでターム一覧を表示（show_count=1）-->
<ul class="archive-list">
  <?php wp_list_categories('title_li=&show_count=1&taxonomy=info-encat'); ?>
</ul>

<!-- 一部のタームのみ表示（include=「ID1」,「ID2」）-->
<?php wp_list_categories('title_li&include=1,2&taxonomy=info-encat'); ?>

<!-- 一部のタームを非表示（exclude=「ID1」,「ID2」）-->
<?php wp_list_categories('title_li&exclude=1,2&taxonomy=info-encat'); ?>
```

taxonomy.phpの中でよく使うWordPressのコード

見出しとしてターム名を表示

```
<h2><?php echo get_queried_object()->name; ?></h2>
```

現在のタームの説明を表示

```
<?php echo term_description(); ?>
```

Appendix

functions.phpの中でよく使うコード

アイキャッチ画像の設定領域を追加

```
function theme_setup(){
  add_theme_support('post-thumbnails');
  add_image_size('article-thumbnail', 250, 250, true);  // ※任意　自分が指定したサイズに切り出し
たい場合に名前、サイズを指定
}
add_action('after_setup_theme', 'theme_setup');
```

管理画面の「投稿」の名前を変更

```
function change_menu_label(){
  global $menu;
  global $submenu;
  $name = 'お知らせ';
  $menu[5][0] = $name;
  $submenu['edit.php'][5][0] = $name.'一覧';
  $submenu['edit.php'][10][0] = '新しい'.$name;
}
function change_object_label(){
  global $wp_post_types;
  $name = 'お知らせ';
  $labels = &$wp_post_types['post']->labels;
  $labels->name = $name;
  $labels->singular_name = $name;
  $labels->add_new = _x('追加', $name);
  $labels->add_new_item = $name.'の新規追加';
```

```
  $labels->edit_item = $name.'の編集';
  $labels->new_item = '新規'.$name;
  $labels->view_item = $name.'を表示';
  $labels->search_items = $name.'を検索';
  $labels->not_found = $name.'が見つかりませんでした';
  $labels->not_found_in_trash = 'ゴミ箱に'.$name.'は見つかりませんでした';
}
add_action('init', 'change_object_label');
add_action('admin_menu', 'change_menu_label');
```

wp_head で出力された不要なコードを省く

```
// WordPress バージョン情報出力非表示　※セキュリティ対策のため削除推奨
remove_action('wp_head', 'wp_generator');

// 外部ツールが WordPress の情報を取得するリンク（RSD 用の xml へのリンク）の非表示　※任意
remove_action('wp_head', 'rsd_link');

// Windows Live Writer のマニフェストファイルへのリンクの非表示　※任意
remove_action('wp_head', 'wlwmanifest_link');

// 絵文字機能の削除　※任意
remove_action('wp_head', 'print_emoji_detection_script', 7);
remove_action('admin_print_scripts', 'print_emoji_detection_script');
remove_action('wp_print_styles', 'print_emoji_styles');
remove_action('admin_print_styles', 'print_emoji_styles');
```

CSS の読み込み

```
function my_stylesheet(){
  // 共通の reset.css を読み込む
  wp_enqueue_style('reset', get_stylesheet_directory_uri() .'/css/reset.css', array(),
'1.0.0', false);  // falese の場合、<head> の中に表示

  // style.css を読み込む、array('reset') と指定して reset.css より下に表示させる
  wp_enqueue_style('main-style', get_stylesheet_directory_uri() .'/style.css',
array('reset'), '1.0.0', false);

  // 各ページで使用する CSS を条件分岐　※不要なら削除
  if(is_page('company')):
    wp_enqueue_style('company', get_stylesheet_directory_uri() .'/css/company.css', array(),
'', false);
  elseif(is_single() || is_category()):
    wp_enqueue_style('single', get_stylesheet_directory_uri() .'/css/single.css', array(),
'', false);
  endif;
}
add_action('wp_enqueue_scripts', 'my_stylesheet');
```

JavaScriptの読み込み　※jQueryのバージョンなどは、適宜変更してください

```
function my_scripts(){
  wp_enqueue_script('jquery-min-js', 'https://code.jquery.com/jquery-3.6.4.min.js', array(),
'3.6.4', true);  // trueの場合、</body>の前に表示
  wp_enqueue_script('main-script', get_stylesheet_directory_uri() .'/js/script.js',
array('jquery-min-js'), '1.0.0', true);

  // 各ページで使用するJavaScriptを条件分岐　※不要なら削除
  if(is_page('company')):
    wp_enqueue_script('company', get_stylesheet_directory_uri() .'/js/company.js',
array('jquery-min-js'), '', true);
  elseif(is_single() || is_category()):
    wp_enqueue_script('single', get_stylesheet_directory_uri() .'/js/single.js',
array('jquery-min-js'), '', true);
  endif;
}
add_action('wp_enqueue_scripts', 'my_scripts');
```

WordPressに登録されているjQueryを出力させない

```
function my_scripts_method(){
  wp_deregister_script('jquery');
}
add_action('wp_enqueue_scripts', 'my_scripts_method');
```

管理画面で投稿の「タグ」をチェックボックスで選択できるように見た目を変更

```
function change_post_tag_to_checkbox(){
  $args = get_taxonomy('post_tag');
  $args -> hierarchical = true;  // Gutenberg用
  $args -> meta_box_cb = 'post_categories_meta_box';  // クラシックエディター用
  register_taxonomy('post_tag', 'post', $args);
}
add_action('init', 'change_post_tag_to_checkbox', 1);
```

WordPressの日付と時刻の書式設定

WordPressの日付と時刻の書式設定で代表的なものを一覧にしました。
デザインに応じて<?php the_time(); ?>などのコードに反映してください。
（例）<?php the_time('Y-m-d'); ?>　→ 2025-12-03

年

Y	4 桁の数字	1999、2003
y	2 桁の数字	99、03

月

m	数字（先頭にゼロをつける）	01 〜 12
n	数字（先頭にゼロをつけない）	1 〜 12
F	フルスペルの文字	January 〜 December
M	3 文字形式	Jan 〜 Dec

日

d	先頭にゼロをつける	01 〜 31
j	先頭にゼロをつけない	1 〜 31
S	接尾辞をつける	1st、2nd、15th の「st」「nd」「th」

曜日

l	フルスペル形式（小文字の L）	Sunday 〜 Saturday（日本語の場合、日曜日〜土曜日）
D	3 文字形式	Mon 〜 Sun（日本語の場合、月〜日）

時刻

a	午前または午後（小文字）	am、pm
A	午前または午後（大文字）	AM、PM
g	時（12 時間単位。先頭にゼロをつけない）	1 〜 12
h	時（12 時間単位。先頭にゼロをつける）	01 〜 12
G	時（24 時間単位。先頭にゼロをつけない）	0 〜 23
H	時（24 時間単位。先頭にゼロをつける）	00 〜 23
i	分（先頭にゼロをつける）	00 〜 59
s	秒（先頭にゼロをつける）	00 〜 59

すべての日付／時刻／タイムゾーン

c	ISO 8601	2004-02-12T15:19:21+00:00
r	RFC 2822	Thu, 21 Dec 2000 16:01:07 +0200

●よく使うコード

・管理画面の「日付のフォーマット」の形式で日付を表示する

```
<?php the_time(get_option('date_format')); ?>
```

・2025年11月04日

```
<?php the_time('Y年m月d日'); ?>
```

・2025.07.24

```
<?php the_time('Y.m.d'); ?>
```

・2025年11月4日（金）

```
<?php the_time('Y年n月j日（D）'); ?>
```

・2025年11月4日 金曜日

```
<?php the_time('Y年n月j日 l'); ?>
```

・2025年11月04日 PM 8:55

```
<?php the_time('Y年m月d日 A G:i'); ?>
```

・Nov 4, 2025

```
<?php echo get_post_time('M j, Y'); ?>
```

・Monday, November 4th, 2025

```
<?php echo get_post_time('l, F jS, Y'); ?>
```

付録3 WordPressのトラブルシューティング集

WordPressでよくあるトラブルをまとめました。
トラブル対応には、バックアップが非常に重要になります。
日ごろからデータのバックアップは細かくとりましょう。

特設サイトURL

☐ https://wb.coco-factory.jp/category/wptroubleshooting

特設サイトでは、本書に掲載しきれなかったその他のトラブルシューティングも掲載しています。

ページの表示に関するトラブル

Q トップページ以外のページが表示されません。

A
- WordPress のパーマリンクの設定が原因かもしれません。
  ［設定］＞［パーマリンク］の［パーマリンク構造］の指定を見直してみましょう。
- htaccess の中に何も書かれていない場合、エラーが起きます。
  # BEGIN WordPress ～のコードが入っているか確認しましょう。
- 管理画面の［設定］＞［パーマリンク］のページを開き、
  何も変更せずに［変更を保存］ボタンをクリックすると解決することがあります。

Q テンプレートが反映されません！

A
- テンプレートファイル名のスペルミスはありませんか？
- カスタム投稿名と固定ページのスラッグ名に同じ名前を設定していませんか？
- プラグイン TempTool［Show Current Template Info］を導入すると現在のページが
  どのテンプレートを使っているかがわかります。確認してみましょう。
  →https://ja.wordpress.org/plugins/current-template-name/

Q 「現在メンテナンス中のため、しばらくの間ご利用いただけません。」という表示が出ます！

A
- ●プラグインや WordPress 本体を更新中にブラウザーを閉じませんでしたか？
  FTP につなげて .maintenance ファイルを削除しましょう。
- ●プラグインがおかしくなっている場合は
  /wp-content/pluguins/ 内のプラグインフォルダーを 1 つ 1 つ名前を変えて
  原因のプラグインを調査＞削除＞ WordPress の管理画面から再インストールしましょう。

Q functions.php を修正して保存したら、画面が真っ白になってしまいました！

A
- ● PHP の構文エラーはありませんか？
- ●コードの中に全角スペースは入っていませんか？
  一度functions.phpの内容を削除して保存して更新してみましょう。
  表示がされるのであれば構文エラーの可能性が高いです。

Q 「403 Forbidden」が表示されます！

A
- ●サーバーの契約の期限が切れていませんか？
- ●ドメインの紐付けは完了していますか？
  契約内容やサーバーでの設定を見直してみましょう。

Q 大きな画像をアップロードしたのに、サイトに表示される画像が汚いです！

A
- ●アイキャッチ画像やカスタムフィールドに登録した画像を
  自動的にトリミングをして出力するコードが影響している可能性があります。
  トリミングをした後に画像のアップロードができるのであれば、
  PHP の画像書き出し設定を「full」にするときれいな状態で表示されます。
- ●管理画面本文の中でアップロードした画像サイズが
  「サムネイル」や「中」に設定されていませんか？
  画像をクリックした後、サイズを「大」や「フルサイズ」に変更すると
  きれいな画像で表示されます。

Q 非公開と書かれたページが表示されています！

A ● WordPress にログインをしたままサイトを閲覧していませんか？
非公開ページはログインをした人だけが見れるページです。
ログアウトしてアクセスするか、ブラウザーのシークレットモードを開いて
ログインせずに非公開ページにアクセスしてみましょう。

**Q WordPress 化したら、jQuery で動かしている
アニメーションが動かなくなってしまいました！**

A ● jQuery が複数読み込まれていませんか？
HTMLのときに読み込んでいたjQueryか、WordPressに付属しているjQueryだけ
読み込むようにしてみましょう。

Q WordPress でつくったサイトを閲覧していると、別のサイトに勝手に飛んでしまいます！

A ●ハッキングされている可能性があります。
FTPやWordPressログインのパスワードを変更したり、
WordPressの中に埋め込まれた不正コードを見つけて削除をする必要があります。
ハッキングがされている場合には、セキュリティ対策を行った後に、
バックアップデータから復元をしましょう。
サーバー会社によっては、過去のデータを復元するサービスを
無償・有償で提供していることがありますので調べてみましょう。

プラグインに関するトラブル

Q プラグインを導入したのに、動きません！

A
- <?php wp_head();?> や <?php wp_footer();?> を入れ忘れていませんか？
- プラグインの設定ミスはありませんか？
- プラグインが現在の WordPress のバージョンに対応していますか？
- HTML に自分で書いた jQuery のバージョンとプラグインの jQuery のバージョンが違っていませんか？

Q プラグインを導入したら、Web サイトの表示や動きがおかしくなりました！

A
- プラグインを停止して表示が正常になるか確認しましょう。
  サイト表示高速化プラグインやキャッシュ系のプラグインを入れると
  おかしくなることがあります。
- jQuery が複数読み込まれていませんか？
  HTML のときに読み込んでいた jQuery か、
  WordPress に付属している jQuery だけ読み込むようにしてみましょう。

Q プラグインを導入したら、今まで動いていた他のプラグインが動かなくなりました！

A
- プラグイン同士が競合している可能性があります。
  プラグインを停止して原因を探り、
  同じ機能の別のプラグインを導入するなどして対応しましょう。

Q WordPress をアップデートしたらプラグインの表示がおかしくなりました！

A
- バージョンアップした WordPress にプラグインが対応していない可能性があります。
  プラグインを一度無効にして、1つ1つ有効化していくと、
  対応していないプラグインを特定できます。
  WordPressのダウングレードもしくは、プラグイン自体を別のものに変更してみてください。

Q プラグインの表示が、全部英語になってしまいます！

A ●プラグイン「WP Multibyte Patch」を入れ忘れていませんか？
「WP Multibyte Patch」を有効化してから
他のプラグインをインストールすると解消することがあります。

**Q プラグイン「Contact Form 7」でお問い合わせフォームを作ったら
大量にスパムメールが届くようになりました！**

A ●対策をなにもしないとスパムメールは届きやすくなります。
Google reCAPTCHAを導入するか、日本人のみの対応であれば、
functions.phpに「ひらがなが入っていないとメッセージを送信できない」といった
記述を書いてスパムを防ぎましょう。
※特設サイトにコードを掲載しています。 https://wb.coco-factory.jp/859/

アップデートに関するトラブル

Q WordPress のアップデートができません！

A ●サーバーで使用している PHP が、アップデート後の WordPress に対応していない
古いバージョンを使っていませんか？
利用しているサーバーのPHPのアップデート方法を検索して対応しましょう。
※セキュリティも考慮してPHPのバージョンはなるべく新しいものを使いましょう。
● upgrade フォルダーのパーミッションの設定が書き込み禁止になっていませんか？
707 に変更してみましょう。

Q サーバーの PHP をバージョンアップしたら WordPress サイトの表示がおかしくなりました！

A ●新しい PHP のバージョンにあった PHP 構文の書き方になっていない、
もしくは、WordPress が廃止したコードを使っている可能性があります。
コードを見直してみましょう。

Q WordPress のアップデートをしたのに、更新内容が管理画面に反映されません！

A ●サーバーキャッシュや WAF 設定が ON になっているのが原因かもしれません。
サーバーによっては高速化オプションがデフォルトでオンになっているので
オフにしてみましょう。
利用しているサーバーの管理画面に入って設定を変更しましょう。

管理画面に関するトラブル

Q WordPress の管理画面から画像がアップロードできません！

A ●画像が最大アップロードサイズを上回っている可能性があります。
利用しているサーバーの画像アップロードの最大サイズ変更方法を確認してください。

Q SVG 画像がアップロードできません！

A ● WordPressではセキュリティー面の問題でSVG形式のファイルはアップロードできません。
プラグイン「SVG Support」を導入するとアップロードができるようになります。
→https://ja.wordpress.org/plugins/svg-support/

Q WordPress の管理画面にログインができません！

A ●海外からアクセスしている場合は、
レンタルサーバー側でログイン制限がかかっている場合があります。
レンタルサーバーの設定を確認し必要に応じて変更してください。
● ID はわかっていて、パスワードを忘れた場合は、
ログイン画面下にある「パスワードをお忘れですか？」リンクをクリックして
再登録用の URL を発行してください。
● ID もわからない場合は、レンタルサーバーにある phpMyAdmin というツールを使い、
データベースの wp_users に登録されている
WordPress のユーザー名とメールアドレスを確認してください。

Q サイト閲覧時に、ツールバーが上にずっと表示されます！

A ● WordPressの管理画面にログインをした状態で閲覧をしているとツールバーが表示されます。
［ユーザー］＞［ユーザー一覧］＞ユーザー名をクリックし、
「ツールバー」の［サイトを見るときにツールバーを表示する］のチェックを外して
［プロフィールを更新］ボタンをクリックすると非表示になります。

Q ユーザー名を変更したいです！

A ●ニックネームを変えることはできますが
ユーザー名を変えることはできないので、新しく作りましょう。

投稿画面に関するトラブル

Q 投稿ページで［公開］ボタンをクリックすると、「更新に失敗しました。返答が正しいJSONレスポンスではありません。」と出て公開できません！

A ●プラグイン「All-in-One WP Migration」を使用してインポートした後、
すぐに記事の投稿をしていませんか？
［設定］＞［パーマリンク］にて、内容を変更せずに
［変更を保存］ボタンをクリックしてから、投稿してみてください。
●サーバーのWAF（不正アクセスによるサイトの改ざんや情報漏洩を防ぐ機能）設定が
有効になっていませんか？
サーバー設定でWAFをOFFにして投稿できるか確認してみましょう。
※完全にOFFにしてしまうとセキュリティが弱くなります。プラグイン「SiteGuard WP Plugin」の「WAFチューニングサポート」などを使い、調整しましょう。

Q アイキャッチ画像を登録するエリアが出てきません！

A ● functions.phpにアイキャッチ画像を表示するソースコードを書き忘れていませんか？
add_theme_support('post-thumbnails'); の一文を入れましょう。

Q ページを［公開］したのに、投稿画面に戻ると昔の投稿内容が表示されてしまいます！

A ●サーバー側のキャッシュが原因の可能性があります。
利用しているサーバーのキャッシュをオフ、もしくはキャッシュクリアして、
もう一度［公開］ボタンをクリックしてみましょう。

Q 公開ボタンを押したのにいつまでもグルグル回っているだけで画面が進みません！

A ●なんらかのプラグインの影響である可能性があります。
まずはキャッシュ系プラグインや圧縮系プラグインをひとつずつ停止し、確認しましょう。
● WordPress ではなくサーバーの WAF
（不正アクセスによるサイトの改ざんや情報漏洩を防ぐ機能）設定や
ページ高速化設定、キャッシュ設定を OFF にしてみましょう。

Q パーマリンクの編集ボタンが出てきません！

A ●パーマリンクの設定が「基本」「数字ベース」になっていませんか？
カスタム構造の場合は%postname%が含まれていないと編集ボタンが出ません。

Q パーマリンクの編集をしても反映されません！

●パーマリンクに使えない文字（@や＝など）を使っていませんか？
パーマリンクには、英数字とハイフンを使いましょう。

Q 投稿のパーマリンクを日本語にすると、リンクを貼る時に URL がおかしくなります！

A ●日本語のアドレスにすると、外部ブックマークサービスやトラックバックで
404 エラーになる可能性があります。
また、日本語がエンコードされてURLが長くなってしまいますので、
パーマリンク名は英数字でつけることをおすすめします。

Q パーマリンクに勝手に「-2」といった数字がついてしまいます！

A

- 他のページとパーマリンクが重複していませんか？
  同じパーマリンクになっているページを削除するか、
  どちらかのパーマリンクを違うものに変更すると解決します。
  ゴミ箱に旧ページがある場合は、ページを完全に削除すると「-2」という数字がつかなくなります。
- パーマリンク設定が、カテゴリーを含まない数字だけの設定になっていませんか？
  カテゴリーを含んだURLに変更すると解消することがあります。

Q 投稿の本文が自動保存で上書きされて消えてしまいました！

A

- リビジョンの中に前の本文が保存されている可能性があります。
  リビジョンから前のバージョンに戻してみましょう。
- functions.php に自動保存を無効にする記述をする方法もあります。

```
// 自動保存を無効にする処理
function autosave_off() {
wp_deregister_script('autosave');
}
add_action('wp_print_scripts','autosave_off');
```

ここもCHECK

☐ **WordPressのトラブルシューティング**

WordPressには公式のフォーラムがあります。トラブルに見舞われた際は、フォーラムで質問をするのもよいでしょう。
また、wp-config.php内に書かれているdefine('WP_DEBUG', false);をdefine('WP_DEBUG', true);に変更して保存すると、エラーの原因を表示してくれます。原因の特定の際に使ってみましょう。

■WordPress公式フォーラム
https://ja.wordpress.org/support/forums/

■エラー原因の特定方法
wp-config.php内に書かれている
「define('WP_DEBUG', false);」→「define('WP_DEBUG', true);」
に変更して保存

付録4 目的別プラグイン逆引き辞典

WordPressのプラグインを目的別にまとめました。
このプラグイン一覧は、2023年7月に検証したものです。
今後名前が変更されたり、更新が停止される可能性がありますので、
ご利用の際は必ず公式サイトを確認後、導入をお願いします。
また、プラグインを複数入れることで、サイトが動かなくなったり、
表示がおかしくなったりすることがあります。
必要最低限のプラグインの導入を心がけましょう。

セキュリティ

機能	プラグイン名
WordPress の SSL 化を管理画面から行う	Really Simple SSL
管理画面とログインページを保護＆ログイン回数を制限＆ログインページの変更などを行う	SiteGuard WP Plugin
ログインページやデータベースを保護する＆ IP アドレスでユーザー制限などを行う	All-In-One Security (AIOS) - Security and Firewall
簡易なパスワード制限をかける（画像等は対象外）	Password Protected
ログインに 2 段階認証を導入する	Google Authenticator
	Two-Factor
	Two Factor Authentication
	miniOrange's Google Authenticator
	Jetpack
ログイン回数を制限する	Limit Login Attempts
	Limit Login Attempts Reloaded
ログインページを変更する	Login rebuilder
WordPress の作業ログやログインユーザーの活動履歴を記録する	WP Activity Log
	Simple History
ブルートフォースアタックから保護したり、特定 IP アドレスをブロックしたりする	iThemes Security
スパムのコメントやコンタクトフォームからのスパムをブロックする	Akismet Anti-Spam ※商用利用は有料
スパムコメントを自動で削除する	Throws SPAM Away

SEO対策・アクセス解析

機能	プラグイン名
ページごとの description、OGP 設定、SNS 共有設定、Google Analytics の解析タグ入れなど	SEO SIMPLE PACK
	All in One SEO
	Yoast SEO
サイトマップの生成と Google Search Console への更新通知を行う	XML Sitemap Generator for Google
Google に即インデックスさせる	WebSub (FKA. PubSubHubbub)

特設サイトURL

☐ https://wb.coco-factory.jp/category/wpplugin/

特設サイトでは、公式プラグインへのリンクがついた一覧をご確認いただけます。

機能	プラグイン名
Google Analytics を WordPress 管理画面に表示する	MonsterInsights
アクセス解析や Google Search Console などの Google のツールと連携して管理画面に表示する	Site Kit by Google
リッチスニペットなどの構造化データを追加する	Schema
	All In One Schema Rich Snippets
	Schema & Structured Data for WP & AMP
Google Analytics を使用せず、アクセス解析を行う	Slimstat Analytics
	WP Statistics
サイト内検索の履歴を記録し統計を出す	Search Meter

ページ高速化

機能	プラグイン名
画像を最適化し、サイトの読み込みを改善する	EWWW Image Optimizer
	TinyPNG
ソースコードを圧縮する	Autoptimize
クエリ数やページの読み込み速度を測定する	UsageDD
古いリビジョンの削除、データベースの最適化を行う	WP-Optimize
	Optimize Database after Deleting Revisions
キャッシュ機能を導入する	WP Super Cache
	WP Fastest Cache

バックアップ・引っ越し

機能	プラグイン名
WordPress 内の全てのデータを引っ越しする	All-in-One WP Migration
特定のカテゴリーの記事だけ引っ越しする	Export media with selected content
WordPress のバックアップをとる	UpdraftPlus WordPress Backup Plugin
	BackWPup
	WPvivid

機能の追加

機能	プラグイン名
パンくずリストを表示する	Breadcrumb NavXT
投稿一覧でページネーションを表示する	WP-PageNavi
関連記事を表示する	Yet Another Related Posts Plugin (YARPP)
	Related Posts for WordPress
人気記事ランキングを表示する	WordPress Popular Posts
閲覧中のカテゴリーの人気記事ランキングを表示する	WPP Plus Widgets (Wordpress Popular Posts 用)
GA4 と連動した人気記事ランキングを表示する	Simple GA4 Ranking ※2023年7月時点ではβ版
検索ボックスを設置し、絞り込み検索を可能にする	VK Filter Search
	Search & Filter
サイト内検索で候補ページを表示する(インスタント検索)	Ajax Search Lite
検索対象を拡張する（タグ・カテゴリー・投稿者名など）	WP Extended Search
アドセンスなどの広告を設置する	Ad Inserter
	AdRotate Banner Manager
	Advanced Ads
	Quick Adsense
アドセンスの不正クリックを防ぐ	Ad Invalid Click Protector
自サイトの URL で短縮 URL を生成する	Pretty Links
いいねボタンを設置する	LikeBtn
	WP ULike
記事に 5 段階評価を投票できるようにする	Rate my Post
アンケート調査や投票機能を追加する	WP-Polls
アンケートやクイズの後、認定証を発行する	Quiz And Survey Master
アップロードできる拡張子を増やす	WP Add Mime Types
SVG 画像を使用できるようにする	Safe SVG
	SVG Support
Google フォントを使用できるようにする	Fonts Plugin
日本語フォントを使用できるようにする	Japanese Font for WordPress (旧名：Japanese font for TinyMCE)
モリサワフォントを使用できるようにする	TS Webfonts for さくらのレンタルサーバ
	TypeSquare Webfonts for エックスサーバー
Font Awesome を使用できるようにする	Font Awesome
カスタムフィールド内で Font Awesome を使用できるようにする	Advanced Custom Fields: Font Awesome
Google マップのピンのカスタマイズをする	WP Go Maps (旧名：WP Google Maps)
Google マップの評価とレビューを表示する	Plugin for Google Reviews
	Reviews and Rating

Appendix

SNS連携・RSSフィード

機能	プラグイン名
Instagramの新着投稿を自動で取得して表示する	Smash Balloon Social Photo Feed
アメーバブログの新規投稿を自動で取得して表示する	What's New for Ameba blog
SNSシェアボタンを設置する	AddToAny Share Buttons
	Jetpack
SNSアイコンを設置する	Simple Social Icons
他サイトのRSSフィードを埋め込む	WP RSS Aggregator
	RSS Aggregator by Feedzy
	RSS Feed Retriever
ユーザー登録でSNSログインを可能にする	WordPress Social Login and Register

テーマ開発

機能	プラグイン名
カスタムフィールドを拡張する	Advanced Custom Fields（ACF）
	Smart Custom Fields
カスタム投稿タイプやタクソノミーを設定する	Custom Post Type UI
管理画面からヘッダーやフッターにコードを追加する	Insert Headers And Footers
特定のページのヘッダーやフッターにコードを追加する	Header Footer Code Manager
管理画面からfunctions.phpにコードを追加する	Code Snippets
管理画面から独自のショートコードを作成する	Post Snippets
ウィジェットでPHPコードを使用可能にする	Code Widget
管理画面にCSSやJavaScriptを適用する	Simple Custom CSS and JS
サイドバーの数を増やし、ページごとに切り替える	Custom Sidebars
記事にパーマリンク構造と異なるURLを設定する	Custom Permalinks
カスタム投稿タイプのパーマリンクを設定する	Custom Post Type Permalinks
サイト複製でテストサイト（ステージング環境）を生成する	WP Staging
パーマリンク設定によるリンク不具合を解決する	Top Level Categories Fix プラグイン
コードエディターの外見を変更して作業をしやすくする	HTML Editor Syntax Highlighter
現在のページにどのテンプレートを使っているかを表示する	TempTool [Show Current Template Info]

フォーム・メールフォーム

機能	プラグイン名
メールフォームを作成する	Contact Form 7
	MW WP Form（確認画面あり）
	Snow Monkey Forms （ブロックエディターで作成＋確認画面あり）
メールフォームの送信履歴を管理する	Contact Form 7 Database Addon - CFDB7 (ContactForm 7 と併用)
メールフォームに条件分岐を設定する	Conditional Fields for Contact Form 7 (Contact Form 7 と併用)
メールフォームを ステップ式（確認画面としても利用可）にする	Contact Form 7 Multi-Step Forms (Contact Form 7 と併用)
メールフォームに変数やカスタムフィールドの値を入れる	Contact Form 7- Dynamic Text Extension (Contact Form 7 と併用)
メールフォームを Google スプレッドシートと連携する	CF7 Google Sheets Connector (Contact Form 7 と併用)
メールフォームに計算機能をつける	Contact Form 7 Cost Calculator (Contact Form 7 と併用)
メールフォームを SMTP という仕組みを利用して送り、 迷惑メール判定を回避する	WP Mail SMTP by WPForms
メールフォームに郵便番号から住所を自動入力する	zipaddr-jp
自動見積りや料金シミュレーターを作成する	Calculated Fields Form

記事・メディアの管理

機能	プラグイン名
アイキャッチ画像を自動生成する	XO Featured Image Tools
	Auto Featured Image （旧名：Auto Post Thumbnail）
アイキャッチ画像を再生成する	Regenerate Thumbnails
カテゴリーの順番を変更する	Category Order and Taxonomy Terms Order
記事の表示順を並び替える	Intuitive Custom Post Order
	Post Types Order
記事を先頭で固定表示する	Sticky Posts
記事を複製できるようにする	Yoast Duplicate Post
投稿の編集画面から記事の投稿タイプを変更する	Post Type Switcher
記事一覧画面で表示する項目を編集する	Admin Columns
下書き状態の投稿を外部確認できる URL を発行する	Public Post Preview
	Public Post Preview Configurator
記事に有効期限を設定し、期間限定公開にする	PublishPress Future
ページ公開終了時に記事を差し換える	Advanced Schedule Posts
公開済みの記事を予約編集・予約更新する	PublishPress Revisions
予約投稿に失敗した記事をチェックし、 自動的に再投稿する	Scheduled Post Trigger
リビジョン数に制限をかける	WP Revisions Control
管理画面に固定ページの親子関係を反映した 新しい固定ページ一覧（ツリービュー）を追加する	CMS Tree Page View
メディアライブラリの画像をフォルダ分けする	FileBird
ユーザーのプロフィール画像を設定する	VK Post Author Display
	Simple Local Avatars
	One User Avatar

投稿・レイアウト

機能	プラグイン名
ブロックエディター―の中に記事制作に便利なブロックを追加する	Useful Blocks
	VK Blocks
	VK Block Patterns
	Snow Monkey Blocks
	Arkhe Blocks
	Getwid
エディター機能を強化する	Advanced Editor Tools（旧名：TinyMCE Advanced）
豊富なショートコードを使用する	Shortcodes Ultimate
記事に目次を自動的に生成する	Easy Table of Contents
	Table of Contents Plus
	Rich Table of Contents
記事の中にソースコードをハイライトして表示する	Highlighting Code Block
記事内で吹き出しを使う	LIQUID SPEECH BALLOON（吹き出し）
	Word Balloon
リンクカードを作成する	Pz-LinkCard
管理画面や投稿画面から Unsplash などのストックフォトを探して利用する	Instant Images
クリックした画像を拡大表示する	Easy FancyBox（Easy Fancy Box のプラグイン版）
	WP jQuery Lightbox（Lightbox2 のプラグイン版）
PDF を埋め込む	PDF Embedder
	Embed PDF Viewer
YouTube のチャンネルやプレイリストを埋め込む	Embed Plus YouTube WordPress Plugin
スライダー・ギャラリー・カルーセル	Smart Slider 3
	MetaSlider
	Unite Gallery Lite
	NextGEN Gallery
タイムラインを表示する	Cool Timeline
グラフ・チャート・データの視覚化をする	wpDataTables
	Visualizer
	Data Table Generator
価格表を作成する	Easy Pricing Tables
地図を色分けしたりピンを立てたりする	Interactive Geo Maps
商品購入リンクを埋め込む	Pochipp
	Rinker
音楽を再生する	Karma Music Player by Kadar
音楽プレイリストを設置する	AudioIgniter Music Player
ブロックエディターに GoogleMap を追加する	Map Block for Google Maps
ダウンロードボタンを設置する	Download Manager

運用・保守・ユーザー管理

機能	プラグイン名
プラグインや管理画面の日本語化に伴う不具合を解消する	WP Multibyte Patch
管理画面メニューの順番入替・ショートカットを追加する	Admin Menu Editor
管理画面から 301 リダイレクトを設定する	Redirection
リンク先や画像のエラーを自動でチェックする	Broken Link Checker
単語や URL を一括検索＆置換する	Search Regex
	Better Search Replace
メンテナンス表示を出す	Maintenance
	Simple Maintenance
WordPress 本体をダウングレードする	WP Downgrade
プラグインやテーマをダウングレードする	WP Rollback
管理画面から WordPress のディレクトリーにあるサーバー上のファイルを移動・編集できる	Advanced File Manager
複数のユーザーアカウントを切り替える	User Switching
1 記事に複数のユーザーを紐づける	Co-Authors Plus
	PublishPress Authors
カスタマイズしたユーザー権限グループを作成する	User Role Editor
ユーザー権限ごとに管理画面の表示を変える	Adminimize

システム

機能	プラグイン名
営業日カレンダーやイベント管理を実装する	Event Organiser
	Biz Calendar
カレンダー予約システムを実装する	Booking Package
	Amelia
	WP Simple Booking Calendar
ショッピングカート機能を実装する	WooCommerce
	Welcart
会員限定サイトを実装する	WP-Members Membership Plugin
	Ultimate member
	Simple Membership
	Groups
	WP Private Content Plus
	Profile Press（旧名：WP User Avatar）
	ProfileGrid
チャット Bot（Web 接客）を導入する	Tidio
	Crisp
	3CX Free Live Chat（旧名：WP Live Chat Support）
サイトへの口コミ投稿＆表示機能を実装する	WP Customer Reviews
	Customer Reviews for WooCommerce（WooCommerce 用）
	Site Reviews
タグ・カテゴリー分けした Q&A システムを実装する	Ultimate FAQ
不動産サイト（物件検索・地図表示など）の構築する	不動産プラグイン

多言語化

機能	プラグイン名
言語別にページを用意して切り替える	Bogo
	Polylang
ページを自動翻訳する	Translate WordPress with GTranslate
	Translate WordPress - Google 言語翻訳
	WPML ※有料
サイト内の多言語サイトを紐付ける	Multisite Language Switcher
指定した国からのアクセスをリダイレクトする	IP2Location Redirection

クラシックエディター

機能	プラグイン名
クラシックエディターをデフォルトエディターにする	Classic Editor
エディター機能を強化する（クラシック）	Advanced Editor Tools（旧名：TinyMCE Advanced）
ショートコードを登録する（クラシック）	AddQuicktag

あとがき

「HTMLサイトをWordPressにする本」を最後までお読みいただき、
ありがとうございます。

この本を執筆するにあたり、私たちは制作現場の声を大切にしたいと考え、
全国のデジタルハリウッドSTUDIOの在学生・卒業生の方々に
「どんなWordPress本が欲しいか」アンケートを取りました。
その結果、100名を超える方々からご回答を頂き
「スタンダードなコーポレートサイトをWordPressでつくりたい」
「プラグインの逆引き辞典が欲しい」など、ざまざまなご意見をいただきました。

最後になりますが、
書籍制作にあたり企画やデバッグ作業に協力してくださった
デジタルハリウッドSTUDIOの皆様、ソシム株式会社の皆様に心からお礼申し上げます。

この本が、WordPress制作に悩んでいる方々にとっての一助となりますように。

- 特設サイト：https://wb.coco-factory.jp/
- Twitter：https://twitter.com/wphtmlbook/
- Instagram：https://www.instagram.com/wphtmlbook/
- YouTube：https://www.youtube.com/channel/UChkb0JTLrui2o8w-6Zxef6g

久保田涼子、西原礼奈、阿諏訪聡美

Profile

久保田 涼子　Kubota Ryoko

1982年生まれ、広島市出身。
東京女子大学 文理学部 心理学科卒業。
「ワクワクするモノ・時間・場所を生み出す」をテーマにものづくりを行うクリエイター。
国内外のウェブサイトをトータルプロデュースする他、デジタルハリウッドSTUDIO講師として教材開発に多数携わる。また、地域×デザインを取り入れた街づくりのプロデューサーとしても活躍している。
著書「Webデザイン良質見本帳（SBクリエイティブ/2017/2021）」、「動くWebデザインアイデア帳（ソシム/2021）」「動くWebデザインアイデア帳ー実践編ー（ソシム/2021）」

西原 礼奈　Nishihara Ayana

1988年生まれ、神奈川県出身。
明治大学大学院 法学研究科 博士後期課程 単位満了中退。修士（法学）。
フリーランスWebデザイナー/キャリアコンサルタント。
博士時代にWordPressブログで副業を行っていたことからWeb業界へ転職し、「見た目だけではない成果の出るサイト」を信念にウェブ戦略・SEO対策・ライティング・UX改善・CV改善などを手掛ける。
デジタルハリウッドSTUDIO でクラス担任を務め、企画書や卒業制作の指導を行っている。

阿諏訪 聡美　Asuwa Satomi

1992年生まれ、神奈川県出身。
昭和女子大学 生活科学部 環境デザイン学科卒業。
フリーランスのフロントエンドエンジニア/イラストレーター。デジタルハリウッドSTUDIO講師としてオンライン講座にも携わる。
システムエンジニア時代の経験から「ITが苦手な方にもわかりやすく・親切に」を心がけている。

書籍制作にご協力いただきありがとうございました！

赤上 愛／浅野 晴菜／安達真奈／あつた／飯田 沙絵佳／飯田 紘子／井城 祐子／石垣 知穂／泉／岩本 愛美／岩本 相秀／
上田 菜穂子／宇野 利絵／梅木 勇輝／江戸 香織／榎本 暉子／大畠 昌也／大津 はる香／笠原 彩／鴨志田 京子／
川原 慎介／菊地 恵子／キャプテン高瀬／国沢 知海／國富 一弥／倉知 杏子／小林 弘／小柳 智哉／齋藤 雅信／
しかによし／しなぷー／鈴木／篠﨑 文音／白畑 千春／武田 一希／谷出 理夏／たてがみ なおこ／田中 路人／利根川 亮／
鳥飼　景／中川 充／中尾 唯／中澤 有美／中島 詩織／永山 翔梧／中野 拓／中村 さゆき／浜野 いづみ／原 一勢／
原口 佳輔／葉山 正臣／ひがたく／日浅 奈美子／廣澤 優／福田 佳代子／福岡 由佳／古谷 健治／堀江 直也／本多 玲里／
舛岡 梨奈枝／松下 絵梨／馬渡 絢美／みむら かずや／三浦 直子／三吉 雪江／村山 美奈子／望月 尚代／森 果南子／
山口 治子／山下 有子／山田 真之介／isoma ／ KK ／ MAHO ／ siz ／
全国のデジタルハリウッドSTUDIO在学生・卒業生のみなさん・スタッフのみなさん

Staff
カバー・本文デザイン　宮嶋 章文
編集制作　羽石 相

HTMLサイトをWordPressにする本

2023年9月8日　初版第1刷発行

著　者　久保田 涼子／西原 礼奈／阿諏訪 聡美

発行人　片柳 秀夫
編集人　平松 裕子

発　行　ソシム株式会社
https://www.socym.co.jp/
〒101-0064
東京都千代田区神田猿楽町1-5-15猿楽町SSビル
TEL：03-5217-2400（代表）　FAX：03-5217-2420
印刷・製本　シナノ印刷株式会社

定価はカバーに表示してあります。
落丁・乱丁本は弊社編集部までお送りください。
送料弊社負担にてお取替えいたします。

ISBN978-4-8026-1421-4